BOLTZMANN'S ATOM

물리학에 혁명을 일으킨 위대한 논쟁

볼츠만의 원자

| 데이비드 린들리 지음 | 이덕환 옮김 |

승산

CONTENTS

서문 · 007

제**1**장
봄베이에서 온 편지 : 어둠에서의 배움 · 013

제**2**장
보이지 않는 세상 : 우리가 열이라고 부르는 운동 · · · · · · · · · · · · · 039

제**3**장
빈의 볼츠만 박사 : 조숙했던 천재 · 067

제**4**장
비가역적 변화 : 엔트로피의 수수께끼 · 099

제**5**장
"적응을 못하시겠군요" : 위협적인 프로이센 사람들 · · · · · · · · · · · · · 123

제**6**장
영국의 참여 : 성직자, 법률가, 물리학자 · 149

제**7**장

"엄청난 실수를 대단한 발견으로 여기기는 쉽다"
:물리학을 유혹하는 철학 ·············· 167

제**8**장

미국의 혁신 : 세계와 아이디어 ·············· 197

제**9**장

새로움의 충격 : 원자 세기의 도래 ·············· 219

제**10**장

천국의 베토벤 : 영혼의 그림자 ·············· 247

제**11**장

기적의 해, 운명의 해 : 아인슈타인의 비상과 추락하는 사람 ·············· 269

후기 ·············· 295
감사의 글 ·············· 301
참고문헌과 주석 ·············· 303
평형 열역학 : 에너지와 엔트로피-이덕환 교수 ·············· 317
찾아보기 ·············· 335

— 서문 —

"나는 원자가 존재한다는 사실을 믿지 않습니다."[1]

19세기 말까지만 하더라도 이런 말을 하는 물리학자와 철학자들은 비웃음이나 조롱을 받기는커녕 오히려 사려 깊은 사람으로 여겨졌다. 물론 그때도 물질이 작은 입자들로 구성되어 있다고 믿었던 과학자들이 있었지만, 그런 주장을 뒷받침할 만한 근거가 충분하지 못했다. 아무도 확실하게 설명할 수 없었던 원자라는 것은, 과학적으로 연구할 가치가 없는 단순한 추측에 불과하다고 여기던 사람들도 많았다.

도저히 원자가설을 믿을 수 없다는 이 단정적인 주장은 실제로 1897년 1월 빈에서 개최되었던 왕립 과학원 학술회의에서 제기되었던 것이다. 이런 발언을 했던 사람은 에른스트 마흐 Ernst Mach였다. 오랫동안 프라하 대학의 물리학 교수를 역임하였고, 당시에는 빈 대학의 과학사 및 과학철학 교수였던 그가 50대 후반이었을 때의 일이었다. 그는 이론 물리학자인 루트비히 볼츠만의 강연이 끝난 후 이어졌던 토론시간 중에 그런 강경한 발언을 했다. 마흐보다 조금 더 젊었던 볼츠만도 역시 오스트리아와 독일의 여러 대학에서 재직하다가 빈 대학으로 돌아온 지 얼마 지나지 않아서였다. 볼츠만은 원자 가설을 절대적으로 믿고 있었다. 사실 그가 평생 동안 연구했던 내용은 모두 원자 가설과 관련한 것이었다.

오늘날 원자의 존재를 의심하는 사람은 아무도 없다. 이제는 원자가 존재한다는 사실은 물론이고, 그런 원자가 더 작은 입자들로 구성되어 있다는 사실도 증명되었다. 원자는 밀도가 큰 원자핵과 그 주변에 구름처럼 퍼져있는 전자로 이루어져 있고, 원자핵은 다시 쿼크로 이루어진 양성자와 중성자로 구성되어 있다. 어쩌면 쿼크도 진정한 기본 입자가 아니라 더 기본적인 이론적 구조를 가지고 있을 수도 있다.

오늘날에는 자연의 기본 법칙을 이해하려고 노력하는 이론 물리학자들이 우리의 일상생활과 동떨어진 난해한 개념이나 대상에 대해서 연구하는 것이 신기하기는커녕 당연한 일로 여겨진다. 그러나 19세기 후반의 과학자들은 공기 중에서 전달되는 음파, 가열에 의해서 일어나는 기체의 팽창, 증기기관에서 열이 동력으로 변환되는 과정처럼 직접 관찰할 수 있는 현상을 측정해서 명백하게 만드는 것만이 자신들에게 주어진 기본적인 임무라고 생각했다. 당시의 과학 법칙이란 직접 관찰된 현상들 사이의 관계를 밝히는 것이었다.

그러나 더 깊은 수준의 이해를 위해서는 겉으로 드러나는 현상에 그치지 말고 더 깊은 곳을 파헤쳐야만 한다는 사실을 깨달았던 과학자도 있었다. 루트비히 볼츠만은 그런 선구자 중의 하나였다. 그는 기체가 활발하게 움직이는 원자들의 집합이라고 생각하면 기체의 여러 가지 성질들을 잘 설명할 수 있다는 사실을 다른 어떤 사람보다도 먼저 인식했다. 원자들의 끊임없는 움직임이 온도와 압력이라는 겉으로 드러나는 성질을 만들어낸다는 사실을 이해했던 것이다. 그런 사실로부터 기체를 가열하면 팽창하게 되는 것을 단순하게 관찰하고 기록하는 수준을 넘어서 왜 기체가 팽창하고 얼마나 팽창하게 될 것인가를 예측할 수 있게 되었다. 원자들의 움직임으로부터 증기기관에서 뜨거운 기체가 피스톤을 밀어내면서 기계적인 일을 만들어내는 이유도 설명할 수 있었다.

볼츠만은 평생을 바쳐서 새로운 원자론을 추구하는 과정에서 당시 물리학에서는 전혀 새로운 이론적인 개념을 도입하게 되었다. 원자들의 수가 엄청나게 많고, 그 움직임이 너무나 다양하기 때문에 원자들의 집단적인 움직임을 설명하기 위해서는 통계와 확률의 방법을 이용해야만 했다. 볼츠만은 그런 방법을 이용해서 근본적으로 무질서하게 움직이는 원자들이 집단적으로 나타내는 효과를 정확하게 예측할 수 있었다. 그리고 원자들 하나하나는 무질서하게 움직이더라도 집단적으로는 질서 있는 거동을 나타낼 수 있다는 사실을 밝혀냈다. 결국 그는 확률을 이용하더라도 믿을 수 있는 물리법칙을 구축할 수 있다는 사실을 증명했다 볼츠만의 그런 주장은 과학법칙이 절대적인 확실성과 예외가 없는 규칙을 근거로 해야만 한다고 교육받았던 물리학자들을 몹시 불편하게 만들었다.

19세기 유럽의 모든 과학자들이 그런 새로운 주장을 환영하지는 않았다. 오히려 볼츠만은 극심한 반대에 직면하게 되었다. 당시 대부분의 물리학자들은 그가 추구하던 것이 과학이라고 부를 만한 가치가 없는 것이라고 확신했다. 그들은 팽창하는 기체의 온도, 압력, 부피를 측정해서 그들 사이에 존재하는 간단한 법칙을 찾아내는 것으로도 충분히 만족하고 있었다. 그러나 볼츠만이 주장하는 원자는 볼 수도 없고, 만질 수도 없고, 느낄 수도 없는 것이었다. 실험을 통해서 직접 관찰할 수 있는 명백한 법칙들을 아무도 볼 수 없는 가상적인 입자를 이용해서 설명해야 할 이유가 무엇인가? 에른스트 마흐가 원자의 존재를 믿을 수 없다고 주장했던 것은 바로 그런 이유 때문이었다.

믿음이라는 말은 과학 논쟁에 적절하지 않을 수도 있다. 과학은 논증과 이성, 논리와 사실을 근거로 하지 않는가? 원자는 분명히 존재하거나, 그렇지 않으면 존재하지 않아야만 한다. 그런 논쟁에서 믿음이 왜 필요할까?

그런데도 마흐는 분명히 "믿음"이라는 단어를 사용했고, 실제로 그 자신도 그런 의도를 가지고 있었다. 과학적인 확실성이 확립되기까지는 무한히 오랜 시간이 걸리기 때문에 그런 확실성은 절대로 확인될 수 없다고 주장하는 사람들도 있다. 과학자는 명백하게 증명할 수도 없는 새로운 개념과 잠정적인 이론을 제기하는 것이 올바른 일인가에 대해서 확신을 가질 수 없다. 자신의 단순한 짐작을 멋있게 표현하는 가설을 만들어서 자신의 통찰력과 상상력이 어떤 결과를 가져오는가를 시험해 볼 수는 있을 것이다. 그러나 그런 과학적 가설들 중에서 단순 명료하게 옳고, 그름을 확인할 수 있는 경우는 매우 드물다. 유용하거나 사람들이 흥미를 느끼는 가설의 경우에는 더욱 그렇다. 가치가 있는 가설은 오랜 기간에 걸쳐서 수없이 많은 시험을 거쳐야만 한다. 무지와의 싸움은 엄청난 소모전이니까.

그래서 과학자는 새로운 주장이 인정될 때까지 신념을 갖고 기다리는 수밖에 없다. 과학자는 자신이 앞으로 나아가고 있다고 "믿기" 때문에 자신들이 선택한 가설을 추구하게 된다.

볼츠만은 바로 그런 믿음을 가지고 있었기 때문에 원자 가설을 끝까지 추구할 수 있었다. 볼츠만은 단 하나의 가설로부터 기체의 다양한 성질들을 모두 설명할 수 있다는 사실 때문에 자신이 새롭고 유용한 이해의 방법을 찾았다고 믿었다. 그러나 마흐의 생각은 달랐다. 그는 볼츠만의 예리한 통찰력과 이론에 대한 천재적인 재능을 의심하지는 않았지만, 그런 이론을 제기하는 이유를 정확하게 이해하지 못했다. 그는 그런 이론을 믿는 대신 자신의 믿음을 뒷받침해줄 수 있는 철학을 만들어냈다. 과학은 직접 측정할 수 있는 것에만 한정되어야 하고, 이론은 그렇게 측정된 현상들 사이의 관계를 밝히는 것으로 한정되어야 한다는 것이 바로 그가 믿었던 철학이었다. 기체에 에너지를 공급하면 가열 되고 부피가 늘어난다. 그런 변화에 대한 법칙은 이미 몇 년 전에 밝혀졌고, 또 명백하게 확인되었다. 더 이상의 설명은 필요하지 않았다.

따라서 볼츠만과 마흐의 논쟁은 원자론 자체에 대한 것이 아니라 물리학의 목적과 물리학자들이 추구해야 하는 이해와 설명의 성격에 대한 것이었다. 마흐는 명백하게 측정된 양들 사이의 관계를 밝혀주는 간단한 식만 찾아내면 된다고 믿었고, 볼츠만은 더 깊은 가정이나 가설을 이용하면 물리세계에 대한 더 완전하고 만족스러운 설명이 가능하다고 믿었다. 볼츠만은 이론적인 개념을 도입함으로써 세계가 움직이는 방법에 대해서 더 많이 이해할 수 있게 된다고 본 것이었다.

믿음과 마찬가지로 "가치"라는 것도 과학과는 그리 잘 어울리지 않는 개념이다. 오랜 세월에 걸쳐서 훌륭한 업적을 쌓아왔던 마흐도 결국 가치의 문제에 관심을 갖게 되면서 물리학에서 철학으로 방향을 바꾸게 되었다. 과학적 설명의 가치는 무엇인가? 과학자들은 어떤 종류의 설명을 추구해야만 하는가? 마흐가 빈으로 돌아왔을 때, 그는 과학에서보다 철학에서의 업적으로 더 유명했다(그는 다양하고 유용한 업적을 많이 남기기는 했지만, 정말 훌륭한 업적은 남기지 못했다. 오늘날 그의 이름이 널리 알려진 것은 발사체가 날아가는 속도를 음속의 배수로 표현하는 마하수 때문이다. 마하수는 편리한 개념이기는 하지만 천재의 업적이라고 할 수는 없다).

그러나 볼츠만은 많은 과학자들이 그렇듯이 철학적인 논쟁을 좋아하지 않았다. 그는 자신의 이론이 힘을 얻고 더욱 넓은 범위로 확장되는 것을 보면서 자신이 옳은 방향으로 나아가고 있다는 사실을 확신했다. 그는 사실들을 더 잘 이해하게 되었지만, 사실을 더 잘 이해한다는 말 자체가 정확하게 무엇을 뜻하는지에 대해서는 걱정하지 않았다.

볼츠만은 1897년 빈 과학원 학술회의에서 원자의 존재를 믿지 않는다는 마흐의 단정적인 주장이 "한동안 머리 속에 맴돌았다"고 회고했다.[2] 마흐의 반대는 그에게 상당한 충격을 안겨 주었다. 특히 천재적인 재능을 가진 이론 물리학자였던 그는 마흐의 고집스러운 반대에 대해서 마흐와 마찬가지로 철학적 성격의 논리로 대응 해야 한다고 생각했다. 철학에 대해서는 큰 관심이 없었던 그였지만 어쩔 수 없이 철학에 대해서 연구를 해야만 했다.

그것은 불행한 충동이었다.

제1장

봄베이에서 온 편지
어둠에서의 배움

    1845년 12월 11일, 영국 최고의 과학 단체인 왕립학회의 런던 사무실에 긴 논문이 접수되었다. 학회는 권위 있는 《철학회보 *Philosophical Transactions*》에 게재해 달라는 저자의 요구에 따라 관행대로 몇 사람의 전문가에게 논문에 대한 평가를 의뢰했다. 유명한 과학자였던 어느 평가자는 그 논문이 "말도 안 되는 주장"이라고 했다.[1] 다른 평가자는 "잘 작성되었고, 일반적인 사실과 잘 맞기는 하지만", 논문에서 주장하는 내용은 "완전한 가설"에 불과해서 "받아들이기 매우 어려운 것"이라고 했다.

    그 논문은 그런 평가 때문에 《철학회보》에 발표되지 못했다. 더군다나 저자였던 존 제임스 워터스톤 *John James Waterston*은 자신의 논문이 어떻게 처리되었는지에 대해 아무런 연락도 받지 못했다. 당시 봄베이에 살고 있던 워터스톤은 동인도회사의 해군 생도들에게 항해술과 사격술을 가르치고 있었다. 에든버러에서 태어나서 교육을 받았던 그는 평생을 토목 기술자와 교사로 활동했다. 1857년 은퇴한 후에는 스코틀랜드로 돌아와 소일하며 취미로 천문학, 화학, 물리학에 대한 연구를 했다. 그는 일생 동안 혼자 연구하면서 가끔씩 평범한 아이디어를 내놓았던 빅토리아 시대의 수많은 아마추어 과학자 중에 한 사람이었다.

1845년에 발표하려던 워터스톤의 논문은 혁신적이고 위대한 것이었지만, 그 가치를 제대로 인정받기에는 때가 너무 일렀다. 사실 불과 몇 년이 빨랐을 뿐이지만, 당시 왕립학회의 전문가들은 그의 논문을 제대로 평가할 수 있는 입장이 아니었다. 그는 모든 기체가 "분자"라는 작은 입자들로 구성되어 있고, 그 입자들은 끊임없이 돌아다니면서 서로 충돌한다고 주장했다. 그런 입자들의 운동 에너지는 바로 온도에 해당한다. 일반적으로 압력이라고 알려진 효과는 입자들이 용기의 벽에 끊임없이 충돌하기 때문에 나타난다는 것이다. 그뿐만이 아니었다. 워터스톤은 그런 모형을 이용해서 기체가 흐를 수 있는 능력에 해당한다고 할 수 있는 기체의 "탄성"을 계산했다. 그리고 여러 종류의 기체가 혼합되어 있는 경우에는 기체분자들이 종류에 상관없이 똑같은 평균 에너지를 갖기 때문에 무거운 분자가 가벼운 분자보다 느리게 움직인다는 미묘한 사실도 알아낼 수 있었다. 그 논문의 내용이 모두 옳은 것은 아니었지만, 논문에서 제기했던 일반적인 주장과 가정은 그 후 오랜 검증을 거치면서 옳은 것으로 밝혀졌다. 즉, 기체가 서로 충돌하는 작은 입자들로 구성되어 있다는 것과, 그런 입자들의 미시적인 움직임 때문에 일반적으로 관찰되는 기체의 성질이 나타나게 된다는 기본적인 개념은 정확한 것이었다.

그렇지만 워터스톤의 계산은 엉성했고, 증명도 완벽하지 못했다. 이런 결함과 함께 그가 알려진 인물이 아니었다는 사실도 논문이 '회보'에 수록되지 못한 중요한 요인이 되었을 것이다. 더구나 기체가 작은 입자들로 구성되어 있다는 주장은 19세기 중엽의 과학자들에게 그렇게 혁신적인 것이 아니었다. 정확하게 무엇을 뜻하는가는 확실하지 않았지만, "원자"와 "분자"라는 말은 오래 전부터 과학계에 알려져 있었다. 더욱이 그런 입자들의 운동과 충돌이 기체의 온도나 압력과 어떤 관계가 있을 것이라는 주장도 처음 제기된 것은 아니었다. 25년쯤 전에도 그와 비슷한 논문의 발표를 왕립학회가 거부한 것을 보면 당시 그들의 일관성은 놀라울 정도였다. 당시 그 논문의 저자였던 존 헤라패스*John Herapath* 역시 빅토리아 시대의 무명 아마추어 과학자이며 기술자였다. 그의 논문은 위터스톤의 논문만큼 정교하지는 못했지만, 원자나 분자의 움직임이 바로 열에 해당한다는 그의 주장 역시 옳은 것이었다. 그는 1820년에 그런 주장을 논문으로 작성해서 왕립학회에 제출했지만, 당시 왕립학회의 회장이었던 험프리 데이비*Humphrey Davy*는 그 논문의 게재를 거부해버렸다. 데이비는 원자 가설을 무조건 반대하지는 않았지만, 헤라패스의 계산을 신뢰할 수 없는 것이라고 생각했다. 실제로 헤라패스의 논문은 원자의 충돌을 역학적으로 설명하는 과정에서 오류가 있었기 때문에 기체의 온도를 나타내는 식으로 제기되었다는 것은 몰랐던 모양이었다. 수학과 물리학에서 훌륭한 업적을 남겼던 스위스의 베르누이 가문의 후손 다니엘 베르누이*Daniel Bernoulli**는 1738년 기체의 압력과 기체를 구성하는 가상적인 원자의 진동 에너지 사이의 관계를 이론적으로 유도하였다. 그렇지만 그의 이론 역시 과학계의 관심을 끌지 못하고 잊혀져 버렸다.

베르누이의 이론은 기체에 대한 최초의 원자 또는 분자 모형이었다.

---

* 역자 주: 스위스 베르누이가(家)의 2세 중 가장 뛰어난 수학자로 물리학, 의학, 생리학, 의학, 역학, 천문학 등을 연구했고, 1738년에 「유체동역학」을 발표하였다(1700~1782).

그는 원자의 운동으로 기체의 압력을 설명했지만, 당시에는 열의 정체를 정확하게 이해하지 못했기 때문에 온도에 대한 설명은 해내지 못했다. 어쨌든 베르누이, 헤라패스, 워터스톤 모두 원자 가설을 처음 제안한 공로를 인정받을 수 없었다. 그들이 이어받았던 자연철학의 오랜 전통에 따르면 우주의 모든 것은 기본적으로 더 이상 쪼갤 수 없는 작은 것으로 구성되어 있었다. "원자"라는 말은 "더 이상 쪼갤 수 없는"이라는 뜻을 가진 그리스 말 "atom"에서 유래된 것이고, 그런 개념 자체도 고대 그리스로부터 전해진 것이었다.

고대의 원자 가설은 로마의 작가 루크레티우스 Titus Lucretius Carus가 남긴 「만물의 본성에 대하여 De Rerum Natura」라는 장편시에 처음 등장한다. 13세기에 프랑스와 독일의 수도원을 돌아보던 성직자가 우연한 기회에 로마멸망 이후에 완전히 잊혀져 버렸던 그 시의 사본을 찾아내어 1417년 바티칸으로 가져왔다. 그 후 발견된 9세기 또는 10세기에 만들어진 사본의 내용은 바티칸의 사본과 거의 동일했으며, 현재 전해지고 있는 「만물의 본성에 대하여」는 모두 그런 사본들로부터 유래되었다. 시인 티투스 루크레티우스 카루스는 대략 기원전 95년에서 55년까지 살았던 인물로서, 여섯 권으로 된 그의 훌륭한 시에는 생명에 관한 사상과 과학적 가설에 대한 지극히 미학적인 해설이 담겨있다. 그 당시에는 그의 주장에 관심을 가진 사람들이 많았지만, 훗날 쇠퇴하던 로마 제국의 영광을 되살리기 위해서 기독교 이전의 고대 종교를 이용했던 아우구스투스 황제는 그의 주장을 심하게 비판했다.

루크레티우스의 무신론은 2천년 동안 숨겨져 있다가 원자론이라는 이름으로 다시 등장한 주장을 근거로 하고 있었다.

파도가 휩쓸고 간 해변에 놓인 옷은 축축하게 젖지만,
햇볕에 널어두면 다시 바짝 마른다.
그렇지만 우리는 습기가 어떻게 옷에 달라붙고,
열을 가하면 어떻게 사라지는가를 알지 못한다.
어쩌면 물은 눈으로 보기에는 너무나도 작은 원자로 된
입자들 사이에 분산되어 있는 것일지도 모른다.[2]

다시 말해서, 옷이 젖게 되는 것은 섬유에 물 원자(지금은 분자라고 불러야 할)가 달라붙기 때문인 것이다. 그러나 열을 가해서 그 원자들이 떨어져 나오면 옷은 마르게 된다. 옷이 건조되는 과정에 대한 원자론은 신의 존재를 부정하는 방법이 될 수도 있었다. 그리고 실제로 루크레티우스는 원자들이 의지를 가지고 있는 것이 아니라, 그저 이리저리 움직일 뿐이라고 생각했다.

원자들은 서로에게 명령을 내리고,
있어야 할 곳과 움직임, 그리고 가야할 곳에 대한 생각으로
섬세한 마음을 바꾸어야 하는 종교회의를 개최하지 않았다.
그저 이런저런 방법으로 뒤섞이고 뒤범벅이 되는
끝없이 계속되는 그런 일에 의해서
서로 부딪치고 몰려다니면서
모든 가능한 움직임과 조합이 이루어진다.
결국 원자들은 이 우주가 만들어지는 데에
필요한 그런 배열을 갖추게 된다…[3]

루크레티우스는 우리 주변에서 볼 수 있는 다양하고 익숙한 현상들은 모두 눈으로 볼 수 없는 원자들이 아무런 목적도 없이 이리저리 몰려다니는 과정에서 나타나는 것에 불과하다고 말하고 있다. 어떤 사건이 일어나도록 해주거나, 행동과 결과를 가져오게 해주는 신(神)의 존재는 전혀 필요하지 않다. 루크레티우스의 사상에서는 인간의 결정이나 자유 의지의 여지도 없다. 우주의 변화가 원자들이 무작위적인 경로를 따라 움직이기 때문에 나타나는 것이라면, 신과 인간은 그런 우주의 운명에 대해서 아무런 힘도 발휘할 수 없을 것이다. 일어나게 될 사건은 어차피 일어나게 될 것이고, 아무도 그것을 변화시킬 수는 없다.

　그의 그런 주장은 극단적인 무신론이었으며, 미래에 일어나게 될 사건은 과거에 일어났던 사건들 만에 의해서 결정된다는 오늘날의 결정론을 뜻하는 것이기도 했다. 루크레티우스와 그의 추종자들에게는 그런 생각이 바로 해방을 뜻했다. 당시의 신들은 변덕스럽고 무자비했으며, 예측이 불가능했고 사랑이나 열정보다는 농담과 익살을 더 좋아했다. 로마의 시민들은 결코 그런 신들의 지배를 받고 싶어 하지 않았다. 루크레티우스는 신이 존재하지 않는 세상이 사람들의 욕망과는 상관없이 선이나 악을 향해 나아가고 있다고 믿는 것은 신의 존재를 인정함으로써 마음의 평정을 얻으려는 노력과는 상반되는 것이라고 주장했다. 인간의 영혼과 육체를 구성하는 원자들이 영원히 흩어져 버리면 아무런 느낌이나 고통도 없을 것이기 때문에 죽음도 두려워할 필요가 없다. 경망스럽고 너그럽지 못한 신에게 끊임없이 시달리고 고통을 당하는 것에 비하면 그런 생각은 진정한 축복이었다.

　루크레티우스는 비이성적인 운명과의 투쟁을 포기하는 대신, 원자론을 근거로 하는 철학으로 세상을 있는 그대로 받아들이고 체념하면서 살아야 하는 이유를 찾아낸 셈이었다. 그는 로마 제국이 쇠퇴하기 시작했던 율리우스 카이사르 시대에 살고 있었다. 권력은 호족들과 무법의 장군들, 그리고 부패한 정치인들의 손으로 넘어가 있었다. 그런 시기에는 극심하게 변화하는 일상에서 가능한 한 멀리 떨어져 있는 것만이 마음의 평화를 찾는 길이었다. 루크레티우스가 과연 그렇게 살 수 있었는지는 의심스럽다. 그는 한동안 정신병을 앓았고, 마흔 정도 되었을 즈음 자살했다. 성 제롬 *St. Jerome**이 남긴 이야기를 보면, 혼자 깊은 생각에 빠져버리는 그의 버릇이 불만스러웠던 그의 부인은 부부생활을 유지하기 위해서 그에게 몰래 미약(媚藥)을 먹였다고 한다. 불행하게도 그 미약이 너무 강했던 탓이었는지 그는 자살 충동을 이기지 못했다. 19세기 영국의 시인 테니슨 *Tennyson*은 루크레티우스의 부인이 불행했던 이유를 다음과 같은 시로 묘사했다.

그렇지만 그녀가 밭에서 돌아오는
남편의 발자국 소리를 듣고 달려나가
키스로 환영하면,
그는 아무 관심도 보이지 않거나 완전히 무시해버렸다.
그는 더 중요한 생각이나
어쩌면 방금 떠오르기 시작한 환상이나
육보격**의 긴 시(詩)에 빠져있는 경우가 많았다.

---

* 역자 주: 본명이 히에로니무스(347경~419/420)이고 필명은 소포르니우스였던 성서 번역자.
** 역자 주: 가장 오래된 그리스의 시 형식.

> 그는 부인을 지나쳐 지나가, 그가 성스럽게 존경하는
> 스승이 남긴 3백 줄의 시에 빠져버린다.[4]

루크레티우스가 흠뻑 빠져들어 그의 부인을 불쾌하게 만들었던 시를 남긴 사람은 그의 스승이자 쾌락이 인생의 가장 중요한 목적이라는 주장으로 이름을 남긴 철학자 에피쿠로스Epicurus였다. 당시의 비평가들은 이상적인 에피쿠로스적 생활이란 "먹고, 마시고, 성교를 하고, 배설을 하고, 코를 고는 것"에 불과하다고 비난했지만,[5] 그의 주장에는 깊은 의미가 담겨 있었다. 에피쿠로스가 추구했던 것은 굴레가 풀린 쾌락의 추구가 아니라, 고통으로부터 해방되어 스스로의 욕망을 채우려는 것으로 쾌락보다는 만족이라고 부르는 편이 더 적절한 것이었다.

에피쿠로스에게 인생에서 가장 큰 두려움은 죽음에 대한 것으로, 그것은 참을 수 없으면서도 참을 수밖에 없는 내세의 삶에 대한 두려움이었다. 루크레티우스에 따르면, 원자의 개념을 믿었던 에피쿠로스는 죽음이란 고통에서 마침내 해방되는 것이기 때문에 아쉬워할 수는 있어도 두려워할 필요는 없다고 주장했다고 한다. 그러나 루크레티우스의 주장과 그 스승의 주장에는 결정적으로 다른 점이 있었다. 루크레티우스는 원자론을 이용해서 무신론을 주장했지만, 여전히 신의 존재를 믿었던 에피쿠로스는 원자 철학의 결정론적인 특성을 좋아하지 않던 것이다. 그래서 그는 오늘날의 시각에서는 다소 이상하게 보이는 다음과 같은 주장을 하게 되었다.[6]

> 원자들이 그 자체의 질량에 의해서 진공 속에서
> 똑바로 진행하게 되면, 임의의 시각에

임의의 위치에서 아주 조금 휘어진다.

그 정도가 너무 작아서 운동이 기울어진다고 표현할 수밖에 없다.

루크레티우스는 원자들의 움직임에서 나타나는 그런 "휘어짐"* 때문에 원자들이 서로 뭉쳐지거나, 충돌하거나, 상호작용을 하는 것으로부터 자연 현상이 나타나게 된다고 주장했다. 그러나 원자가 직접적인 원인이 없더라도 스스로 자신의 궤적을 바꿀 수 있다는 그의 주장은 엄격한 결정론에서 벗어나 보려던 시도에 불과했다. 자유 의지나 신의 존재를 그런 방법으로 수용할 수는 있었겠지만, 현대의 독자들에게는 바로 그런 점이 "비과학적"인 요소로 비춰진다.

실제로 그것은 에피쿠로스 자신의 잘못이었다. 사실 원자라는 개념은 그가 생각해낸 것이 아니라, 그보다 더 이전에 살았던 그리스의 철학자 데모크리토스<i>Democritus</i>와 그의 스승 레우키포스<i>Leucippus</i>의 글에서 찾아낸 것이었다.

레우키포스에 대해서는 기원전 440년경에 지금의 터키 지역에서 명성을 얻었던 철학자라는 사실 외에는 더 이상 알려진 것이 없다. 그의 제자였던 데모크리토스는 기원전 371년까지 주로 그리스 북부 지방에 살았던 것으로 알려진다. 지금까지 전해지는 레우키포스의 가르침은 모두 데모크리토스의 글을 통해서였기 때문에, 두 사람 중에 누가 원자론을 처음 주장했었는지는 정확히 알 수가 없다. 그렇지만 두 사람 모두 오늘날 우리가 현대의 원자론이라고 생각할 수 있을 정도로 근접한 주장을 했던 것만은 사실이었다. 그들은 진공이란 것이 존재하고, 원자들이 그 진공

---

* 역자 주: 에피쿠로스는 그런 휘어짐을 "클리나멘<i>clinamen</i>"이라고 불렀다.

속에서 끊임없이 움직인다고 주장했다. 즉, 이 세상에는 원자와 진공만 있을 뿐이라는 것이었다. 또한 원자들은 여러 가지 다양한 형태로 존재하고, 더 이상 쪼갤 수가 없으며, 여러 방법으로 뭉쳐져서 이 세상에 존재하는 만질 수 있고, 볼 수 있는 모든 것들을 만들어낸다고 했다.

데모크리토스는 무한한 진공의 경우에서는 위와 아래를 구분할 수 없다고 생각했다. 그래서 그는 원자들이 모든 방향으로 끊임없이 움직이고 서로 충돌하지 않으면 운동방향이 바뀌지도 않는다고 주장했다. 원자들이 한번 움직이기 시작하면 그 경로가 고정되어 버리기 때문에 이는 결정론을 뜻하게 된다. 처음 원자들을 등장시킬 때는 그것들을 어떤 방향으로 움직이게 만들어주는 원동자(原動者), 원인 없는 원인, 또는 어떤 초물리적인 영향에 해당하는 신(神)의 존재를 인정할 수가 있지만, 일단 운동이 시작되고 나면 결정론이 모든 것을 지배하게 되는 것이다. 이것은 자유 의지나 결단력을 부정하는 것일까? 아니면 미래는 과거에 의해서 결정된다는 뜻일까? 이런 의문은 데모크리토스 시대부터 지금까지 원자론을 비롯한 물리학의 모든 분야에서 끊임없이 제기되었고, 오늘날까지도 그런 의문은 계속 남아있다.

레우키포스와 데모크리토스는 세상이 어떻게 움직이는가를 이해하려고 노력하는 것에만 관심을 가지고 있었다는 점에서 당시의 철학자들은 물론이고 그 후 2천년 동안에 등장했던 대부분의 철학자들과도 분명하게 구분된다. 대부분의 철학자들은 우주 자체보다는 우주에서의 인간의 위상, 인간이 주변의 세상을 이해할 수 있는 범위, 그리고 인간이 어떻게 행동해야 하는가에 대해 더 많은 관심을 가지고 있었다. 그래서 지식과 사상의 본질이나 인간 행동의 윤리와 도덕적인 면에 초점을 맞춘 여러 가지 철학이 등장했다. 종교 철학자들은 우주에도 목적이 있는 것처럼 인간의 내면에도 목적이 있고, 인간은 그런 목적에 집착하거나 포기하기도 한다는 주장을 당연하게 여겼다. 그러나 레우키포스와 데모크리토스는 '세상이 무엇인가를 가능하게 한다면, 그것은 무엇인가'를 냉정하게 이해하려고 했던 과학자들이었다. 이때부터 과학과 철학은 서로 분리되었고, 때로는 치열하게 대립하는 분야로 발전하게 되었다.

무신론과 결정론을 내포하고 있는 원자론은 오랫동안 철학적 사상가들의 관심을 끌지 못했다. 그러나 아이작 뉴턴의 글에서처럼 때때로 불거져 나오기도 했다.[7]

> 내 생각에는 처음부터 신께서 결국 그가 만드는 것에 적절한 크기와 모양을 비롯한 성질들을 가진 속이 차있고, 무겁고, 단단하고, 꿰뚫을 수 없고, 움직일 수 있는 입자를 만드는 것이 가능했을 것 같다.

뉴턴은 (개인적으로 그렇게 믿었기 때문인지 아니면 조심스러워서 그런지는 몰라도) 무엇보다도 신이 원자를 만들었다는 사실을 인정했다. 그러나 그의 표현은 (에피쿠로스와 루크레티우스를 통해서) 데모크리토스가 2천년 전에 주장했던 것에서 얼마나 발전된 것이었을까? 그는 원자가 가져야만 하거나, 또는 가질 수 있는 성질들을 나열하기는 했지만, 결국엔 원자들의 그런 성질과 거동은 모두 자연 세계에서 나타나는 현상들을 만들어내기에 "적절한" 것이어야 한다는 순환론적인 결론을 내리고 말았다. 결국 데모크리토스나 뉴턴 모두 물리적인 효과를 나타내기 위해서 원자들이 어떻게 움직여야 하는가를 분명하게 밝히지 못했던 것이었다. 그런 설명을 하지 못하는 원자론은 진정한 과학 이론일 수 없고, 매력적이기는 하지만 위험스러운 주장의 범위를 벗어날 수 없다.

이와는 달리 처음부터 원자론적 철학에 대한 매우 과학적인 비판도 있었다. 원자들이 어떻게 한 번도 멈추지 않고 언제나 끊임없이 움직일 수 있는가에 대한 의문은 데모크리토스 시대에 처음 제기 되었고, 기원전 4세기인 아리스토텔레스 시대까지 이어졌다. 직접적인 관찰에서 추론했던 아리스토텔레스의 역학에 의하면 움직이는 물체는 그 물체를 계속 움직이도록 해주지 않으면 결국엔 멈춰서버린다. 예를 들어서 바위를 계속해서 굴러가도록 하기 위해서는 계속 밀어주어야만 한다. 그렇다면 원자들을 끊임없이 움직이도록 만드는 것은 무엇일까?

그러나 뉴턴이 운동법칙을 정립하게 되면서 그런 주장은 힘을 잃게 되었다. 뉴턴은 아리스토텔레스와는 정반대로, 움직이는 물체는 무엇인가 그것을 멈추도록 해주기 전까지는 직선을 따라 움직인다고 주장했다. 발로 찬 바위가 멈추어 서게 되는 것은 바위가 굴러가면서 에너지를 잃어버리기 때문이다. 원자들이 빈 공간인 진공에서 움직인다는 주장 역시 원자론에 대한 심각한 반대의 이유가 되었다. 많은 철학자들이 그런 진공은 존재할 수 없다고 믿었기 때문이었다. 그들의 논리를 간단히 설명하면, 어떤 것이 존재하기 위해서는 무(無)가 아닌 무엇인가를 가리키는 이름이 있어야만 하는데, 정의에 따라서 무(無)는 그런 이름을 가질 수 없기 때문에 존재할 수가 없다는 것이었다. 오늘날에는 그런 주장이 사물의 이름과 사물 자체를 철학적으로 구분하지 못하는 것에 불과하다고 말할 수 있겠지만, 철학자들이 그런 차이를 인식하기까지는 오랜 시일이 걸렸다. 사실 현대의 철학자들도 그런 혼란에서 완전히 벗어나지는 못하고 있다.

데모크리토스는 그런 반박에 대해 답변을 하지 않는 것으로 자신의 답변을 대신했다. 그는 단순히 원자가 존재하고, 그런 원자들이 진공 속에서 움직인다는 사실만을 주장했다. 그는 자신의 주장에 대한 근거를 제시하려고 노력하는 대신, 단순히 자신을 둘러싸고 있는 세상에서 보이는 것을 설명하기 위한 가설이라고 생각해버렸다.

그러나 그의 태도는 놀라울 정도로 현대적이고 과학적이었다. 데모크리토스가 그랬던 것처럼 우리는 어디에선가부터 시작을 해야만 한다. 그래서 가설을 세우고, 그 결과를 확인한다. 그것이 정확하게 오늘날의 과학자들이 계속하고 있는 것이지만, 어떤 가설이 고도로 성공적인 예측과 설명을 제공해준다는 사실 자체는 엄격하게 말해서 원래의 가설이 옳다는 사실을 증명해주는 것은 아니다. 오늘날의 이야기로 화제를 돌리면, 오늘날 많은 이론 물리학자들은 다중 공간에서 이리저리 휘어진 직선이나 고리를 만들어서 전자나 쿼크나 광자를 만들어내는 초끈 $super\ string$이 우주의 기본 입자라고 믿고 있다(더욱 최근에는 그런 초끈이 막$brane$이라고 부르는 더욱 복잡한 다중 공간에서의 구조로 발전하고 있다). 초끈이론이나 그것으로부터 변형된 이론을 추종하는 물리학자들은 자신들의 설명이 복잡하고, 어쩌면 그런 설명으로 원하는 결론을 얻지 못할 수도 있다는 사실을 인정하면서도, 자신들이 자연 세계의 모든 것에 대한 원천적이고 단순한 해석 방법을 찾아냈다고 주장한다. 그러나 그런 이론에 반대하는 사람들은 초끈이론이 충분히 검증될 수 있는 것인가의 여부는 최소한 그 원리적 측면에서 그 세세한 내용을 밝혀내는 일이 가능한 것인가에 결정적으로 의존한다고 주장한다. 그러나 양측이 모두 초끈을 그 본래의 모습 그대로 볼 수 있을 것이라고 기대하지는 않는다.

철학적인 면에서 보면, 오늘날 초끈이론에 대한 논쟁은 원자에 대한 고대의 논쟁과 크게 다르지 않다. 너무나도 다양해서 도저히 예측할 수가 없을 것처럼 보이는 자연의 현상을 영원히 변하지 않는 원자로 설명할 수 있다는 사실은 데모크리토스에게는 명백한 발전이었다. 그러나 그런 생각에 대해서도 반박하는 사람들은 존재했다. "우리는 결코 동일한 강을 두 번 건널 수 없다"는 주장으로 유명한 그리스의 철학자 헤라클레이토스Heraclitus는 영원성이 아니라 변화가 이 세상의 핵심적인 본성이라고 믿었다. 오늘날 우리는 우리가 진실이라고 알고 있는 사실을 정확하게 예측했던 데모크리토스와 당시의 몇몇 원사론자들의 공로를 어느 정도까지 인정해주어야 할까? 우주의 기본적인 성질은 일정하거나, 그렇지 않으면 끊임없이 변화한다. 물질은 연속적이고 무한히 쪼개질 수 있는 것이거나 아니면 유한개의 쪼갤 수 없는 부분들로 구성되어 있을 것이다. 다른 가능성은 없는 것처럼 보인다. 데모크리토스는 우연하게도 두 문제에 대해서 옳은 답을 선택했다.

그러나 초기의 원자론자들이 모든 것에 대해서 옳았던 것은 절대 아니었다. 그들은 영혼이 특별하게 미묘한 원자들로 구성되어 있다고 믿었다. 루크레티우스는 부드럽거나 모난 원자가 혀에 닿으면 단맛이나 쓴맛이 느껴지게 된다고 주장했다.[8] 우리는 무의식중에 그런 부분을, 원자론자들이 어느 정도 옳았던 부분에 대해서 과도하게 열광하고, 집착하는 바람에 저지른 실수로 여겨버리는 경향이 있다. 버틀란드 러셀Bertrand Russell이 지적했던 것처럼 "원자론자들은 운이 좋아서 2천년 후에 어느 정도의 근거를 찾아내게 된 가설을 주장하기는 했지만, 당시에 그들의 주장은 완전한 근거를 가지고 있지 못했다."[9]

데모크리토스의 이야기에서 가장 중요한 것은 설명이 지속적인 가치를 갖기 위해서는 항구적인 근거를 가지고 있어야만 한다는 고집이었고,

그런 생각은 오늘날의 과학이 목표로 해야만 하는 정의(定義)와도 같은 것이다. 모든 것이 변화하고 흘러간다는 헤라클레이토스식의 생각으로는 아무 것도 얻을 수가 없다. 데모크리토스의 사고방식은 고대의 다른 어떤 철학자들의 생각보다도 현대 과학자의 생각을 닮은 것이었다. 그는 우리가 우주를 먼저 이해하고 난 후에 우주에서 우리의 위상에 대해서 걱정해야 한다고 했다. 그는 우리 마음의 평화를 위해서 우리의 우주관을 바꾸어서는 안된다고 주장했다. 그는 원칙적으로 세상의 모든 복잡성은 간단한 기본적인 가정을 근거로 설명할 수 있을 것이라고 믿었다. 그는 세상이 눈으로 볼 수가 없을 정도로 작은 부분으로 구성되어 있다고 믿는 것은 바보스러운 생각이 아니라고 생각했다. 데모크리토스로부터 거의 2천년이 지난 후에 현대적 원자론이 등장하면서 똑같은 자기 유사성의 원칙이 다시 제기되었고, 그에 대한 논란도 다시 불거졌다.

그 사이의 2천년 동안에 원자론은 완전히 잊혀지지도, 크게 확대되지도 못하면서 시들어 버렸다. 무신론의 흔적은 계속 남아있었지만, 로마 시대 이후부터 현대 과학이 정립되기까지의 자연철학자들은 극도로 종교적이었거나 신비주의적이었다. 중세의 철학자들에게 가장 중요한 임무는 신이 존재한다는 사실을 밝히는 것이었다. 한편 신비로운 방법으로 한 물질을 다른 물질로, 특히 비금속을 금으로 변환시키는 비법을 찾아내려던 연금술사들의 노력 또한 결국은 수포로 돌아가 버렸다. 비범하면서도 수수께끼 같은 인물이었던 아이작 뉴턴은 여러 면에서 최초의 현대 과학자였지만, 19세기 영국의 철학자 케인스의 말에 따르면 그는 최후의 연금술사였다. 뉴턴은 운동 역학이나 미적분학을 연구하지 않을 때는 신비로운 지식을 위한 이상한 계산법을 찾기 위해서 성경이나 고대 문헌에 빠져있었다.

그럼에도 불구하고 현대 과학은 서서히 등장하기 시작했다. 신비론자이고 마법사였던 연금술사들도 그 제자들이 스승을 능가하는 화학자로 성장하면서 알아보기 힘들 정도로 바뀌기 시작했다. 연금술사와 화학자는 모두 물리세계와 그 속에 담겨 있는 변환의 비밀을 찾아내려고 노력한다는 점에서 서로 같았다. 그러나 맹목적으로 비법을 찾아내려고 했던 연금술사와는 달리, 화학자들은 우선 물질을 지배하는 법칙을 이해한 후에 화학적 변환을 조절하기 위한 합목적적인 전략을 찾아야 한다는 사실을 깨닫고 있었다.

그러는 과정에서 원자론이 다시 등장하기 시작했다. 화학자들이 알아낸 법칙들은 그들의 선조였던 연금술사들에게는 매우 실망스러운 것이었다. 그들은 철, 구리, 금과 같은 금속들은 어떤 경우에도 억지로 다른 금속으로 변환시킬 수 없는 근원적인 물질이라는 사실을 알게 되었다. 한편 연금술사들에게는 변환에 필수적인 초자연적 매질로 여겨졌던 불은 그 자체가 화학 반응이라는 변환의 하나였다는 사실도 밝혀졌다.

화학자들은 원소의 개념을 파악했고, 화학 반응은 엄격한 규칙에 따라서 상대를 바꾸는 단체무용에서처럼 원소들의 결합이 바뀌는 것으로 이해하게 되었다. 예를 들어서 물은 수소와 산소가 2대 1로 결합되어 만들어진 것이다. 그런 사실을 인식하고 나면 수소와 산소의 "원자"가 2대 1로 결합해서 물의 "원자"가 된다고 생각하는 것은 어렵지 않다(원자와 몇 개의 원자들이 결합해서 만들어진 분자를 구분하는 현대적인 개념은 화학자들이 원소가 무엇이고, 원소들로 만들어진 화합물이 무엇인가를 이해하기 전까지는 분명하지 않았다. 그렇게 되기까지 과학자들은 원자와 분자라는 말을 엄격하게 구별하지 않고 사용했다).

그렇지만 화학자들은 (그럴 필요성을 느끼지 않았기 때문에) 원자들이 어떻게 생겼고, 어떻게 행동하고, 어떻게 뭉치거나 흩어지는가에 대해서 관심을 갖지 않았다. 화학자들에게는 원자들이 빈 공간을 날아다니는 작고 단단한 것이거나, 아니면 상자에 채워진 오렌지처럼 크고 말랑말랑한 것인가는 크게 문제가 되지 않았다. 뿐만 아니라, 수소와 산소의 원자들이 정말 더 이상 쪼갤 수 없는 것인지, 아니면 물의 경우에 둘 더하기 하나라는 공식이 상대적인 양을 간편하게 표현하는 것인지도 전혀 분명하지 않았다. 데모크리토스와 루크레티우스의 경우에서도 그랬던 것처럼 원자는 특히 그렇게 생각하고 싶어하는 사람들에게는 멋진 개념이었지만, 그런 개념이 꼭 필요하다거나 필수적이라는 증거는 없었다.

아마도 오늘날의 입장에서 되돌아볼 때 가장 놀라운 사실은, 17세기와 18세기를 지나면서 뉴턴의 운동법칙을 물리학의 기초로 받아들이게 되었던 물리학자들이 당시에 부활되고 있던 원자 가설에서 작은 원자들이 뉴턴 법칙에 따라 움직이고, 충돌하고, 서로 튕겨진다고 생각하기까지 그렇게 오랜 세월이 걸렸다는 것이다. 다니엘 베르누이가 1738년에 원자의 운동으로부터 압력을 나타내는 식을 유도하려던 최초의 시도가 바로 그런 노력이었다. 그러나 로저 보슈코비치 Roger Boscovich는 1763년에 저술했던 『이론 자연철학 Theoria Philosiphiae Naturalis』에서 정지하고 있는 원자들을 근거로 하는 원자론을 제시했다. 세르비아-크로아티아 출신의 순회 철학자이며 성직자였던 보슈코비치는 아주 가까이 있는 원자들 사이에는 인력이 작용하기 때문에 옷감이 물을 빨아들이게 되지만, 원자들 사이의 거리가 멀어지면 반발력이 작용하게 되어서 기체가 압력을 나타내게 된다고 설명했다.

어느 정도 현대적인 요소를 가지고 있었던 보슈코비치의 설명에서 우리는 과학자들이 그렇게 오랫동안 원자론을 심각하게 받아들이지 않았던 이유를 짐작할 수 있다. 그는 원자들이 어떤 성질을 가지고 있다고 가정하고, 그것으로부터 원자의 거동에 대한 결론을 이끌어내려고 노력하는 대신에 단순히 원자들은 이해하고 싶어하는 현상을 설명하는데 필요한 모든 성질을 가지고 있다고 주장해버렸다. 결국 그의 주장은 원자들이 우리가 관찰하는 거동을 "스스로 만들어내야만 한다"는 뉴턴의 주장과 동일한 것이었다. 그런 주장을 사변적(思辨的)이고 비과학적이라고 비판하기는 쉽다. 이는 먼저 원자의 존재를 가정하고 나서, 그 원자들이 설명하고 싶은 현상을 설명하기 위해서 필요한 모든 성질을 가지고 있다고 주장하는 것에 불과하기 때문이다.

그런 철학적인 문제를 제쳐두더라도 원자론을 받아들여서 기체에 적용하는 과정에서 열(熱)의 진정한 의미를 이해하지 못했던 것도 걸림돌이 되었다. 19세기 초까지만 하더라도 열의 정체는 확실하지 않았다. 열이 에너지를 비롯한 뉴턴적 개념과 관련된 일종의 역학적인 것이라고 생각했던 사람들도 있었지만, 일종의 기체와 비슷한 유체이거나 칼로릭 *caloric*이라는 이름을 가진 가벼운 물질이라고 여기던 사람들도 많았다. 칼로릭은 다른 성분으로 구성되거나 만들어지는 것이 아니라, 그 자체로 독립된 존재이고, 그것이 물질에 침투하거나 퍼지게 되면 우리가 열이라고 느끼는 성질이 나타나게 된다고 믿었다. 뜨거운 물체가 차가운 물체에 열을 빼앗기는 것은 뜨거운 물체에서 칼로릭이 빠져나와서 차가운 물체로 스며들기 때문이라고 생각했다.

칼로릭 이론을 처음으로 비판했던 사람은 매사추세츠 태생의 과학자이며 발명가였던 벤자민 톰슨 *Benjamin Thompson*이었다. 그는 미국의 독립전쟁 직전에 영국의 스파이로 활동하다가, 1775년에 런던으로 망명했고 전쟁 중에 잠시 미국에 돌아가기도 했지만, 미국이 독립한 후에는 다시 난민의 신분으로 영국으로 돌아갔다. 그러나 영국 정부의 대우에 만족하지 못했던 그는 정치적인 영향력을 이용해서 바바리아 왕실의 군사 고문으로 일하게 되면서 여러 분야에서 핵심적인 역할을 하게 되었다. 그는 뮌헨에 영국식 정원을 조성했고, 군인들에게 충분한 영양분을 제공할 수 있는(특별하게 씹어 삼키는 방법이 필요한) 수프를 개발했고, 휴대용 커피 메이커를 고안하기도 했다. 그런 공로 덕분에 그는 1792년에 신성로마제국의 럼포드*Rumford* 백작이 되었다. 연기가 생기지 않고 효율이 뛰어난 벽난로를 개발했던 그의 이름은 오늘날 미국의 주택 건설업자들에게도 잘 알려져 있다.

그런 업적을 남겼던 럼포드는 과학적인 천재성도 가지고 있어서 열과 에너지의 본질에 대한 몇 가지 중요한 사실들을 밝혀내기도 했다. 바바리아의 군사 기술 고문이었던 그는, 대포에 구멍을 뚫는 일을 감독하면서 뭉툭한 송곳날로 쇳덩어리를 깎아내려고 하면 많은 열이 발생한다는 사실을 발견했다. 그리고 송곳날로 구멍을 뚫는 과정에서 발생할 수 있는 열의 양은 근본적으로 무한하다는 결론을 얻었다. 만약 열이라는 것이 쇳덩어리가 본래 가지고 있던 칼로릭이 빠져나오는 것이라면 그 양은 유한할 수밖에 없기 때문에 무한히 많은 열이 발생한다는 사실은 이해하기 어려운 일이었다. 럼포드는 실제로 발생하는 열의 양이 금속을 깎아내는 송곳날에 가해진 물리적인 일의 양과 관계된다는 사실을 깨달았다.

럼포드의 그런 관찰은 물론, 아무도 칼로릭이 정말 어떤 물질인가를 설명하지 못했음에도 불구하고, 19세기 초까지도 그런 칼로릭 이론을 믿는 사람들은 존재했다. 그 성질을 알 수도 없고, 볼 수도 없는 입자인 원자도 그 존재를 증명할 분명한 근거를 제시하지 못하고 있다는 점에서는 사정이 비슷했다. 그러나 당시의 물리학자들은 적어도 기체와 유체의 일반적인 성질에 대해서는 잘 알고 있었고, 만약 칼로릭이라고 하는 것이 특이한 유체라면 그것은 열이 특별한 것이기 때문이라고 생각했다. 그러나 19세기 초의 과학자들에게 원자는 전혀 알 수 없는 존재였다. 신비롭기는 하지만 익숙하게 알고 있는 열을 작고 단단한 알갱이라는 원자를 이용해서 설명해야 한다는 주장은 쉽게 받아들이기 힘든 비약이었다.

오늘날 우리는 관찰하거나 검출할 수 있는 모든 현상을 쿼크, 광자, 전자기장, 굽은 공간처럼 동떨어지고 눈으로 볼 수도 없는 것으로 설명하는 데 익숙해져 있지만, 200년 전의 과학자들은 여전히 자신들이 직접 보거나 측정할 수 있는 것에만 관심을 가지고 있었다. 그런 뜻에서 손가락으로도 느낄 수 있는 열은 의심할 여지가 없는 물리적 현상이었다. 풍선의 팽팽한 정도나 증기기관 피스톤의 강력한 충격으로 느낄 수 있는 기체의 압력도 마찬가지였다. 그렇게 직접적이고 확실하게 느낄 수 있는 것을 눈으로 볼 수도 없는 존재의 느낄 수 없는 움직임으로 설명하는 것이 무슨 의미가 있겠는가? 작은 원자들이 집단적으로 충돌해서 피스톤을 밀어낼 정도의 힘을 발휘한다고 상상할 수는 있겠지만, 그렇게 생각해서 무엇을 얻을 수 있겠는가? 명백하게 실재하는 것을 인간의 눈에서 영원히 감추어져 있는 "원자"로 설명하려는 것은 잘못된 설명이라고 여겼다. 데모크리토스가 처음 제안했고, 루크레티우스가 다시 부활시켰던 원자론을 베르누이, 헤라패스, 워터스톤이 차례로 보다 정교하게 만들고 구체화하기는 했지만, 그 본질은 크게 달라지지 않았다. 원자론이 멋지기는 하지만 과학적인 이론이라고 할 수는 없다고 하는 반대론자들의 주장에도 상당한 근거가 있었다. 무엇을 다른 것으로 설명할 수는 있지만, 그런 시도가 물리학을 전반적으로 단순화시킬 수 있을 정도로 충분히 광범위하게 적용되지는 못했다.

존 워터스톤이 비운의 논문을 왕립학회에 제출했던 1845년까지만 하더라도 원자의 운동으로 열을 설명하려는 "열의 기체 운동론"은 문제를 해결하기 위한 가설에 불과했다. 원자의 존재를 믿고싶어 하는 사람들에게 기체 운동론은 자연에 대한 광범위하고 근본적인 멋진 이론이었지만, 원자론을 믿고 싶지 않은 사람들에게 기체 운동론적인 설명은 새로운 사실이라고는 아무 것도 밝혀주지 못하는 그런 것에 불과했다.

그렇지만 그로부터 12년이 지난 후, 이상한 주장에 불과했던 기체 운동론은 존경받는 이론으로 인정받게 되었다. 그것은 기체 운동론이 갑자기 좋아졌거나 그 이론으로 전혀 새로운 문제를 설명할 수 있게 되었기 때문이 아니라, 영향력 있는 몇몇 사람들이 기체 운동론을 심각하게 받아들이기 시작했기 때문이었다. 열과 기계적인 에너지 사이의 관계를 밝혀서 이미 명성을 쌓고 있었던 루돌프 클라우지우스 *Rudolf Clausius*는 1857년에 「열이라고 부르는 운동」이라는 획기적인 논문을 발표하였다. 당시 35세였던 클라우지우스의 명성은 대단하지는 않았지만 상당한 수준에 이르고 있었다. 한동안 열의 칼로릭 이론을 비판했던 그는 럼포드의 관찰이 의미하는 것처럼 열이 기계적인 일이나 에너지와 직접 관련된 것임을 증명하기 위해 노력하고 있었다. 그는 1857년에 베르누이와 헤라패스가 힌트를 주고, 그 후에 워터스톤이 좀더 자세하게 밝혔던 사실들을 다시 주장했던 셈이었다. 일정한 부피의 기체가 끊임없이 움직이는 작은 원자들로 구성되어 있다면, 기체의 압력과 온도는 그런 원자들의 평균 속도의 제곱에 비례하게 된다. 실제로 온도는 그런 가상의 원자들이 가지고 있는 평균 운동 에너지에 해당한다.

오늘날의 입장에서 되돌아보면 클라우지우스는 취리히 공과대학의 물리학 교수였고, 워터스톤은 봄베이에 있는 해군학교의 강사였다는 사실을 빼면 클라우지우스가 1857년에 발표했던 주장이 그보다 12년 전에 워터스톤이 제기했던 것보다 더 심각하게 받아들여질 이유는 아무 것도 없었다. 독일이나 영국의 몇몇 유명한 물리학자들은 열이 근본적으로 기계적인 것임을 믿게 되었고, 실제로 클라우지우스와 워터스톤 중에 누가 먼저 그런 개념을 찾아내었는가에 대한 논란이 불거지기도 했다. 어쨌든 1845년과 1857년 사이에 (클라우지우스를 비롯한 여러 사람들의 노력으로) 열과 에너지의 관계를 정량적으로 밝혀주는 법칙들이 확립되었던 것은 사실이다. 열에 대한 기체 운동론적인 설명이 단순한 사변적인 주장에서 신뢰의 문턱을 넘어서 과학적 제안으로 받아들여지기까지는 12년이라는 세월이 소요되었다고 할 수 있다.

어쨌든 열에 대한 원자론을 과학계에 본격적으로 등장시킨 사람은 클라우지우스였다. 기체 운동론은 그의 인정을 받게 되면서 더욱 심각하게 받아들여지기 시작했고, 새로운 추종자를 끌어들이게 되었다. 기체 운동론에 매력을 느낀 젊은 과학자들은 그것을 더욱 발전시키기 위해 노력했다. 1860년 영국에서는 제임스 클러크 맥스웰*James Clerk Maxwell*이 클라우지우스의 이론을 단순히 원자의 평균속력뿐만 아니라, 주어진 순간에 얼마나 많은 원자들이 평균보다 크거나 작은 속력으로 움직이고 있는가를 나타내는 속력의 분포까지 고려한 이론으로 발전시켰다. 그는 충분한 설득력을 가진 근거를 제시하지는 못했지만, 상당히 추상적인 방법으로 기체원자의 속도분포를 나타내는 수학적인 표현식을 유도했고, 주어진 온도에서 일정한 부피를 차지하고 있는 기체원자들의 대표적인 속력 분포를 나타내는 그래프도 얻을 수 있었다.

당시 맥스웰은 28세에 불과했지만, 그가 천재라는 징후는 확실하게 드러나 있었다. 그러나 기체 운동론의 다음 단계의 발전은 그보다 더 젊었고, 그 이름을 알고 있던 사람이 거의 없었던 사람에 의해서 이루어졌다. 1868년, 빈 대학교를 갓 졸업했던 24세의 루트비히 볼츠만이 맥스웰의 식에 대해 물리적으로 설득력 있는 설명을 발표했다. 당시에는 이미 대기의 압력이 높이에 따라 어떻게 변화하는지 잘 알려져 있었다. 볼츠만은 일정한 부피의 기체가 지구 중력장 속에서 위로 올라가면 어떻게 변화할 것인가를 분석하는 과정에서 맥스웰의 식이 특정한 에너지를 가진 원자 또는 분자의 수를 정확하게 나타내는 것임을 증명했다. 대학을 갓 졸업한 젊은이에게서는 흔히 찾아보기 어려운 훌륭한 통찰력이었다.

볼츠만은 맥스웰의 식에 대해서 직접적이고 알기 쉬운 물리적 근거를 제시했을 뿐만 아니라, 기체 운동론에는 진정한 물리학이 담겨있다는 사실을 확인시켜 주었다. 이에 깊은 감명을 받은 맥스웰은 빈의 중진 물리학자에게 볼츠만의 업적을 칭찬하는 편지를 보내기도 했다. 결국 두 젊은 물리학자가 제안했던 식은 기체원자의 속도분포를 나타내는 맥스웰-볼츠만 분포라고 알려지게 되었고, 기체를 원자론적으로 설명하는 기초가 되었다. 나이가 조금 더 많았던 클라우지우스는 기체 운동론을 신뢰할 수 있는 수준으로 끌어올렸고, 다른 이론 문제에 심취해 있었던 맥스웰은 기체 운동론의 핵심적인 기초를 마련했다. 그러나 기체 운동론을 완성하는 것을 평생의 목표로 삼았고, 기체 운동론의 성공만큼이나 큰 부담을 어깨에 짊어지게 된 것은 다름 아닌 볼츠만이었다. 19세기 후반에 볼츠만이 경험했던 삶의 성공과 좌절은 기체 운동론 자체의 변화무쌍했던 성공이나 좌절과 정확하게 일치했다. 그런 과정에서 한 세기 동안 잊혀졌던 다니엘 베르누이의 주장이 재인식되었고, 볼츠만을 비롯한 많은 사람들이 그의 통찰력을 인정하게 되었다. 젊었을 때 기체 운동론에 빠져있었던 헤라패스는 런던 《타임즈 The Times》에 데이비를 비난하는 편지를 몇 차례 보낸 후에는 다른 일에 몰두해버렸다. 잠시 동안 몸담았던 교직에서 성공하지 못했던 그는 당시에 번창하기 시작했던 철도 사업에 관심을 갖게 되었고, 결국에는 철도 분야의 작가와 해설가로 잘 알려지게 되었다. 그러나 여전히 아마추어 과학자로도 활동했던 그는 자신이 편집자로 일하던 《철도 잡지와 과학 연보 Railway Magazine and Annals of Science》에 몇 편의 작은 논문을 발표하기도 했다. 훨씬 훗날 맥스웰은 헤라패스가 대체로 옳은 생각을 가지고 있었다는 사실은 인정했지만, 원자의 충돌에 대한 그의 계산은 틀린 것이었다고 지적했다.

워터스톤에 대한 이야기도 유쾌하게 끝나지는 않았다. 1845년에 발표가 거부되었던 그의 논문에는 그 직후에 클라우지우스를 유명하게 만들어주었던 핵심적인 개념은 물론이고 한참이 지난 후에도 완전히 밝혀지지 않았던 개념들도 많이 포함되어 있었다. 그의 논문에 대한 짤막한 초록이 1846년 왕립학회의 《회보 Proceedings》에 발표되었고 1851년에도 또 다른 짧은 논문이 발표되었지만, 워터스톤이 얻었던 결과를 제대로 설명하기에는 너무 짧아서 아무도 관심을 갖지 않았다. 그가 제출했던 논문의 원본은 저자에게 돌려 보내지지도 않고 수십 년 동안 왕립학회의 서류함에 처박혀 있었다. 그는 인도에서 스코틀랜드로 돌아온 후에도 몇 편의 논문을 여기저기 발표했지만 사람들의 관심을 끌지는 못했다. 그는 자신이 제출했던 두 편의 논문이 거부되었던 1878년, 왕립천문학회에서 탈퇴했다. 그의 조카의 말에 의하면 과학계에서 워터스톤에 대한 평은 "아무런 이유도 없이 상당히 나빴다"고 한다.[10] 그는 1883년에 72세의 나이로 사망했다.

워터스톤의 업적은 1891년 영국 왕립학회의 서기였던 물리학자 레일리 경 Lord Rayleigh이 옛 문헌을 찾던 중에 버려졌던 원고를 발견하면서 마침내 빛을 보게 되었다. 논문이 발견될 당시 기체 운동론은 정교한 이론으로 잘 알려져 있었기 때문에 레일리 경은 워터스톤의 논문이 매우 중요한 것임을 곧바로 인식할 수 있었다. 그는 뒤늦기는 했지만 왜곡된 역사에 대한 짤막한 설명과 함께 그 논문을 《철학회보*Philosophical Transactions*》 첫 호의 첫 논문으로 게재했다.

레일리 경은 워터스톤이 원고를 접수시켰을 때의 과학자들의 생각이 그보다 몇 십년 후의 과학자들과는 전혀 다르다는 점을 인정하면서도, 왕립학회의 전문 평가자들이 그의 논문을 그렇게 부정적으로 보았다는 사실에 놀랐다고 했다. 그는 "당시 그 논문의 발표를 거부한 것은 그 분야의 발전을 10~15년 정도 늦춰놓은 불행한 결정이었다"라고 언급했다.[11] 레일리 경은 만약 워터스톤이 자신의 논문이 당시에 널리 알려져 있던 다니엘 베르누이가 제안했던 내용을 발전시킨 것이라고 분명하게 밝혔더라면 논문 평가자들이 결론을 내리는 데에 많이 망설이게 되었을 것이라고 지적했다. 그러나 베르누이의 업적 자체는 이미 잊혀져 버렸고, 실제로 그의 결과는 워터스톤 스스로 얻은 것이었기 때문에 그의 논문에 대한 대우는 정당하지 못한 처사였다. 레일리 경은 그런 지적에 대해서 "어쩌면… 자신이 위대한 일을 할 수 있다고 믿는 젊은 과학자는 위대한 업적을 향해 출발하기 전에, 쉽게 그 가치를 판별할 수 있는 연구를 통해서 자신에 대한 과학계의 호의적인 인식을 확보하는 것이 도움이 될 수 있을 것"이라는 말로 대답을 대신했다. 다시 말해서 과학자로서 명성을 얻기 위해서는 천재성과 출세주의의 적절한 조합이 필요하다는 것이었다. 이미 이런 쓴맛을 보았던 워터스톤이 제대로 평가받지 못했던 자신의 노력이 실제로 인정받게 되는 모습을 보기 전에 사망한 것이 오히려 다행일지도 모를 일이다.

제2장

보이지 않는 세상
우리가 열이라고 부르는 운동

데모크리토스는 원자의 크기에 대해서 아무 것도 알 수 없었다. 그런 면에서는 2천년이 지난 후의 베르누이, 워터스톤, 클라우지우스도 마찬가지였다. 원자가 눈에 보이지 않는다는 것은 확실했지만, 19세기 중엽의 수준에서는 그저 원자가 꽃가루 알갱이보다 더 작다는 뜻으로 이해될 뿐이었다. 그렇다면 원자는 얼마나 더 작을까? 백분의 일? 백만분의 일?

1863년 빈 대학에 입학했던 루트비히 볼츠만은 우연하게 새로운 원자론에 열광하고 있던 연구소에 대해 알게 되었다. 시골학교 출신이지만 유달리 뛰어났던 볼츠만은 물리학의 어떤 분야를 특별히 선호하지는 않았다. 그러나 빈 대학의 교수들은 당시 유럽 대륙에서 가장 진보적인 생각을 가지고 있었다. 빈의 교수들이 기체 운동론과 전자기학처럼 최근에 정립된 학문에 대해서 잘 알고 있었고, 그런 이론적인 혁신에 깊은 관심을 가지고 있었던 것은 젊은 볼츠만이 학문적인 모험의 길로 들어서서 평생을 전념하는데 있어 어느 정도 영향을 주었을 것이다.

그가 빈에 도착하한지 2년쯤 지났을 때, 그곳의 과학자들은 당시의 기체 운동론을 이용해서 원자의 크기를 대략적으로 추정할 수 있게 되었다. 이미 40대였던 조제프 로슈미트 *Josef Loschmidt*는 볼츠만과 마찬가지로 연구 생활을 처음 시작하고 있었다. 그는 젊었을 때부터 과학에 관심을 가지고 있었지만 사업과 교직에서 몸담고 있다가 뒤늦게 과학으로 되돌아온 것이었다. 보헤미아의 카를스바트*Carlsbard* 지역(오늘날 체코 공화국의 카를로비 바리에 해당하는)에 농부의 가정에서 태어난 로슈미트는 똑똑한 젊은이였다. 이런 그의 재능을 눈여겨 본 시골의 성직자는 그에게 학교를 다니도록 부추겼고, 그의 부모들도 결국은 밭일을 무척 싫어하고 잘 하지도 못했던 그에게는 공부밖에 달리 할 일이 없다는 사실을 인정하게 되었다. 처음에는 철학에 흥미를 가졌던 로슈미트는 프라하 대학교의 물리학자 프란츠 엑스너*Franz Exner*를 만나면서 과학에 관심을 갖게 되었고, 엑스너가 자리를 옮길 때 함께 빈으로 오게 되었다.

그러나 빈에서 교직을 찾을 수 없었던 로슈미트는 자신의 과학지식, 특히 화학에 관한 지식을 이용해서 몇 가지 사업을 시작했지만 실패를 거듭했고, 결국 33세였던 1854년에는 파산을 하고 말았다. 그는 자신이 철학과 논리학 분야에 재능을 가지고 있다고 믿었다. 훗날 볼츠만은 로슈미트가 산업계에서 일을 하기도 했지만 "전형적으로 비현실적인 학자"였다고 회고했다.[1] 빈에서 과학 교사 자격증을 취득한 그는 다시 한번 과학 분야에서 열심히 노력하기 시작했다. 그런 로슈미트가 처음으로 독자적인 과학 연구의 결과를 논문으로 발표한 것은 40세가 다 되었을 때였다.*

오스트리아의 수도였던 빈에 처음 도착한 젊은 볼츠만은 친절한 로슈미트와 아주 가깝게 지냈다. 두 사람은 오페라와 관현악 연주회도 함께 찾아다녔다. 빈은 훌륭한 음악의 도시였고, 볼츠만은 유능한 피아노 연주자였다. 그가 처음으로 로슈미트와 함께 들었던 빈 관현악단의 연주는 베토벤의 교향곡 3번 「영웅」이었다. 훗날 볼츠만은 나이 많은 친구를 감동시키기 위해서 약삭빠르게 "스케르초**보다 주인공의 운명을 엄숙하게 표현한 부분이 더 좋다"고 말했다고 회고했다.

로슈미트는 이 젊은 친구에게 "자네가 베토벤보다 더 훌륭한 곡을 남길 수 있겠군! 그런데 자네는 존경하던 위대한 사람의 장례식이 가본 적이 있나? 그분이 천국으로 올라가는 모습을 본적이 있나? 아니겠지! 그렇다면 자네는 두 배나 더 김빠지게 보이는 일상으로 돌아가야 하겠지. 그러면 냉소적인 큰 웃음을 참을 수가 없을 것이고, 그런 기분을 표현한 것이 바로 스케르초라네"라고 충고해 주었다고 한다.[2]

볼츠만은 40년이 지난 후에도 그 대화를 기억하고 있었지만, 그런 대화가 로슈미트나 볼츠만의 성격을 얼마나 잘 나타낸 것인지는 분명치 않다. 볼츠만은 평생 동안 지나치게 감상적인 예술을 좋아했다. 베토벤의 교향곡을 좋아했고, 리스트가 편곡한 곡들을 피아노로 연주했다. 훗날에는 열렬한 바그너 애호가가 되었고, 극장에서는 독일의 극작가 프리드리히 쉴러Friedrich Schiller에 심취했다. 쉴러는 적어도 초기에는 현실과 이상의 불일치나 내성적 관찰보다 있는 그대로의 감각과 자유로운 감정을 강조했던 질풍노도운동**의 성실한 추종자였다. 젊은 볼츠만은 로슈미트를

---

* 역자 주: 그는 케쿨레가 벤젠의 구조를 밝히기 4년 전이었던 1861년에 분자의 구조를 그림으로 나타내는 방법을 《화학연구》라는 학술지에 발표했다.

** 역자 주: 19세기 교향곡이나 소나타에 많이 쓰였던 빠른 박자의 음악 형식.

*** 역자 주: 18세기 말에 독일에서 괴테와 쉴러에 의해서 시작되었던 문예 운동.

절정에 이른 독일 낭만주의 예술을 함께 즐길 수 있는 동료로 여겼다.

아버지를 일찍 여읜 젊은 볼츠만에게 로슈미트는 친구이면서 아버지와도 같은 존재였다. 음악회나 극장에 가지 않는 저녁에는 맥주집에서 과학에 대한 이야기를 나누었다. 두 사람 모두 자신 앞에 펼쳐지고 있는 새로운 연구의 세계를 이해하려고 열심히 노력하고 있었다. 로슈미트의 첫 연구는 화합물의 구조에 대한 것이었다. 오늘날 화학구조를 그림으로 나타낼 때 원자들 사이의 이중 결합과 삼중 결합을 이중 또는 삼중의 선으로 나타내는 방법은 바로 그가 개발한 것이었다.

화합물의 구조에 관심을 가지고 있던 로슈미트가 1850년대 후반과 1860년대 초기에 인정을 받기 시작했던 새로운 원자론에 흥미를 갖게 된 것은 당연한 일이었다. 클라우지우스와 맥스웰이 원자의 속도분포를 알아내고 속도분포와 기체의 물리적 성질 사이의 관계를 밝혀내기는 했지만, 여전히 원자 자체에 대해서는 직접적으로 알려진 것이 거의 없었다. 예를 들어, 당시의 이론으로는 크기가 작은 원자의 경우에도 그 수가 충분히 많기만 하면 크기가 큰 원자가 조금 들어있을 때와 같은 압력을 나타낼 수 있기 때문에 압력과 속도분포만으로는 원자의 크기를 알아낼 수가 없었다. 원자론을 공격하던 사람들은 바로 그런 불확실성과 무지 때문에 원자론이 근거 없는 추측에 불과하다고 주장할 수 있었다. 원자의 크기에 상관없이 똑같은 결과가 얻어진다면 심각한 과학이라고 말하기에는 그런 가설 전체가 너무 임의적인 것으로 보였다.

언뜻 보기에는 기체 운동 모형의 발전이 오히려 그때까지 알지 못했던 부분을 더욱 심각하게 부각시켜버린 것 같기도 했다. 원자가 스펀지와 같은 것을 부풀린 것이고, 기체는 그런 원자가 상자에 담긴 테니스공이나 오렌지처럼 쌓여있는 것이라는 가설도 있었다. 원자 자체가 물렁물렁

하기 때문에 기체를 압축할 수 있고, 압력은 그런 원자들 사이에 작용하는 반발력 때문이라고 생각한 것이다. 그런 모형에서는 원자의 크기와 수, 그리고 원자들이 집단적으로 차지하는 부피 사이에 명백한 관계가 있게 된다. 그러나 새로운 기체 운동 모형에서는 원자들이 서로 맞대고 있는 것이 아니라 비어있는 공간을 빠르게 돌아다닌다. 심지어는 원자를 질량이나 속력을 가지고 있기는 하지만 실제로 그 크기를 정의할 수 없는 수학적 의미의 점으로 여길 수도 있다. 새로운 원자 모형에서는 원자의 크기는 중요하지 않은 것처럼 보였다.

그러나 물리학자들은 기체 운동론이 처음 부활되었을 때 제기되었던 문제들을 극복하려면 원자에 대해서 더 구체적으로 설명해야 한다는 사실을 깨닫게 되었다. 클라우지우스는 「열이라고 부르는 운동」이라는 논문에서 일정한 부피를 가진 기체의 온도, 압력과 원자들의 운동 사이의 관계를 밝혀냄으로써 원자들의 평균속력을 알아낼 수 있었다. 원자들의 평균속력은 초속 수백 미터에서 수천 미터에 이르기도 했다. 네덜란드의 기상학자 크리스토퍼 보이스 발로트 *Christopher Buys Ballot* 는 즉시 그런 계산에 대해서 반론을 제기했다. 그는 만약 그것이 사실이라면, 하인이 길쭉한 식당으로 식사를 가지고 들어오면 식당의 반대쪽에 앉아있는 사람이 곧바로 자신이 먹게 될 음식의 냄새를 맡을 수 있어야 할 것이라고 반박했다. 원자들이 정말 초속 수백 미터의 속도로 공기 속을 날아다닌다면 뜨거운 음식에 들어있던 냄새를 가진 기체들이 눈 깜짝할 사이에 방을 가로지를 것이고, 그렇기 때문에 음식을 보는 순간 곧 그 냄새를 맡을 수 있어야 하지 않겠는가?

클라우지우스는 기체이론에서 매우 중요한 혁신적인 개념을 도입해서 그런 반박에 대한 반론을 쉽게 찾아낼 수 있었다. 그것은 매우 빠른 속도로 움직이는 원자들은 어쩔 수 없이 다른 원자들과 엄청나게 자주 충돌하게 된다는 것이었다. 원자들이 식당의 한쪽에서 다른 쪽으로 직선을 따라 움직이는 것이 아니라, 오페라가 끝난 극장의 출구로 몰려드는 사람들을 헤치고 나오듯이 다른 원자들 사이를 헤집고 가야만 한다는 것이다. 기체원자는 다른 원자와 충돌하면서 운동방향이 바뀌기 때문에 원자가 실제로 움직이는 거리는 원자가 움직인 경로가 얼마나 구불구불한가에 의해서 결정된다. 중요한 것은 원자들이 서로 충돌하기까지 평균적으로 움직이게 되는 거리다. 클라우지우스는 훗날 기체 운동론에서 가장 중요한 양으로 밝혀진 이 거리를 "평균 자유 행로"라고 불렀다.

그러나 클라우지우스의 그런 주장에는 매우 깊은 뜻이 담겨 있었다. 원자들이 서로 충돌한다는 것은 그것들이 물리적으로 유한한 크기를 가지고 있다는 뜻이었다. 수학적인 의미에서의 점들은 아무리 가깝게 접근하더라도 서로 스쳐지나갈 수밖에 없다. 그래서 클라우지우스는 원자가 아주 작고 단단한 공이라고 여길 수밖에 없었다. 오늘날 원자를 설명할 때 흔히 "당구공"에 비유하는 것과 마찬가지였다. 공이 클수록 서로 충돌하게 되는 가능성은 커지기 때문에 평균 자유 행로는 짧아지게 된다.

그런 사실을 인식한 클라우지우스는 1858년에 모든 기체는 유한한 평균 자유 행로를 가지고 있다고 주장했지만, 그 값을 정확하게 밝히지는 못했다. 원자의 크기와 수를 알아낼 수가 없었기 때문이었다. 기체가 움직이는 원자들로 구성되어 있다는 클라우지우스의 모형은 물리적으로 더욱 정교하게 발전하였지만, 정량적인 부분은 여전히 애매한 상태로 남아있을 수밖에 없었다.

스코틀랜드의 제임스 클러크 맥스웰은 그 이듬해에 예상치 못했던 사실을 밝혀냄으로써 클라우지우스의 모형을 더욱 발전시켰다. 이 문제에

도전했던 다른 어떤 사람들보다도 뛰어난 수학적 재능을 가지고 있던 맥스웰은 문제가 복잡하다는 사실에는 겁을 내지 않았다. (워터스톤도 마찬가지였지만) 클라우지우스는 모든 원자들이 똑같은 속력으로 움직인다고 생각했다. 물론 그들도 기체원자들이 실제로는 서로 다른 속력으로 움직일 것이라는 사실은 짐작했지만, 그런 경우의 문제를 해결할 수 있는 수학적인 능력을 가지고 있지 못했다. 그렇지만 맥스웰은 문제를 해결하는 방법을 알고 있었다. 그는 평균속력 대신에 특정한 속력으로 움직이는 원자의 수를 나타내는 "속력 분포 함수"라는 수학적인 함수를 이용함으로써 클라우지우스가 할 수 없었던 수준의 계산을 해낼 수 있었다.

맥스웰은 자신의 모형을 이용해서 기체의 또 다른 대표적인 물리적 성질 중의 하나인 점성도를 계산해 보았다. 점성도는 기체나 액체가 얼마나 쉽게 흐르는가를 나타내는 양으로, 거꾸로 말하면 기체나 액체 속에서 고체 덩어리가 움직일 때 받게 되는 저항에 해당한다. 그래서 물은 점성도가 작지만, 당밀은 점성도가 매우 크다.

맥스웰은 자신의 기체 운동론 모형으로 계산한 기체의 점성도가 기체의 밀도와는 무관하다는 놀라운 결과를 얻게 된다. 이는 밀도가 큰 기체 속에서 물체가 움직이려면 더 많은 원자들을 밀어내야 할 것이기 때문에 저항이 더 클 것이라는 일반적인 기대와는 맞지 않는 결과였다. 의외의 결과가 얻어진 이유는 미묘한 것이었다. 점성도는 원자들이 그 속에서 움직이는 물체에 끊임없이 충돌하면서 그 에너지를 빼앗아가기 때문에 나타난다. 맥스웰은 점성도의 경우, 물체의 표면으로부터의 거리가 기체의 평균 자유 행로보다 짧은 범위 안에 들어있는 원자의 수가 중요하다는 사실을 발견했다. 그런데 기체의 밀도가 감소하면 평균 자유 행로가 늘어나기 때문에 움직이는 물체는 더 멀리서부터 다가오는 원자들과도 충돌하게 된다. 즉, 밀도의 감소와 평균 자유 행로의 증가가 서로 상쇄되기 때문에 물체로부터 평균 자유 행로 이내의 거리에 있는 원자의 수는 밀도에 무관하게 되고, 그래서 점성도가 밀도에 상관없이 일정한 특성을 갖게 된다는 것이다.

그런 결과 때문에 당황했던 맥스웰은 자신이 새로 유행하게 된 클라우지우스의 기체 운동론에 어긋나는 증거를 찾은 것이라고 생각했다. 실제로 케임브리지의 어느 동료는 확실한 근거는 없지만 상식적으로는 밀도가 낮은 기체의 점성도가 더 작을 것이라고 말해주었다. 맥스웰은 점성도에 대한 첫 논문에서 점성도를 계산하는 방법을 설명하고 나서, 자신의 계산 결과가 실제로 알려진 기체의 성질과는 맞지 않는다고 밝혀두었다. 그런 논문을 발표한 맥스웰은 스스로 점성도를 정밀하게 측정해보기로 했다. 그런데 더욱 놀랍게도 실제로 측정한 점성도의 값은 기체의 밀도가 상당히 변하더라도 일정하게 유지된다는 사실을 발견하게 되었다. 그의 동료들은 이전에 측정했던 결과들이 사실 그렇게 정밀한 것이 아니었다는 사실을 확인해주었고, 맥스웰 스스로도 자신의 측정 결과가 더 신뢰할 수 있는 것이라고 확신하게 되었다. 맥스웰은 자신이 클라우지우스의 주장을 증명하게 되었다고 생각하기 시작했다. 기체 운동론이 매우 놀라운 결과를 담고 있었고, 그런 예측이 실험으로 확인된 것으로 보아서 더욱 그렇게 생각하게 되었다.

맥스웰은 그런 결과를 비롯한 긴 분석의 결과물을 소개한 논문을 발표했던 1866년부터 기체 운동론의 가치와 중요성에 대해 확신을 갖게 되었다. 맥스웰은 그때부터 기체 운동론의 강력한 후원자면서 혁신자가 되었고, 영어를 쓰는 지역에서는 기체 운동론을 받아들여 발전시킨 선두주자가 되었다.

　한편 로슈미트는 점성도 계산의 결과를 이용해서 기체원자 또는 분자의 평균 자유 행로가 측정이 가능한 기체의 모든 성질과 관계가 있다는 사실을 알아냈다. 점성도를 계산하기 위해서는 분자의 크기와 일정한 부피 속에 들어있는 분자의 수가 모두 필요했지만, 로슈미트는 그런 관계로부터 새로운 사실을 발견했다. 점성도와 마찬가지로 기체분자의 두 가지 특성*에 의해서 결정되는 기체의 다른 성질을 나타내는 식을 점성도의 식과 비교하면, 수학자들이 일상적으로 취급하는 것처럼 두 개의 미지수가 포함된 두 개의 식을 얻게 되어 문제를 해결할 수 있다는 사실을 인식한 것이다.

　로슈미트는 액체의 경우에는 원자나 분자들이 서로 맞대어 있을 것이기 때문에 액체의 부피는 분자 하나의 부피에 분자의 수를 곱한 것이 될 것이라고 생각했다. 그리고 일반적인 실험 자료를 활용하면 일정한 부피의 액체를 증발시켜서 얻을 수 있는 기체의 부피를 예측할 수 있는 변환 인자를 알아낼 수 있다. 로슈미트는 그런 방법으로 공기 중에 포함된 대표적인 분자의 크기를 추정할 수 있었다. 그가 얻은 원자의 지름은 백만분의 일 밀리미터보다 조금 적은 값으로, 현재 알려진 값과 비교하면 상당히 근접한 것이었다.**

　원자의 크기를 정량적으로 추정할 수 있게 된 것은 원자론과 기체 운동론에 열광하던 사람들에게 자신들이 옳은 방향으로 가고 있다는 사실

---

* 역자 주: 원자(또는 분자)의 크기와 일정한 부피 속에 들어있는 원자의 수.
** 역자 주: 로슈미트는 이런 방법으로 기체 1몰에 들어있는 원자의 수를 4.4×10^{23}이라고 추정했다. "로슈미트 수"로 알려진 그 값은 그 후 더 정밀한 측정에 의해 6.022×10^{23}으로 밝혀졌고, "아보가드로 수"로 부르게 되었다.

을 확인시켜주는 또 하나의 증거가 되었다. 눈으로 볼 수 없는 대상이 특정한 크기를 가지고 있어야 한다는 사실을 확인함으로써 그런 대상의 존재가 더욱 확실하게 되었다고 생각했다. 그러나 반대론자들의 입장에서 보면 로슈미트의 분석은 여전히 아무 것도 증명해주지 못했다. 수학적인 식과 실험 자료를 이리저리 끼워 맞춰서 완전히 가상적인 대상의 지름에 해당하는 숫자를 얻어냈다는 사실만으로는 그런 가상적인 존재가 실재로 존재한다는 사실에 대한 증명이 될 수 없다고 믿었다. 로슈미트의 대수적 계산은 원자론과 기체 운동론의 수학적인 표현이 일관성을 기지고 있다는 사실을 보여줄 뿐이고, 그것은 어떤 이론에서나 최소한으로 만족되어야 하는 조건일 뿐이었다. 기체 운동론을 반대하는 사람들은 원자가 존재한다는 보다 명백한 증거를 제시하지 못한다면 기체 운동론은 수학적인 장난에 불과한 속이 빈 이론에 불과하다고 주장했다. 로슈미트의 결과는 만약 원자가 존재한다면 그것이 어떤 크기를 가져야 한다는 사실을 밝혀주었을 뿐이다. 그런데 로슈미트의 주장은 처음의 "만약"을 극복하지 못했다는 것이었다.

한동안 아무도 그런 회의적인 지적에 대해서 반박을 하지 못했다. 그러나 원자론을 믿는 사람들은 원자론을 근거로 한 이론이 궁극적으로 실험에서 유추한 경험법칙에 만족하거나, 아니면 아예 설명을 포기해버리는 것보다는 더 완전하고, 포괄적이고, 학술적으로 더 만족스러운 수준으로 발전할 것이라고 생각하거나 그렇게 믿어 버렸다. 그러나 새로 모습을 드러내고 있던 그런 사고방식은 당시의 물리학자들에게는 여전히 생소한 것이었다. 물리학은 전통적으로 기체의 온도와 압력 사이의 관계를 나타내는 법칙처럼 직접 측정할 수 있는 현상들 사이의 정량적인 관계를 찾아내는 것을 목적으로 하고 있었다. 그런 수준을 넘어서, 관찰할 수는 없지만 "존재"할 것으로 추측되는 양을 이용해서 실험에서 관찰되는 사실들을 설명하려는 시도는 대부분의 물리학자들이 자신들의 범위라고 믿었던 한계를 벗어나는 것이었다. 19세기 후반에 일어나고 있었던 변화는 실험 물리학과 밀접하게 관련되어 있으면서도 (아니면 그렇게 되기를 바라면서) 실제로는 이론 물리학과 분명하게 구별되는, 오늘날 우리가 이론 물리학이라고 부르는 그 자체로 독립된 새로운 분야의 탄생이었다. 물리학의 이론이 사실이나 관찰과 관계를 가지고 있으면서도 이론의 범주 안에서만 진정한 정의를 찾을 수 있는 구조로 구축된 독자적인 지식구조라는 생각은 당시에는 쉽게 이해할 수 없는 혁신적인 것이었다. 그렇다면 물리학자들은 그런 이론적 구조가 과연 사실인가를 어떻게 알아낼 수 있겠는가. 그런 이론이 유용하거나 또는 무엇인가를 해명해주기만 하면 되는 것일까?

  맥스웰은 기체 운동론의 발전에도 기여했지만, 독자적으로 당시의 또 다른 위대한 이론적 혁신을 이룩하기도 했다. 그는 1846년에 전기와 자기에 관련된 모든 관찰과 그런 관찰에서 유도되는 결과들을 하나의 틀로 설명할 수 있다는 사실을 깨끗하고 포괄적으로 보여주는 전자기학 이론을 발표했다. 맥스웰은 전자기장(場)이라는 새로운 개념을 도입했다. 원자나 분자와 마찬가지로 전자기장도 직접 관찰할 수는 없지만, 그 때까지 밝혀진 전기와 자기 현상들 사이의 모든 관계를 설명해주었다. 그의 이론에 의하면 빛은 전자기장의 진동에 해당할 뿐만 아니라, 이론적으로는 다른 형태의 파동운동도 존재할 수 있다는 사실을 보여주었다. 독일의 하인리히 헤르츠*Heinrich Hertz*가 실험실에서 라디오파를 발생시키고, 그것을 수신함으로써 맥스웰 이론의 핵심적인 부분을 증명해준 것은 훨씬 뒤였던 1888년의 일이었다. 그때까지는 그의 이론을 찬성하는 사람도 있었고, 반대하는 사람도 존재했다. 기체 운동론의 경우와 마찬가지로 전자기학 이론을 반대하던 사람들은 근본적으로 검출할 수 없는 이론적인 창작을 받아들이는데 어려움을 겪었다. 원자와 전자기장이 과연 실존하는 것인지, 아니면 단순히 상상 속의 허구인지를 확신할 수가 없었던 것이다.

로슈미트는 공기분자의 크기를 추정한 결과를 1865년에 발표했다. 그 결과는 긍정적이기는 했지만, 원자의 존재를 완전하게 증명한 것은 아니었다. 원자론을 믿던 사람들은 그로부터 몇 년이 지난 후까지도 자신들이 옳다고 생각하거나, 아니면 결국에 막다른 길이라고 하더라도 따라가 볼 가치가 있는 흥미로운 길에 들어서 있다는 직관에 의존할 수밖에 없었다.

빈 대학의 학생이었던 볼츠만은 주변에서 구체화되고 있던 새로운 물리학에 대해서 흥분하지 않을 수 없었다. 그 시대는 성스러운 시대였고, 빈은 성스러운 곳이었다. 1850년에 설립되었던 빈의 물리학 연구소는 이미 새로운 도약의 기회를 맞이하고 있었다. 연구소를 창립해서 초대 소장을 역임했던 사람은 (다가오는 기차의 기적 소리가 더 높은 음정이 된다는 도플러 효과를 발견했던) 크리스티안 도플러*Christian Doppler*였다. 그러나 도플러가 1854년 51세의 나이로 사망한 후, 도플러보다도 나이가 더 많고 평범한 물리학자였던 안드레아스 폰 에팅스하우젠*Andreas von Ettingshausen*이 연구소의 운영을 맡게 되었다. 그러나 폰 에팅스하우젠마저 병석에 눕게 되면서, 1862년에는 새로 연구소 운영을 맡을 젊은 사람을 찾게 되었다. 그리고 24세의 에른스트 마흐*Ernst March*와 그보다 세 살이 더 많았던 물리학자 요제프 슈테판*Josef Stefan*이 연구소의 소장직을 맡으려고 서로 경쟁을 하게 되었다.

마흐와 슈테판은 모두 장래가 촉망되는 젊은이들이었지만 그때까지는 괄목할만한 업적을 남기지는 못하고 있었다. 그런 사람들이 소장 후보가 될 수 있었다는 것은 그들이 뛰어났기 때문이기도 했지만, 당시 물리학 연구소의 명성이 그리 높지 않았다는 사실을 뜻하기도 했다. 마흐는 폰 에팅스하우젠의 학생으로 1860년에 박사학위를 받았고, 슈테판은 빈 대학의 몇몇 교수들의 지원을 받았다. 결국 슈테판이 연구소의 일상적인 운영을 책임지게 되었고, 병석에 있던 에팅스하우젠이 은퇴했던 1866년부터 사반세기 후 사망할 때까지 계속 연구소의 소장직을 맡게 되었다. 강사로 생활을 꾸려가던 마흐는 결국 빈에서 남서쪽으로 100마일 정도 떨어진 오스트리아에서 두 번째로 큰 도시였던 그라츠에 수학 교수로 임명되었다.

슈테판은 진보적인 사람이었다. 그는 원자론의 새로운 발전을 기꺼이 받아들였고, 로슈미트가 대학에서 안정된 자리를 찾도록 도와주기도 했다. 사업에 실패하고 교직으로 돌아왔던 로슈미트는 슈테판의 도움으로 비공식적이기는 하지만 시간이 있을 때마다 대학의 도서관과 실험실을 이용할 수 있었다. 슈테판은 로슈미트가 뛰어난 논문을 발표하기 시작했던 1868년, 그에게 초급 교수직을 마련해주기도 했다. 그는 몇 년 후 명예 철학 박사 학위를 취득하고 평생을 빈 대학교에서 일했다.

슈테판은 볼츠만의 뛰어난 재능을 알아보았다. 맥스웰의 전자기 이론에 대해서 처음부터 관심을 가지고 있었던 슈테판은 젊은 볼츠만이 그런 위대한 발전의 중요성을 놓쳐버리지 않도록 신경을 써주었다. 그는 볼츠만에게 맥스웰의 논문 사본과 함께 영어 문법책을 주면서 맥스웰의 주장을 공부해보도록 권유했다. 훗날 볼츠만은 자신은 영어를 전혀 몰랐지만 슈테판이 주었던 문법책과 아버지가 사주었던 영어사전을 이용해서 맥스웰의 논문을 이해할 수 있었다고 회고했다.³ 볼츠만에 의하면 당시의 슈테판은 맥스웰의 전자기 이론이 물리학 분야에서 획기적인 혁명을 일으키고 있다는 사실을 처음부터 인식했던 몇 안 되는 사람들 중의 하나였다.

슈테판은 물리학 연구소의 분위기도 완전히 바꾸어 놓았다. 연구소의 일상적인 운영을 맡게 되었을 때의 슈테판은 대학의 신입생들과 비슷한 28살의 젊은이였다. 오스트리아 최남단의 클라겐푸르트 *Klagenfurt* 인근에서 문맹인 슬로베니아 농부의 아들로 태어났던 그는 클라겐푸르트의 초등학교를 졸업한 후에 빈 대학에 진학했고, 23살에 빈 대학의 물리학 강사가 되었다.

슈테판은 모든 면에서 온화하고 수수한 사람이었다. 그는 학생들을 자신의 동료로 여겼으며, 재능이 뛰어난 학생들과는 긴밀한 관계를 가졌다. 훗날 볼츠만은 그의 "올림피아적인 유쾌함"과 꾸밈없는 태도 덕분에 연구소의 학생들은 교수들과 친구처럼 이야기를 나눌 수 있었다고 회고했다.⁴ 평범한 가정에서 자라난 슈테판에 의해서 만들어졌던 연구소의 온화한 분위기에 익숙해있던 볼츠만은 다른 대학의 분위기가 그렇지 않다는 사실을 발견하고 무척 당황하기도 했다. 훗날 볼츠만은 "내가 학생으로 그런 분위기를 경험했던 것이 옳지 않았다고 생각해본 적은 없었다"라고 회고했지만, 독일어를 사용하는 독일 북부지역을 경험한 후에는 생각을 바꾸게 된다.

당시의 연구소는 빈의 에르드베르그가(街) 19번지에 있던 작은 건물을 사용하고 있었다. 후일 볼츠만 자신이 물리학과와 연구소를 책임지게 되었을 때는 열심히 노력했음에도 불구하고 자신이 "작은 에르드베르그"라고 즐겨 회상하던 이상적인 분위기를 살려내지는 못했다. 오히려 그는 현대적인 기구로 가득한 넓은 실험실에서 일하는 학생들이 자신에게 찾아와서 무엇을 해야하느냐고 묻는다고 한탄을 했다. 에르드베르그 시절에는 자신을 포함한 학생들이 아이디어가 부족했던 적이 없었고, 실험에 필요한 기기를 어떻게 구할 것인가가 유일한 어려움이었다고 했다. 볼츠만에게 에르드베르그가 시절은 눈앞에서 물리학의 세계가 열리고 있던 즐거운 발견의 시절이었고, 훗날 엄청난 업적을 이룩하기는 했으나 그때의 즐거움을 다시 경험하지는 못했다.

볼츠만은 1863년 10월, 빈 대학에 입학하면서 자신이 태어났던 곳으로 다시 되돌아오게 되었다. 그의 아버지 루트비히 게오르그는 빈 제국의 복잡하고 거대한 공무원 사회에서 중간정도 계급의 세무 공무원이었다. 그는 1844년 루트비히가 출생한 직후에 오스트리아 중북부의 시골 도시였던 벨스Wels를 거쳐 린츠Linz로 전근되었다. 10살이 될 때까지 가정교사에게 교육을 받았던 루트비히는 빈에서 대략 100마일 정도 떨어진 린츠에서 처음으로 정규학교를 다녔다. 볼츠만 가족은 대단한 부자는 아니었지만, 루트비히의 어머니 카타리나Katharina는 잘츠부르크의 유복한 상인집안 출신이었으며, "지역 재무담당관"[6]이었던 아버지의 수입도 넉넉한 편이어서 중산층 생활을 유지할 수 있었다. 어린 루트비히는 30세의 안톤 브루크너Anton Bruckner에게 피아노 교습을 받기도 했다. 작곡가로 명성을 얻기 전이었던 당시의 부루크너는 린츠 성당의 오르간 연주자로 일하고 있었다. 어느 날 젖은 우비를 침대에 올려놓았던 것 때문에 볼츠만의 어머니에게 싫은 이야기를 듣게 되면서 피아노 교습은 끝이 났지만, 어린 볼츠만은 훌륭한 피아노 연주자였다. "손가락은 짧았고, 손은 뭉툭했다"고 기억하는 동료도 있었지만, 그는 평생 훌륭한 솜씨로 피아

노를 연주했다.[7]

　볼츠만의 가족 중에서 학문적으로 성공한 사람은 없었다. 본래 베를린 출생이었던 루트비히의 할아버지는 시계 제조공이었다. 당시 빈에는 기능공과 공예가들이 많았다. 오스트리아의 산업혁명은 다른 나라와는 달리 매우 느리게 진행되었지만, 당시의 빈은 어수선하고 산만했던 오스트리아-헝가리 제국을 운영하는 것만으로도 번창하고 있었다. 빈은 왕실과 상류층, 그리고 거대한 관료사회의 중심지였다. 귀족들은 자신의 집을 채울 가구와 도자기, 그리고 값비싼 장식물들이 필요했다. 실제로 빈은 18세기부터 군사 요새로 둘러싸인 경계로 한정되어 있었기 때문에 주거시설을 위한 공간은 넉넉하지 못했다. 빈에 살던 성공한 사람들과 귀족들은 손에 넣을 수 있는 모든 부와 장식물들을 좁은 집에 쌓아두어야만 했다. 그 덕분에 솜씨 좋은 시계 제조공은 넉넉한 생활을 하면서 아들을 교육시켜 합스부르크 왕국의 관료로 키울 수가 있었다. 실제로 19세기 전반이 지나면서 작은 공장들은 기능공의 수를 줄이기 시작했지만, 공무원의 수요는 줄어들지 않았기 때문에 자식을 그렇게 키운 것은 좋은 선택이었다.

　루트비히 에두아르드는 오스트리아인, 세르비아인, 체코인들이 모여서 살던 도시 외곽의 란드가(街)에서 출생했다. 여러 언어를 사용하면서 작은 사업을 하던 그 지역의 사람들은 대기업들이 기능공을 뺏어가 버리고, 대형 상점들이 구멍가게를 위협하기 시작하면서 재정적으로 어려움을 겪게 되었다. 당시 유럽 전역에서 그랬던 것처럼, 이곳에서도 사회적인 불만과 앞으로 다가올 혁명의 고통이 시작되고 있었다.

　볼츠만 가족은 그러한 어려움이 닥쳐오기 전에 지방의 도시로 옮겨갈 수 있었다. 린츠에서 자라던 어린 루트비히는 유난히 똑똑한 아이였고,

심한 감기와 독감으로 학교를 다닐 수 없었던 1년을 제외하고는 언제나 학급에서 일등을 놓치지 않았다. 그는 피아노 교습을 받고, 딱정벌레와 나비를 채집하고, 스스로 작은 식물 표본실을 만들기도 했다. 그런 경험 때문이었는지 그는 훗날 자신의 자식들도 음악과 자연에 관심을 갖도록 주의를 기울였다.

그렇지만 어린시절과 초급학교시절까지도 볼츠만의 천재성은 드러나지 않았다. 성공한 과학자들 중에는 어린 시절에 갑자기 경험하게 된 발견이나 관찰의 순간 때문에 과학에 흥미를 갖게 되었다고 회고하는 경우가 많다. 그러나 볼츠만의 경우에는 그렇지 않았던 것이 분명하다. 그 스스로도 물리학에 평생을 바치게 될 것임을 암시해 주는 경험을 했다고 이야기한 적은 없었다. 그의 학교 친구들 중에서도 아무도 어린 볼츠만의 용모나 성격이나 지적 능력에 대해서 기록을 남기지도 않았다. 그의 시력이 나빠진 것이 촛불 밑에서 책을 많이 읽었기 때문이라고 했던 것을 보면 그가 어려서부터 열심히 노력했고 뛰어난 학생이었던 것은 확실하지만, 학생 시절의 볼츠만은 어떤 특정한 분야에 대해서 특별히 뛰어난 재능을 가지고 있지는 않았던 것 같다.

볼츠만이 말년의 강연에서 자신이 10대였을 때 남동생 알베르트*Albert*와 나누었던 대화에 대해서 소개한 일화만이 그가 지적으로 깨어나고 있었다는 사실을 희미하게 보여주는 유일한 증거였다.[8] 루트비히는 새로운 아이디어나 개념을 명백하게 정의하기만 하면 모든 것을 체계적으로 설명할 수 있다고 믿고 싶어 했지만, 다른 생각을 가지고 있던 동생에게 설득을 당하고 말았다. 알베르트는 단어의 뜻을 전부 설명해주는 영어사전만으로는 스코틀랜드의 철학자 흄*Hume**이 영어로 쓴 글의 뜻을 완전히 이해할 수는 없을 것이라고 주장했다. 알베르트는 루트비히에게 지식은 단순히 정의를 모아놓은 것만은 아니라고 주장했다.

어린 두 소년이 흄의 철학과 지식의 본성에 대해서 진지하게 토론을 했다는 사실은 놀라운 것이었다. 특히 지식이란 잘 정돈된 것에 불과하다는 루트비히의 주장은 훗날 물리학의 혁명을 이끌어낸 사람의 주장이라기보다는, 철저하기는 하지만 상상력이 부족한 학생의 주장에 더 가깝다는 점도 주목할 만하다. 볼츠만은 나이가 들면서 서서히 천재성을 드러내기 시작했던 사람이었다.

그렇지만 그의 어린 시절이 순탄하기만 했던 것은 아니었다. 볼츠만의 아버지는 그가 15세였던 1859년에 사망했고, 그의 동생 알베르트도 14세의 나이로 그 다음 해에 사망했다. 두 사람 모두 결핵에 걸렸던 것 같다. 몇 년 후에 그의 여동생 헤드비히Hedwig가 훗날 루트비히의 아내가 되었던 친구에게 말한 것으로 보면, 그는 아버지가 사망한 후로 "언제나 심각했었다."[9] 그러나 이전의 볼츠만이 유쾌하고 즐거운 성격의 소년이었다는 기록도 전혀 없는 것으로 보면 그런 지적이 정확하게 무엇을 뜻하는지 쉽게 짐작하기는 어렵다. 혹시 볼츠만이 사망한 아버지와 동생을 그리워했더라도 아마 그는 혼자 마음속으로만 그랬을 것이다. 19세기 중엽에는 어린 나이에 부모를 잃는 경우가 많았고, 동생들이 성년까지 자라지 못하는 경우도 흔했다. 그런 일이 볼츠만에게 어떤 영향을 주었는지는 알 수 없지만, 당시에는 그다지 특별한 일은 아니었다. 볼츠만 가족은 아버지의 죽음으로 수입이 줄어들어 형편이 나빠지기는 했지만, 연금 덕분에 큰 어려움을 겪지는 않았다. 볼츠만의 어머니는 그 때부터 천재

---

* 역자 주: 철학은 인간 본성에 대한 실험적 귀납이라고 주장했던 18세기 스코틀랜드의 경험론 철학자(1711~1776).

적인 아들을 위한 교육에 모든 정성과 재원을 쏟아 부었다.

루트비히는 어머니와 여동생과 함께 빈으로 옮겨와서 학교를 다녔다. 혁명은 그들이 빈을 떠나있던 동안에 일어났다. 1848년 2월에 노동자와 학생들이 파리의 거리를 장악하고 나서 몇 주 만에 폭동은 유럽 전역으로 급속하게 퍼져나갔다. 어느 곳에서나 전제정치에 반발하는 폭동이 일어났고, 해방과 함께 헌법도 개정되었다. 그러나 독일어를 사용하는 유럽 지역과 오스트리아-헝가리 제국에서는 민족주의가 팽배했다. 오스트리아는 자신들이 지배하던 비독일계 지역을 포기하고 독일에 합류하고 싶어하지 않았기 때문에, 독일의 여러 도시와 주와 영지들을 하나의 연맹으로 통일하려던 독일의 시도는 실패로 끝나버렸다.

그렇지만 합스부르크 정부는 부다페스트와 프라하에 몰려든 군중들을 진정시키기 위해서 헝가리와 체코인들에 대한 정치적인 영향력을 포기해야만 했고, 그로부터 수십 년 동안 비슷한 일이 반복되었다. 오스트리아-헝가리 제국은 지리적이나 정서적 이유로 만들어진 국가가 아니라, 합스부르크 왕가라는 지배층의 영향력에 의해서 독일, 헝가리, 체코, 폴란드, 세르비아를 비롯한 여러 민족이 연합되어 형성된 국가였다. 혁명이 일어나기 전까지 오스트리아-헝가리 제국은 빈의 왕실에 의해서 완전하게 장악된 중앙집권국가였다. 영국의 정치학자 디즈레일리Disraeli는 정부의 힘이 워낙 강했던 오스트리아-헝가리 제국을 "유럽의 중국"이라고 불렀다.[10] 심한 검열과 비밀경찰도 있었고, 합스부르크 왕가의 이익에 해가 되는 것은 무엇이든 정치적인 저항으로 취급되었다. 국민들은 국가적 정체성이나 공동의 목표에 의해서가 아니라 왕실에 대한 충성심에 의해서 뭉쳐져 있었다. 합스부르크의 황제였던 프란츠 1세는 어느 관료가 훌륭한 애국자라는 말을 들으면 "아! 그런데 그 사람이 나에게도 충

성하는가?"라고 물어보았을 정도였다.[11]

  정치적인 억압과 전제군주정치에도 불구하고 대부분의 사람들에게 오스트리아-헝가리는 살기에 그리 나쁜 곳이 아니었다. 서로 다른 언어를 사용하는 여러 민족으로 구성된 제국을 운영해야 했던 합스부르크 왕실에게 정치철학이 있었다면, 그것은 모든 사람들이 가능한 한 서로 잘 어울려 살도록 해주어야 한다는 것이었다. 빈 정권에게는 유럽의 다른 국가나 지역과의 끊임없는 세력다툼이 더 큰 관심사였다. 국내의 정치문제는 어느 정도의 안정을 유지하는 것만으로도 충분했다. 빈의 음악과 오페라는 국민들의 관심을 다른 곳으로 돌리게 만드는데 아주 유용했다. 극장을 메우고 있는 사람들은 길거리로 몰려나오지 않았다. 혁명 직전의 오스트리아는 비더마이어*Biedermeier**의 전성기였다. 비더마이어는 번영과 행복에 젖어서 즐거운 생활을 즐기기에 바빠서 정치문제에는 아무런 관심도 없이 자기만족에 빠져서 살았다는 가상의 인물이었다.

  비더마이어시대의 오스트리아는 이데올로기적인 이유 때문이 아니라, 유능한 사람들이 소외감이나 부담을 느끼지 않고 누구나 평등하게 일을 할 수 있었기 때문에 안정이 유지되던 나라였다. 그래서 가난한 집안 출신의 요제프 로슈미트와 요제프 슈테판과 같은 사람들도 기회를 얻을 수 있었다. 그런 사람들이 훌륭한 과학교육을 받을 수 있었던 것은 정치적 결단의 결과였다. 어떤 의미에서는 젊은이들에게 과학에 흥미를 갖도록 만드는 것도 오페라에 대한 흥미를 북돋우는 것과 비슷했다. 어렵고 객관적인 과학적 문제에 빠져버린 젊은이들은 비타협적인 철학이나 정치

---

* 역자 주: 나폴레옹 1세의 침략 이후에 독일 경제가 어려웠던 1825~1835년경에 중류 계급의 오락거리였던 우스개 풍자 만화 "파파 비더마이어"의 주인공.

적인 자유주의에 빠져들 시간이나 에너지가 없을 것이기 때문이었다. 어떤 정치학자의 주장에 의하면 "철학은 누구라도 우연한 기회에 깨우칠 수가 있지만, 과학은 스스로 노력해서 배워야만 한다."[12]

그러므로 과학진흥정책은 정치적인 반발이나 불만을 두려워했던 합스부르크 관료들이 젊은이들의 지적인 독립성을 약화시키고, 지적인 에너지를 해롭지 않은 방향으로 발산시키는 방안이라고 믿었던 부정적인 이유에서 시작되었다. 오스트리아의 그런 사정은 과학이 사하로프 *Sakharov**나 샤란스키 *Scahransky***와 같은 반체제 인사들을 길러내는 핵심적인 역할을 했던 소비에트 연방과는 크게 대비가 된다. 과학을 마르크스주의의 굴레에 가두어 두려고 애를 썼던 소비에트 정부는 철저한 이데올로기 교육을 받은 과학자들이 독자적인 생각을 갖게 되는 현실에 놀랄 수밖에 없었다. 오늘날의 관점에서 생각해보면, 자연을 있는 그대로 이해하려고 고집하는 과학의 독립성이 소비에트의 지배자들이 강요하고 싶어 했던 이데올로기에 대한 해독제의 역할을 했던 셈이다.

그러나 레닌이나 그의 후계자들과는 달리 합스부르크 왕가는 자신들이 국민에게 강요하려는 지배적인 이데올로기를 가지고 있지 않았다. 다만 자연이 이미 존재하는 명백한 질서를 따른다고 가르치는 과학이 국민들에게도 같은 메시지를 전해줄 것으로 생각했다. 그러나 1848년에 시작된 혁명적인 활동은 사회의 질서에 심각한 위협이 되었고, 반체제주의자들과 민족주의자들과 무정부주의자들을 두려워했던 빈의 지배자들은 민주주의에 관련된 것이라면 아무리 사소한 것도 그냥 방치해 둘 수가 없

---

* 역자 주: 1975년에 노벨 평화상을 수상했던 소련의 반체제 핵물리학자(1921~1989).
‡ 역자 주: 소련의 유태계 인권 운동가 및 컴퓨터 공학자(1948~).

었다. 1848년 한 해 동안에 두 차례나 빈에서 쫓겨났던 왕실은 11월에 군대를 동원해서 폭동을 난폭하게 진압한 후에야 겨우 되돌아올 수 있었다. 그 후 몇 년 동안 어느 정도까지 의회의 권한을 확대하는 헌법이 만들어졌다가 폐기되고 또다시 만들어지기도 했지만, 당시의 헌법은 상당 기간 동안 무시되었다.

결국 왕실은 새로 즉위한 황제 덕분에 그 권력을 유지할 수 있었다. 학생과 노동자들이 거리로 쏟아져 나왔을 당시에는 1835년에 사망한 프란츠의 아들이었던 페르디난트가 황제였다. 페르디난트는 명민하지는 않았지만, 평화가 유지되는 동안에는 그의 느슨한 통치로도 아무런 문제가 없었다. 그러나 혁명으로 인해 그의 권위는 무너져 버렸고, 페르디난트의 조카였던 18세의 프란츠–요제프 *Franz-Josef*가 왕권을 장악한 후에야 빈은 안정이 회복할 수 있었다. 프란츠–요제프는 유능한 군주였다. 1848년의 혁명에 의해서 시작되었던 가장 큰 변화는 프란츠–요제프가 자신에게 유리할 때만 받아들이고 그렇지 않을 때는 무시해 버렸던 의회 개혁이 아니라, 일부 지역에서 정치적 권력을 잃어버리게 된 것이었다. 헝가리와 체코를 비롯한 여러 민족들이 정치적인 대표권이나 자주권을 요구하는 것이 프란츠–요제프에게는 가장 큰 문제였다. 평화를 유지하기 위해서는 여러 민족 집단들에게 어느 정도의 권한을 인정해줄 수밖에 없었지만, 그럴 때마다 제국의 존재 이유도 조금씩 포기해야만 했다.

혁명 후에 빈에 나타난 가장 명백한 변화의 증거는 물리적인 것이었다. 여전히 널찍한 군사 요새와 성으로 둘러싸여 있던 옛 도심의 바깥에 새로운 도심이 생겨났다. 심각한 주택난도 문제였지만, 빈민층이 더 이상 빈의 안보에 위협이 되지 않을 것임을 확신한 프란츠–요제프는 낡은 성곽을 철거하고 새로운 대로인 링가(街)를 건설했다. 새 대로의 삼면은 빈의 옛 도심을 접하고 있고, 다른 쪽은 다뉴브 운하를 접하고 있었다. 1850년대부터 1870년대 사이에 링가를 따라서 수많은 아파트, 왕립 극장, 오페라 극장, 박물관, 의사당, 새 대학 건물들을 비롯한 훌륭한 공공 건물들이 세워졌다.

볼츠만은 엄청난 건설사업이 진행되고 있던 1863년에 빈으로 돌아왔다. 1848년의 폭동에도 불구하고 빈은 여전히 중산층에게 편안한 도시였고, 특히 정치적인 야망이 없는 독일계 사람들에게는 더욱 그랬다. 볼츠만의 과학교육은 순조롭게 이루어졌다. 그는 22세였던 1866년에 박사학위를 취득했고, 곧바로 슈테판의 조수로 임명되었다. 그리고 곧 독자적인 논문을 발표하기 시작했다. 그의 첫 논문은 1865년에 발표했던 「곡면에서의 전기의 움직임에 관하여」라는 짧은 논문이었다. 그가 이 논문에서 해결했던 문제는 슈테판의 강의에서 제기되었던 것으로, 볼츠만은 새로 발간된 교과서에 실린 답이 틀렸다는 사실을 우연히 발견하고 논문을 쓰게 되었다. 그러나 그는 곧 기체 운동론에 대해서 관심을 갖게 되었고, 그에 대한 훌륭한 결과를 얻게 되었다. 그는 기체에서 원자의 움직임에 대한 짧은 논문을 몇 편 발표했지만, 그가 최첨단의 연구에 참여해서 문제를 해결할 능력을 갖추고 있음을 처음으로 보여준 것은 1868년에 《빈 과학원 회보 Proceedings of the Viennese Academy of Science》에 발표했던 40페이지에 이르는 논문이었다. 이 논문은 원자들의 집단에서 속력과 에너지의 분포에 대한 맥스웰의 결과가 수학적으로 옳을 뿐만 아니라 물리적으로도 의미가 있는 것임을 증명한 볼츠만의 기념비적인 논문이었다.

맥스웰은 기체를 구성하는 원자가 모두 똑같은 속력으로 움직인다고 생각하는 대신에 원자들의 속력에 분포가 있다는 사실을 고려함으로써 클라우지우스의 이론을 한 단계 발전시켰다. 그러나 그가 제시했던 속도의 분포를 나타내는 식을 유도하는 방법은 대부분의 물리학자들에게 매우 추상적이었으며, 수수께끼처럼 보였다. 맥스웰은 속도의 분포를 나타내는 식이 두 가지 기본적인 특성을 가지고 있어야 한다고 주장했다. 첫째는 그 분포가 방향에 상관이 없어야만 한다. 다시 말해서 원자들이 x, y, z라는 서로 직교하는 축으로 나타낼 수 있는 공간을 채우고 있다면, x 방향으로의 속도분포는 y와 z 방향의 속도분포와 똑같아야만 한다.

둘째 조건은 더욱 제한적인 것으로, 분포 함수는 x, y, z 방향의 속도 성분에 상관없이 원자의 속력에만 의존해야 한다는 것이다. 맥스웰은 이러한 두 가지 조건만으로 기체에서 원자의 속력 분포가 확률 이론에서 종 모양의 곡선으로 알려진 표준 정규 분포(가우스 분포)가 된다는 사실을 증명할 수 있다고 주장했다. 정규 분포 확률은 다양한 통계 분석에서 자주 등장한다. 예를 들어 성인의 키를 조사해보면, 그 분포가 대략적으로 종 모양이 된다. 사람들의 키는 평균 부분에 모여있고, 평균에서 멀어질수록 그런 키를 가진 사람들의 수는 줄어든다.

맥스웰은 기체를 구성하는 원자의 경우에는 원자 속력의 제곱이 정규 분포를 이룬다고 주장했다. 그렇게 되면 기체의 온도에 해당하는 원자의 평균 에너지는 물론이고, 기체의 압력과 같은 성질들도 쉽게 계산할 수 있게 된다.

이 문제에 대한 맥스웰의 논문은 1860년에 처음 발표되었다. 1867년에는 자신의 논리를 합리화시키기 위한 논문을 다시 발표했지만, 그것도 역시 수학적, 논리적 분석일 뿐이었다. 맥스웰은 물리적으로 원자들이 왜 그런 식으로 움직여야 하는가에 대한 이유를 밝혀내지는 못했다. 속력의 분포를 나타내는 그의 식은 그럴 듯하고 매력적이기는 했지만, 그것이 과연 옳은 것일까?

볼츠만은 그런 틈을 파고들었다. 지구의 대기처럼 기체로 만들어진 기둥에서 높이에 따라 압력이 줄어든다는 사실은 기체가 지구 중력의 영향을 받고 있는 단순 유체라고 생각하면 쉽게 이해할 수 있다. 만약 기체 운동론이 옳다면 원자 속력의 분포도 실험에서 관찰되는 압력 변화와 마찬가지로 높이에 따라 압력은 달라져야만 할 것이다. 또한, 지구 중력장에서 위쪽으로 움직이고 있는 원자는 위로 던져 올린 공과 똑같을 것이므로, 그런 원자의 속력과 에너지의 변화는 뉴턴 역학으로 설명할 수 있어야만 한다.

볼츠만은 이런 요소들을 함께 고려해서 맥스웰이 유도했던 원자 속력의 분포가 높이에 따른 압력의 변화를 옳게 예측하고 있다는 사실을 밝혀냈다. 그러나 그는 여기에 그치지 않고 더 나아가서 일반적인 법칙을 제안했다. 어떤 원자가 가지고 있는 에너지의 종류가 직선 운동에 의한 것이든 내부의 진동에 의한 것이든, 아니면 중력에 의한 것이든 상관없이 특정한 에너지를 가진 원자의 수는 에너지에 의해서만 결정되어야 한다는 것이다. 그의 이러한 주장은 맥스웰의 식이 원자의 속력에 의해서 결정되는 단순한 운동 에너지가 아닌 경우에도 적용된다고 일반화시킨 것이었다. 볼츠만은 원자들의 분포를 결정하는 데에는 모든 종류의 에너지가 동일하다고 주장한 것이다.

따라서 볼츠만은 맥스웰의 주장을 단순히 확인한 정도가 아니라, 그의 주장을 더욱 일반화시켰기 때문에 기체에서 원자의 속력 분포를 "맥스웰-볼츠만 분포"라고 부르게 되었다. 그렇지만 볼츠만의 천재적인 논리로도 그 식이 옳다는 사실이 완벽하게 증명되지는 못했다. 그는 잘 알려진 경우에는 그럴 가능성이 있고, 원자들이 그런 방식으로 움직일 수도 있다는 사실을 보여주기는 했지만, 그것이 모든 가능한 경우에 적용되는 보편적인 법칙이라고 주장하기에는 무리가 있었다.

그렇지만 볼츠만은 수학적인 논리에 불과했던 주장에 대해서 어느 정도의 물리적인 정당성을 부여한 셈이었다. 맥스웰과 볼츠만의 성과는 두 사람의 스타일을 잘 보여주고 있다. 맥스웰은 논리적이고 수학적인 근거를 이용해서 어쩌면 정확한 물리를 나타내는 것일 수도 있는 식을 유도했다. 그러나 볼츠만은 물리에 대한 직접적이고 직관적인 통찰력을 이용해서 그런 수학적인 표현방법이 옳다는 사실을 밝혀냈다.

더구나 그의 일생 동안 볼 수 있었던 볼츠만의 부지런함은 이미 이때부터 분명하게 드러나고 있었다. 25세에 불과했던 그는 이듬해 중순에 원자의 움직임, 전류의 물리학, 수리물리학 문제 등에 대해 모두 8편의 논문을 발표했다. 그러나 이때의 연구들은 우연히 알게 된 문제들을 해결하던 것으로, 어떤 의미에서는 학생시절의 스타일이 그대로 이어진 것이라고 할 수 있다. 그가 원자론과 맥스웰의 전자기학을 비롯한 물리학의 새로운 아이디어들을 환영하고 진지하게 받아들이던 대학에 몸담게 된 것은 큰 행운이었다. 훗날의 일만을 보고 볼츠만이 기체 운동론을 평생의 과제로 삼을 수밖에 없는 운명을 가지고 태어난 것이라고 생각할 수도 있겠지만, 초기의 연구에서는 그런 운명이 확실하게 드러나지 않고 있었다. 학교에서는 자신에게 주어진 일을 충실하게 수행했고, 연구생활을 시작하던 초기에는 여전히 스승이었던 슈테판과 로슈미트에게서 큰 영향을 받았다.

뛰어난 학생이었던 볼츠만이 오스트리아의 빈 대학에 입학한 것은 당연했고, 그곳의 선구적인 물리학자들로부터 영향을 받게 된 것은 피할 수 없는 일이었다. 그러나 그 스승들이 모두 최신연구에 대해 잘 알고 있었고, 진보적인 사고방식을 가지고 있었다는 것이 그에게는 큰 행운이었다. 당시 맥스웰은 원자의 크기를 추정했던 로슈미트의 계산과 기체 운동론에 대한 볼츠만의 연구는 물론이고, 슈테판이 전자기학 분야에서 자신의 실험에 대해서 관심을 가지고 있다는 사실을 알게 되었다. 이들 중에서 로슈미트가 선임자라고 잘못 알고 있었던 맥스웰은 그에게 "당신의 학생이 수행했던 훌륭한 연구결과에 대해서 아주 기쁘게 생각합니다. 영국에서는 지금까지도 실험 물리학 교육을 소홀히 하고 있습니다. 윌리엄 톰슨 경이 그런 교육의 대부분을 책임지고 있지만, 당신은 우리에게 좋은 모범이 되고 있습니다"라는 편지를 보내기도 했다.[13]

맥스웰의 편지에 대한 이야기는 볼츠만이 에르드버그 19번지를 새로운 물리학의 산실로 만드는 데에 핵심적인 역할을 했던 슈테판의 업적을 기리는 조사(弔辭)에서 밝혔던 것이다. 볼츠만이 슈테판을 기리는 조사에서 자신을 칭찬했던 맥스웰을 언급했던 것은 자신의 업적을 자랑하기 위해서는 아니었다. 볼츠만은 평생 맥스웰의 업적을 다른 어떤 이론 물리학자들의 업적보다도 높이 평가했지만, 영국의 맥스웰은 훗날 볼츠만이 이룩했던 결과에 대해서 언제나 호의적으로 받아들이지는 않았다. 그러나 볼츠만의 맥스웰에 대한 일방적인 찬양은 먼 훗날까지도 계속되었다. 당시 사람들은 젊고, 열성적이고, 왕성한 활동을 보이는 그가, 많지는 않지만 점차 늘어나고 있던 이론 물리학자들 중에서 장래가 촉망되는 사람들 중의 한 사람임을 확신했던 것이 확실하다.

제3장

빈의 볼츠만 박사
조숙했던 천재

　남부 라인계곡에 있는 하이델베르크 대학은 독일에서 가장 오래된 대학이다. 1386년에 설립된 이후로 높은 명성을 유지해왔던 이 대학은 19세기에 여러 분야 중에서도 특히 물리학과 수학 분야에서 훌륭한 교수진을 확보하고 있었다. 볼츠만이 오스트리아를 벗어나서 처음으로 가보았던 곳이 바로 하이델베르크였다.

　그는 우연히 수학자 레오 쾨니히스베르거*Leo Koenigsberger*의 세미나에 참석하게 되었다. 세미나에 참석한 학생들은 그가 내준 문제를 푸느라고 애를 쓰고 있었는데, 쾨니히스베르거가 학생들에게 질문을 했을 때, 다른 학생들보다 "마르고, 조금 나이든" 낯선 학생이 뒷줄에서 벌떡 일어섰다.[1] 그 낯선 학생은 강의실 앞으로 걸어 나와 명쾌하게 문제를 풀어버렸다. 익숙하지 않은 강한 오스트리아 사투리 때문에 웃음을 참지 못하는 독일 학생들도 있었다.

쾨니히스베르거는 낯선 학생에게 신분을 밝혀줄 것을 요청했다. 볼츠만은 "빈에서 온 볼츠만 박사입니다"라는 단호하고 짧은 대답으로 자신을 소개하는 것이 충분하다고 생각했던 모양이고, 실제로도 그랬다. 쾨니히스베르거는 이 젊은이가 빈 과학원에서 흥미로운 결과를 발표했다는 소문을 기억하고 있었다. 쾨니히스베르거는 느닷없이 그의 강의실에 나타난 26살의 물리학자의 모습을 "마른" 보다는 "수척한"이라는 뜻에 더 가까운 "하거hager"라는 독일어로 표현했다. 먹는 것을 좋아해서 젊었을 때부터 통통했고, 나이가 들면서 풍풍한 체구를 갖게 되었던 볼츠만이 그런 말을 들었던 것은 그때뿐이었다. 몇 년 후 그와 결혼했던 헨리에테는 늘 그를 "뚱뚱한 당신"이라고 불렀다.[2]

볼츠만은 자신의 연구에서 부딪친 수학문제에 대해서 쾨니히스베르거의 도움을 요청했다. 이 젊은 학자에게 좋은 인상을 받았던 쾨니히스베르거는 기꺼이 그의 요청을 들어주었다. 그 날 오후 늦게 서로 이야기를 나누던 그는 볼츠만에게 대학에서 가장 훌륭한 물리학자인 구스타프 키르히호프Gustav Kirchhoff를 찾아가 보았느냐고 물어보았다. 볼츠만은 한참을 망설이던 끝에 그를 찾아가보지 않았다고 대답했고, 쾨니히스베르거는 어렵게 그 이유를 알아낼 수 있었다. 볼츠만은 키르히호프가 가장 최근에 발표했던 논문에 잘못된 부분이 있다는 사실을 발견했던 것이었다. 그렇기 때문에 그는 위대한 인물을 만나보고 싶었지만, 그를 만나면 그 문제에 대해서 어떻게 이야기를 꺼내야 하는지를 몰라서 망설이고 있었다. 볼츠만은 하이델베르크에 도착하고 몇 주가 지나도록 자신의 소심한 성격을 극복하지 못하고 있었다.

쾨니히스베르거는 볼츠만에게 키르히호프를 찾아가서 그 문제에 대해서 이야기할 수 있는 방법을 찾아보도록 권했다. 볼츠만은 그의 말에 용기를 얻고 자리를 떠났다. 그러나 몇 시간 후에 키르히호프가 쾨니히스베르거를 찾아와서 놀라운 이야기를 해주었다. 사무실에 있던 그에게 갑자기 낯설고 무례한 방문자가 찾아와서 자신을 제대로 소개하기도 전에 "교수님, 실수를 하셨습니다"라고 말하더라는 것이었다.[3] 친절하고 침착한 독일식 예절에 익숙해져 있었던 키르히호프는 당황했고, 의아하기도 했다. 그는 잠시 동안 이 방문자가 제정신일까 의심하기도 했다고 한다. 어쨌든 볼츠만은 곧 자신의 생각을 설명할 수가 있었고, 키르히호프는 곧바로 이 고약한 젊은이의 주장대로 자신이 실수를 했다는 사실을 인식하게 되었다. 결국 두 사람은 훨씬 부드러운 분위기에서 서로 관심을 가지고 있던 물리문제에 대해서 이야기를 나누게 되었다.

볼츠만은 이렇게 키르히호프를 만난 것을 제외하면 더 이상 그와 직접적인 접촉을 하지 않았던 것으로 알려진다. 몇 년 후에 볼츠만이 키르히호프의 일생과 업적에 대해 이야기한 것을 보면, 그는 자기 자신이 서툴러서 그날의 만남이 어색했다는 사실을 깨닫지 못한 모양이었다. 오히려 그는 키르히호프가 천성적으로는 "도움을 주려고 하고, 친절한 사람이지만… 그의 마음을 열도록 만드는 데는 약간의 노력이 필요했고, 과학적 토론이 가장 효과적이었다. 그는 일단 마음을 열고 난 후에는 자신의 의견을 기탄없이 이야기했다…"고 말했다.[4]

키르히호프를 처음 만났던 볼츠만은 두 가지 목적을 가지고 있었다. 자신의 이름을 널리 알리고 싶었던 그는 어느 정도의 모욕을 감수하는 한이 있더라도 유명한 물리학자들을 만나고 싶어했다. 또한, 자신이 유명한 사람의 결과에서 잘못을 발견했다는 사실도 세상에 알리고 싶었고, 특히 자신이 그런 실수를 처음 발견했다는 공로를 꼼꼼하게 챙기길 원했다.

볼츠만은 슈테판의 도움으로 체면을 살리는 방법을 찾게 되었다. 사실 그가 키르히호프를 만났을 때는 이미 키르히호프의 실수를 지적하는 짧은 논문을 《빈 과학원 회보》에 제출했고, 과학원의 중진회원이었던 슈테판에게 자신의 공로를 확실하게 인정받을 수 있도록 빨리 출판해줄 것을 요청하는 편지를 보낸 후였다. 볼츠만은 다른 사람의 실수를 공개적으로 지적하는 것이 과학자로서 명성을 쌓는 좋은 방법이 못된다거나, 또는 보다 외교적이면서도 긍정적인 해결 방법이 있을 것이라는 생각을 해보지 않았던 것 같다. 과학계의 관례에 따르면, 볼츠만이 개인적으로 키르히호프에게 잘못을 지적해 주면, 그가 자신의 잘못을 스스로 수정하는 논문을 발표할 수 있도록 해주어야 했다. 그랬다면 그런 논문을 볼츠만과 함께 쓸 수도 있고, 볼츠만의 도움에 대한 감사의 뜻을 분명하게 밝힐 수도 있었을 것이다. 그렇게 하면, 과학적인 오류도 수정이 되고, 볼츠만의 이름도 알려지게 되며, 영향력 있는 친구도 얻을 수 있게 된다. 그러나 그런 볼츠만은 그런 사소한 문제에 신경을 쓴 적이 없었다.

   결국 그는 다른 사람들의 권유에 따라서 그의 논문에 "키르히호프가 나에게 자신이 이미 그 문제를 발견했다는 사실을 알려 주었다"라는 추신을 붙이기는 했다.[5] 볼츠만은 슈테판에게 개인적으로 그것이 사실이 아니라고 불평하기는 했지만, 논문에서도 그렇게 말할 수는 없었다.

   젊은 시절의 볼츠만에게는 슈테판의 지도가 매우 중요했다. 당시의 볼츠만은 하이델베르크를 방문하기 얼마 전에 빈을 떠나서, 몇 년 전에 에른스트 마흐가 수학 교수로 임명되었던 그라츠 대학교의 물리학 교수로 부임했다. 여기에는 볼츠만이 젊고 장래가 유망한 과학자라고 생각했던 슈테판의 강력한 추천이 큰 도움이 되었다. 그는 추천사에서 "짧은 기간에 수리 물리학 분야에서 여러 편의 논문을 발표한 것을 보면 그가 예리하고 확실한 수학적 지식을 가지고 있다는 사실을 알 수 있고, 오랫동안 그의 재능에 대해서 감탄해왔다"고 했다.⁶ 오스트리아 수도에 있는 물리학 연구소 소장의 그런 추천은 모든 대학의 교수직 임명권을 가지고 있던 교육문화부에 상당한 영향을 주었을 것이 확실하다.

그라츠의 교수직이 젊은 학자에게 좋은 자리인 것은 분명했지만, 그라츠 대학에게도 명성이 높아지고 있던 볼츠만은 횡재임에 틀림없었다. 이 대학은 유서 깊은 좋은 곳이기는 했지만 과학 분야는 그다지 뛰어나지 못했다. 그러나 1863년 의학부가 신설되면서 의대생들에게 과학을 제대로 가르쳐야할 필요가 생겼다. 당시에 물리학을 담당하고 있던 62세의 카를 훔멜Karl Hummel은 최신 연구에 밝은 사람은 아니었다. 빈에서 데려왔던 젊은 물리학자 빅토르 폰 랑Viktor von Lang도 더 좋은 자리를 찾아 1865년 빈으로 돌아가 버렸다. 그 후 몇 년 동안 물리학을 가르치던 에른스트 마흐도 요제프 슈테판이 빈의 연구소 소장에 임명된 후인 1867년에 오스트리아-헝가리 제국의 중요한 도시이면서 오래된 명문대학이 있던 보헤미아의 수도 프라하로 떠나버렸다.

결국 나이든 훔멜이 주변의 권유를 받아 은퇴를 하였고, 베를린에서 공부를 한 30대의 아우구스트 퇴플러August Toepler라는 활기찬 사람이 그라츠 대학의 물리학과를 맡게 되었다. 자신의 조수 역할을 할 젊은 물리학자를 찾고 있던 퇴플러는 얼마 전에 빈 대학을 졸업한 학생들 중에서 슈테판의 강력한 추천을 받은 볼츠만을 선택하게 된다. 볼츠만은 1869년 9월, 어머니와 여동생과 함께 그라츠로 거처를 옮긴다. 그라츠의 황폐화된 물리학과는 성직자의 숙소를 개조해서 만든 강의실 위에 있는 3개의 작은 방을 사용하고 있었다.⁷ 하나는 실험 조수용이었고, 다른 하나는 실험실이었고, 가장 작은 방이 실험 준비를 위한 "화학 준비실"이었다. 실험을 할 수 있는 공간과 기구는 거의 없었다. 그러나 퇴플러는 새로운 기구를 구입하고 실험 조수를 고용할 자금을 확보할 수 있었다. 그라츠로 오기 전에 프로이센의 발트 해안에 있던 리가Riga의 교수로 재직했던 퇴플러는 젊은 볼츠만이 난방시설이 없는 그라츠의 물리학과 실험실에서 겨울에도 실험을 할 수 있도록 모피코트를 빌려주기도 했다.

젊은 볼츠만은 그라츠에서 일반 물리학을 성실하게 가르치기는 했지만, 그 일을 아주 좋아하지는 않았다. 그는 1870년 여름학기 중에 하이델베르크의 쾨니히스베르거와 키르히호프를 방문할 수 있는 허가를 받기 위해 노력했다. 이번에도 볼츠만은 상당한 영향력을 가지고 있던 빈의 슈테판의 도움으로 여행에 필요한 재정지원을 확보할 수 있었다.

볼츠만은 하이델베르크에서 독일 물리학계의 또 다른 중심지였던 베를린으로 갔으나, 7월 5일 베를린에 도착하자마자 1848년 혁명 이후로 중부 유럽에 번지고 있던 작은 전투와 국경분쟁에서 비롯되었던 프랑스-프로이센 전쟁*이 터졌기 때문에 여행계획을 포기할 수밖에 없었다. 19세기 중엽의 오스트리아는 군사적으로 약했고, 경제적으로도 어려움을 겪고 있었다. 젊은 프란츠-요제프 황제는 무너져 가는 제국을 지키기 위해 부단하게 노력해야만 했다. 이미 베네치아를 제외한 이탈리아 북부 지방을 빼앗겼고, 1866년에는 북쪽의 프로이센에게 패배했다. 오스트리아와 프로이센은 모두 독일계 국가였지만, 비독일계 영토를 많이 가지고 있던 오스트리아와 연합하는 것보다는 홀로 독립하기를 바랐던 프로이센은 공식적으로 하나의 독일로 통일되는 것을 원하지 않았다. 슐레스비히Schleswig와 홀슈타인Holstein을 비롯한 북부 영토에 대한 분쟁이

---

*역자 주: 유럽에서 프랑스의 영향력이 사라지고 프로이센 주도의 독일 제국을 성립시킨 전쟁으로 보불전쟁이라고도 함(1870~1871).

일어났던 1864년에는 두 나라가 함께 덴마크와 싸웠지만, 일단 덴마크를 물리치고 난 후에는 다시 불편한 관계로 되돌아갔다. 프로이센의 수상이었던 오토 폰 비스마르크 Otto von Bismarck는 교활하지 못했던 프란츠-요제프를 상대로 전쟁을 일으켜서 오스트리아를 완전히 패배시켜 버렸다. 빈을 점령하고 오스트리아를 완전히 장악하고 싶어했던 프로이센의 장군들과는 달리 비스마르크는 작지만 영향력 있는 오스트리아를 이용해서 다른 독일계 국가와 이탈리아, 프랑스, 러시아를 견제하려고 했다. 어쨌든 오스트리아는 패배를 했고, 그 때부터 프로이센은 더욱 강성해지고 오스트리아는 더욱 약해졌다.

1870년의 프랑스-프로이센 전쟁은 비스마르크 체스 게임에서의 마지막 승부수였다. 그는 프랑스를 부추겨서 스페인의 왕위 계승 문제를 핑계로 일어났던 이 분쟁에 끼어 들였고, 남부의 독일계 국가들은 프로이센의 편을 들 수밖에 없었다. 영국과 러시아는 물론이고 오스트리아도 이 분쟁에는 끼어들지 않았다. 결국 프로이센이 승리를 했고, 그로부터 몇 년 동안 베를린을 중심으로 하는 연맹의 형태가 만들어짐으로써 현대 독일의 기초가 마련되었다. 그 때부터 새로 건립되어지고 있던 독일에서 완전히 제외된 오스트리아는 어려운 지역 문제를 스스로 해결해야만 했다.

프란츠-요제프 황제는 취약했던 내정 때문에 어쩔 수 없이 오스트리아의 황제와 헝가리의 왕의 지위에 올라 빈과 부다페스트의 의회를 따로 다스려야만 했다. 시간이 흐르면서 헝가리와 체코인들에게도 권력을 양보해 주어야만 했다.

1870년에 만들어진 중부 유럽의 형태는 그로부터 수십 년 동안 유지되었다. 왕실과 대신, 그리고 장군들 사이에서 일어났던 전쟁들은 대부분의 일반 국민들에게는 큰 영향을 주지 못했다. 전쟁이 끝나고 협정이 맺어지고 나면 다시 일상적인 생활이 시작되었다. 과학계의 친구들을 사귀고 싶어했고, 특히 헤르만 폰 헬름홀츠 Hermann von Helmholtz와 같은 독일 과학계의 지도자들과 친분을 맺고 싶어했던 볼츠만은 베를린 방문을 포기한지 18개월만에 다시 베를린을 찾아갔다. 교사의 아들이었던 헬름홀츠는 물리학에 관심이 많았지만, 8년 동안 군의관으로 근무하는 조건으로 재정 지원을 받을 수 있었던 의학을 공부하게 되었다. 그는 의학을 공부하면서도 혼자 힘으로 물리학을 공부했고, 군의관으로 근무하던 1847년 에너지 보존에 대하여 과거 어떤 사람들보다도 수학적으로 체계화된 획기적인 결과를 발표했다. 에너지가 새로 생겨나거나 사라지지 않는다는 주장은 1841년에 이미 현대적인 형태로 제안되었기 때문에 새로운 주장은 아니었다. 열(熱)은 별개의 물질이 아니라 에너지의 한 형태에 불과하다는 것이 에너지 보존 법칙의 보편성을 이해하는 핵심이었다. 18세기 말 대포에 구멍을 뚫는 드릴의 송곳날에 대한 럼포드의 관찰은 열의 생성이 회전하는 드릴의 기계적 에너지의 소비와 밀접하게 관계된다는 사실을 암시하기는 했다. 그렇지만 그 관계를 분명하고 정량적으로 밝혀내기까지는 몇 십 년이 더 걸렸다. 1847년 헬름홀츠의 결과는 그때까지 해결되지 못했던 문제를 모두 해결해줌으로써 에너지 보존 법칙을 오늘날 알려진 것처럼 예외가 없는 완벽한 법칙으로 승격시켜 주었다.

그때부터 헬름홀츠는 연구에만 몰두할 수 있게 되었다. 음악에 흥미를 가지고 있었고, 생리학에 대한 지식도 풍부했던 헬름홀츠는 음향학과 소리의 인식에 대한 과학의 발전에도 큰 기여를 하게 되었다. 다양한 재능과 결단력을 가지고 있었던 그는 독일 물리학계의 강력한 지도자가 되었고, 베를린의 교수로 임명되었을 때는 독일 물리학계의 "수상 Reichschancellor"으로 떠오르고 있었다.[8] 1880년대 중반에 베를린을 방문했던 세르비아 출신의 미국 물리학자 마이클 푸핀Michael Pupin에 따르면 헬름홀츠는 근육질의 목에 큰 머리를 가진 위압적인 모습이었지만, 어울리지 않을 정도로 작은 손과 발, 그리고 섬세한 목소리를 가지고 있다고 한다. 푸핀에게 위대한 인물을 소개해 주었던 사람은 헬름홀츠에게 "이마가 땅에 닿을 정도로 깊이 머리를 숙여 인사를 했다"[9] 헬름홀츠는 예의 범절에 까다로운 편이어서 학생이나 동료들이 쉽게 접근하기는 어려운 사람이었다.

슈테판이 운영했던 에르드베르그가(街) 연구소의 우호적인 분위기에 익숙했던 볼츠만에게 헬름홀츠는 낯설고 소름끼치는 인물이었다. 볼츠만은 헬름홀츠의 과학적 재능에 감탄해서 그와 개인적인 친분을 갖고 싶어 했지만, 그의 딱딱한 분위기 때문에 희망을 버려야만 했다. 1872년 1월에 베를린에서 어머니에게 보낸 편지에서 그는 헬름홀츠와의 흥미로운 만남을 갖는데 성공했으며 "쉽게 만날 수 없는 사람이기 때문에" 그 만남이 특별히 중요했다고 강조하면서, "그의 사무실이 제 실험실에서 가까운 곳에 있기는 하지만, 자주 이야기를 나눌 수는 없습니다"라고 전했다.[10]

전형적인 프로이센 사람이었던 헬름홀츠는 격식을 따지지 않는 빈의 예절에 익숙했던 볼츠만에게 드러내놓고 불쾌감을 표시하지는 않았지만, 특별히 호감을 가지고 있지도 않았던 것 같다. 한번은 헬름홀츠가 볼츠만의 행동을 보고 무안한 표정을 지은 적이 있었는데, 어느 젊은 과학자가 그의 표정이 "당신은 지금 베를린에 있다"라는 뜻이라고 볼츠만에게 알려 주었다고 한다.[11]

그러나 헬름홀츠는 볼츠만이 이룩한 연구의 목적과 중요성을 즉시 이해했다. 베를린에 머무는 동안 볼츠만은 독일 물리학회의 학술회의에서 기체 운동론에 대한 자신의 생각 중 몇 가지를 소개했고, 그 후에 헬름홀츠와 활발한 토론을 벌였다. 볼츠만의 입장에서는 헬름홀츠를 제외한 다른 사람들은 자신의 이야기를 제대로 이해하지 못했던 것으로 보였다.

어쩌면 그것은 당연한 일이었을 것이다. 당시에 볼츠만은 기체 운동론을 새로운 길로 이끌어서 고전 물리학에서 가장 위대한 이론적인 업적으로 완성시키고 있던 중이었다. 몇 년 전에 기체에서 원자들의 속도분포를 나타내는 맥스웰의 식이 옳다는 물리적인 이유를 밝혔던 그는, 앞으로 어떤 문제를 해결해야 하는가를 확실하게 알고 있었다. 서로 충돌하면서 이리저리 돌아다니고 있는 원자들의 집단이 어떻게 맥스웰-볼츠만 식을 만족하게 되고, 왜 그렇게 되어야만 하며, 일단 그런 분포에 도달하고 나면 영원히 그런 상태로 유지될 것인가에 대한 만족스러운 설명이 없었던 것이다.

원자들은 자주 충돌하기 때문에 원자들의 속도와 운동방향은 끊임없이 바뀐다. 어느 순간에 평균보다 더 빠른 속력으로 움직이고 있던 원자가 다른 원자와 충돌하고나면 평균보다 훨씬 느린 속력으로 움직이게 될 수도 있다. 그러므로 전체 원자들의 안정적인 속도분포를 나타내는 수학적인 식은 일종의 평균을 나타내는 것이 틀림없다. 그런 식은 주어진 순간에 주어진 속력으로 움직이고 있는 원자의 수를 나타내는 것일 수는 있어도, 각각의 원자들이 움직이는 상태를 모두 정확하게 표현하는 것이 될 수는 없었다.

볼츠만이 인식했던 문제는 바로 이런 것이었다. 무작위적인 운동을 계속하기 때문에 서로 충돌하고, 가속되거나 감속된다. 방향을 바꾸는 모든 일들을 도저히 예측할 수 없는 원자들의 속력 분포가 맥스웰-볼츠만 분포라는 지극히 단순한 식을 따르게 되는 이유가 무엇일까? 원자 수준에서는 무작위적이고 예측할 수 없는 운동이 거시적으로는 질서정연하게 보이는 이유는 무엇일까?

볼츠만은 원자의 크기에 대한 로슈미트의 추정값을 근거로 작은 부피에 담긴 기체에도 몇 조의 몇 조 배에 해당하는 원자가 들어있다는 사실을 알게 되었다. 충돌할 때마다 속도와 방향이 바뀌는 원자들의 수가 그렇게 많아지면 각각의 원자에 대한 정보를 완벽하게 알아내는 것은 도저히 불가능한 일이다. 볼츠만은 기체 운동론을 발전시키기 위해서 상당히 복잡한 수학을 사용해야 했고, 어느 정도의 과감한 근사(近似)도 감수해야만 했으며, 어떤 방법이든지 해답을 찾는 일은 가능하다는 믿음도 필요했다.

이 문제를 해결하려는 볼츠만의 시도에서 우리는 복잡한 문제에 숨겨져 있는 핵심적인 물리를 파악하고, 그것을 바탕으로 문제를 해결하는 그의 능력을 확실하게 볼 수 있다. 맥스웰의 경우처럼 수학적인 일관성과 정확성을 이용해서 분포를 나타내는 간단한 식을 유도하는 것도 중요하지만, 그런 결과는 아무리 옳고 합리적인 것처럼 보이더라도 물리학 이론으로서의 기초가 부족한 것이 사실이었다. 그와는 달리 볼츠만은 어렵고 정교한 수학적 방법에만 매달리지는 않았다. 그에게 더 중요한 일은 답을 알아내는 것이었다. 훗날 그의 학생들은 볼츠만이 "정교함은 양복이나 구두를 만드는 사람들에게 필요한 것"이라는 말을 좋아했다고 회상했다.[12]

볼츠만의 수학적 재능은 원자의 운동과 충돌에 대한 모든 문제를 분석하는 데에 큰 힘이 되었다. 그는 지름길을 택하고 싶어하지 않았다. 그는 원자가 작고 단단한 공이라고 생각하고, 그런 원자들의 움직임에 뉴턴의 역학법칙을 적용한 결과를 이용해서 셀 수도 없을 정도로 많은 수의 원자들이 모인 집단에서 어떻게 근본적인 법칙이 나타나게 되는가를 알아내려고 했다. 그런 문제는 도저히 해결할 수 없는 어려운 것처럼 보였지만, 그는 어떻게 해서든 해결할 수 있는 방법이 있을 것이라고 확신하고 있었다. 원자라는 것이 존재한다는 사실을 확신하고 있었고, 그런 원자들이 역학법칙을 따를 것이라는 사실도 굳게 믿었다. 자연에서 우글거리는 원자들은 어떤 방법인지는 몰라도 규칙적이고 예측이 가능한 방법으로 행동하게 될 것이라고 믿었다. 그리고 그 방법을 반드시 이해할 수 있을 것이라는 신념도 가지고 있었다.

그러나 그런 원리를 이해하기 위해서는 볼츠만의 모든 지적 능력이 필요했다. 그는 어두컴컴하게 뒤엉킨 수학의 정글 속 어느 곳에 전체의 모습을 내려다볼 수 있는 산꼭대기가 있을 것이라는 믿음만으로 고통스럽고 느리게 앞으로 전진하고 있었다.

일정한 부피의 기체를 순간적으로 얼어붙게 만들어 버리면, 각각의 원자들은 운동하는 과정의 어느 순간에 멈추어 서게 될 것이다. 볼츠만은 원칙적으로 원자들이 얼어붙는 순간의 속력과 운동방향을 파악해서 수학적인 목록을 만들 수 있을 것이라고 생각했다.

다시 기체를 녹여서 운동을 계속하게 하면, 원자들이 다시 돌아다니면서 서로 충돌하게 될 것이다. 잠시 후 어떤 원자는 더 빨리 움직이게 되고, 다른 원자는 더 느리게 움직이게 될 것이고, 모든 원자는 전과는 전혀 다른 방향으로 움직이게 될 것이다. 즉, 원자들의 속력과 방향을 기록한 목록은 순간마다 완전히 바뀌게 될 것이다.

볼츠만이 해결하고 싶어했던 엄청난 작업은 원자운동에 대한 그런 자세한 목록이 시간에 따라 어떻게 변화하는가를 파악해서, 그것으로부터 어떤 규칙성이 나타나는가를 알아보는 것이었다. 물론 원자들의 상태와 원자들 사이의 충돌에 대한 모든 정보를 파악해야 하기 때문에 그런 목록을 엄밀하게 알아내는 것은 불가능했다. 그는 그 대신에 원자들의 상태에 대하여 통계적인 기법을 도입함으로써 작은 범위의 속력과 운동방향을 가진 원자의 수를 나타내는 매우 일반적인 방법을 찾아내려고 했다. 그는 그런 정보를 이용해서 짧은 시간 동안에 일정한 상대속도와 각도로 충돌하는 원자의 수를 계산할 수 있을 것이고, 그 결과로부터 충돌에 의해서 원자들의 운동이 어떻게 바뀌는가를 알아낼 수 있을 것이라고 생각했다. 그런 후에는 복잡한 운동을 하고 있는 원자들에 대한 전체적인 평균을 계산함으로써 모든 가능한 충돌이 원자의 속도와 속도의 전체적인 분포를 어떻게 바꿔놓게 되는가도 알 수 있게 될 것이었다.

이런 엄청난 목적을 달성하기 위해서 볼츠만은 직관적이고 논쟁의 여지가 없는 충돌 역학을 전혀 새로운 통계 이론과 접합시켜야만 했다. 이것이 바로 이론 물리학의 발전은 물론이고 이론 물리학자들이 이해하려고 노력했던 물리적 과정을 이해하는 방법의 획기적인 전환점이 되었다. 여러 종류의 주사위나 카드 놀이와 관련된 가능성을 알아내려고 했던 17세기 전기의 블라즈 파스칼Blaise Pascal로부터 시작되었던 확률과 통계학 연구는 수학의 한 분야로 어느 정도의 역사를 가지고 있었다. 그러나 그것은 엄격하게 수학의 영역으로만 남아있었다. 확률의 법칙은 기회를 추구하는 놀이에는 적당했지만, 물리학의 법칙이 될 수는 없었다.

물리법칙의 정의 자체는 확률이 아니라 확실성을 필요로 하는 것처럼 보였다. 볼츠만 자신도 처음에는 자신이 만들어내고 있던 혁명의 심각성을 제대로 인식하지 못했다. 그는 원자나 분자의 집단은 어느 순간에 어떤 방법으로 움직이고 있어야만 할 것이라고 믿었지만, 어느 누구도 그런 움직임을 확실하게 알아낼 수가 없다는 것이 문제였다. 그는 자신이 어려운 문제를 해결하기 위한 수학적인 보조수단으로 통계 이론적인 방법을 쓸 뿐이라고 생각했다. 원자들의 움직임 자체가 통계적이라서 그런 것이 아니라, 원자들의 수가 엄청나게 많고 그 행동이 설명할 수 없을 정도로 복잡하기 때문에 통계적인 방법을 써야 한다고 생각했던 것이다.

그러나 당시 물리학자들에게 통계와 확률은 그 정도의 제한적인 의미에서도 매우 낯선 것이었다. 실제 원자들의 구체적인 상태가 아니라 이러저러한 상태에 있을 확률만을 나타내는 수학적인 함수는 아주 이상하고 믿기 어려운 개념이었다. 더욱이 그런 통계적인 설명을 근거로 평균해서 얻은 충돌의 영향을 이해하려고 노력한다는 생각은 당시 대부분의 물리학자들에게는 도저히 이해할 수 없을 정도로 희한한 것이었다.

그럼에도 불구하고 볼츠만은 고집스럽게 연구를 계속했다. 볼츠만은 "기체분자의 열평형에 대한 후속 연구"라는 제목으로 1872년에 빈에서 발표한 100페이지짜리의 논문에서 원자의 속도분포에 대한 아주 자세한 분석을 통해서 엄청나게 중요한 결과들을 내놓았다. 논문의 대부분은 충돌에 의해서 원자 속도의 분포가 어떻게 변화하는가를 설명하는 식을 유도하기 위한 것이었다. 그 식은 훗날 볼츠만의 이동 방정식*이라는 이름으로 알려졌다. 볼츠만은 여러 페이지에 걸친 어렵지만 의미 있는 계산을 통해 평균적인 충돌에 의해서 속도의 분포가 어떻게 달라지게 되는가를 설명했다. 그가 사용했던 유일한 근사는 원자들이 무작위적인 방향으로 움직인다는 것이었다. 그런 가정은 기체를 담은 용기가 어느 방향으로도 움직이지 않는다는 점에서 당연한 것이었다. 그는 결국 놀라

---

*역자 주: 거시적으로 관찰되는 물질의 확산, 열의 전도, 전기의 전도, 점성 현상 등의 이동 현상을 원자 또는 분자의 움직임으로 설명하기 위한 방정식.

울 정도로 간단한 미분 방정식을 유도하는데 성공했다.

이제는 그 미분 방정식의 해(解)를 구해야만 했다. 원자들의 속도에 대해 미시적으로 모든 정보를 담고 있는 일반해를 구하는 것은 불가능했다. 그러나 볼츠만은 열적 평형이라고 부르는 특별한 경우에만 관심이 있었다. 물리학자들은 오래 전부터 일정한 온도와 부피를 가진 기체는 예측할 수 있는 압력을 나타낼 것이고, 기체를 그대로 두면 그런 상태로 무한히 남아있게 될 것임을 알고 있었다. 기체를 압축하면 온도와 압력이 정해진 방식에 따라 바뀌어서 새로운 평형 상태에 해당하는 부피를 갖게 된다.

볼츠만의 새로운 관점에서 보면 원자 하나하나의 속도는 끊임없이 변화하더라도 전체적인 분포는 변화하지 않는다는 것이 평형을 정의하는 특징이었다. 몇 개의 원자들이 더 빨리 움직이게 되면, 같은 수의 원자들은 더 느리게 움직이게 된다. 볼츠만은 새로 만든 방정식으로부터 그런 상태에 해당하는 해를 찾아내려고 했다. 앞서 이루어졌던 많은 연구 덕분에 그런 해를 찾아내는 것은 비교적 쉬운 일이었다. 변화하지 않고 일정하게 남아있는 "정류 상태"에 해당하는 그런 해는 단 하나밖에 없었고, 볼츠만에게는 만족스럽게도 그것이 바로 다름 아닌 맥스웰-볼츠만 식이었다.

이제 볼츠만은 자신과 맥스웰이 추측과 함께 가능성에서 시작한 논리를 혼합해서 찾아냈던 결과가 그냥 옳은 정도가 아니라 유일한 정답이라는 사실을 증명하게 되었다. 마침내 열적 평형의 상태에서는 맥스웰-볼츠만 속도분포가 이루어져야만 하고, 그런 맥스웰-볼츠만 속도분포는 열적 평형의 유일한 상태라는 사실을 원자들의 충돌에 뉴턴 법칙만을 적용해서 증명하게 되었다.

볼츠만이 1872년에 발표했던 이 위대한 연구결과는 물리학계의 진정한 천재의 등장을 뜻하는 것이었다. 그가 이전에 발표했던 연구성과도 훌륭했지만, 과학에서 흔히 그렇듯이 그런 결과들은 상당수의 물리학자들도 얻을 수 있는 것이었다. 그러나 1872년의 논문을 통해서 볼츠만은 복잡한 수학과 논리의 숲 속에 다른 어느 누구도 감히 엄두를 내지 못했던 새로운 길을 닦는 성과를 거두었다. 그는 어떻게 나아갈 수 있는가를 알기 힘든 곳에서 강력한 식과 간단한 답을 찾아내는데 성공했다.

적어도 오늘날의 시각에서 볼 때 볼츠만의 업적은 그렇다는 뜻이다. 그러나 당시에는 그가 추구했던 목표는 물론이고 그가 사용했던 방법을 이해할 수 있는 물리학도는 거의 없었으며, 그의 복잡한 계산을 확인해 볼 끈기를 가진 물리학자는 더욱 없었다. 그의 개인적인 대화나 편지에서와 마찬가지로, 과학 논문에서도 볼츠만은 자신의 생각을 떠오르는 그대로 적는 경향이 있었다. 관심이 없는 사람들도 쉽게 이해할 수 있도록 논리의 흐름을 명쾌하게 표현하는 것은 그에게 맞지 않았다. 사람들이 자신의 주장을 쉽게 이해할 수 있도록 해주는 것이 독자들에게는 물론이고 간접적으로는 자신에게도 도움이 되는 유용한 일이라는 생각은 떠오르지 않았던 모양이었다.

현대적인 기체 운동론의 초석을 놓았던 사람으로 인정을 받고 있는 클라우지우스는 젊은 학자의 주장을 이해할 수 있는 수학적 통찰력을 가지고 있지 못했다. 맥스웰이 원자 속도의 분포에 대한 개념을 제시한 이후에도 클라우지우스는 여전히 모든 분자들이 똑같은 평균속력을 가지고 있다는 주장을 버리지 못했다. 맥스웰의 주장도 받아들일 수 없었던 그에게 그런 분포 자체가 시간에 따라 어떻게 변화하는가를 설명하는 볼츠만의 주장은 더더욱 이해하기 어려웠을 것이다. 게다가 독일 물리학계에는 기체 운동론에 대해 볼츠만처럼 큰 관심을 가지고 있던 사람도 없었다.

오히려 볼츠만의 결과에 관심을 보였던 사람들은 영국해협 건너편에 존재했다. 1875년 말 기차여행을 하던 윌리엄 톰슨 경은 이러한 오스트리아 학자의 주장에 관심을 갖게 되었고, 동료들에게 "이 결과는 매우 중요합니다… 내가 어제 기차에서 생각했던 것을 깊이 되새겨 볼수록 이 주장이 옳다는 생각이 더 확실해집니다"라는 편지를 보냈다.[12] 맥스웰 역시 볼츠만의 연구 내용에 대해 알고 있었지만, 기체 운동론에 대해서 조금 다른 방향으로 생각하기 시작했던 그는 볼츠만의 결론을 완전히 납득할 수가 없었다. 그는 당시의 물리학자들 중에서 유일하게 새로운 이론을 이끌어내는데 필요한 근거를 이해할 수 있는 능력을 가지고 있던 사람이었지만, 스스로 그런 노력을 기울이지는 않았다. 볼츠만이 무엇인가 훌륭한 업적을 이룩했다는 소문은 널리 알려져 있었지만 과연 그것이 무엇인가를 이해하는 사람은 거의 없었다. 물리학자들이 볼츠만의 주장에 대해서 반대하는 의견을 제기하기 시작했던 것도 이로부터 몇 년이 지나서부터였고, 그때도 볼츠만의 유도 과정을 직접 살펴보려고 노력했던 물리학자는 그렇게 많지 않았다.

볼츠만은 단순히 물리학에서 엄청난 결과를 얻었을 뿐만 아니라, 세상에서 새로운 형식의 논법을 탄생시켰다. 그는 통계적인 분석을 통해서 맥스웰–볼츠만 식이 옳다는 절대적인 진리를 정립했던 것이다. 그러나 볼츠만 자신을 포함해서 당시의 사람들은 그런 논법이 혁명적인 것이라는 사실을 제대로 인식하지 못하고 있었다. 볼츠만은 자신이 기체 운동론의 핵심적인 문제를 해결했다고 믿고 있었지만, 다른 사람들의 반응이 없는 것을 본 후 몇 년 동안 그 문제에 대해서는 아무 것도 발표하지 않았다.

이 시기에 볼츠만의 생활은 단순하고 편안했다. 그는 물리학과에서 일하면서 어머니와 네 살 어린 여동생 헤드비히와 함께 괜찮은 집에서 살고 있었다. 그는 강의 중에서도 응용 수학과 수학에 가까운 물리학 강의를 좋아했고, 특히 자신이 이미 상당한 기여를 했던 열에 대한 역학이론을 가르치는 것을 좋아했다. 아우구스트 퇴플러는 실험에 필요한 비용을 제공해 주었고 그라츠의 물리학과의 시설도 개선해 주었으며, 대부분의 행정 업무도 대신 처리해 주었다. 주말에는 어머니와 여동생, 그리고 몇몇 대학 동료들과 함께 시골길을 산책하기를 좋아했지만, 볼츠만은 자신의 에너지와 관심을 온통 물리학에 쏟아 부었던 젊은이였다.

그러던 그는 그라츠의 교사 양성 대학의 젊은 학생이었던 헨리에테 폰 아이겐틀러 Henriette von Aigentler에게 마음을 빼앗기게 된다. 헨리에테는 그 지역의 교사 양성 대학에서 볼츠만의 여동생을 사귀게 되었고, 1873년 5월의 학교 소풍에서 볼츠만을 처음 만났다. 당시 19살이었던 폰 아이겐틀러는 이지적이고 결단력이 있는 여성이었다. 그녀는 볼츠만을 만나기 전 해 대학의 과학과목을 청강하기로 결심했지만, 당시의 여성은 학위를 받을 수 없는 것이 현실이었다. 강의실에 여학생이 있으면 남학생들에게 방해가 될 뿐만 아니라, 여성들은 어차피 화학, 수학, 물리학을 이해할 정도로 합리적인 능력을 가지고 있지 못하다는 것이 당시의 일반적인 생각이었다. 볼츠만의 상급자였던 아우구스트 퇴플러도 그런 생각을 가지고 있었기 때문에 헨리에테에게 청강을 허락하지 않았다. 그러나 그녀는 포기하지 않았다. 그녀는 강의를 수강했던 적이 있던 강사에게 자신이 조용하고 예절바른 학생이라는 사실을 입증하는 추천서를 받아냈고, 그것을 이용해서 대학의 관리로부터 허가를 받아냈다. 그녀는

1872년 겨울 학기부터 청강 허가를 갱신하기 위해서 끊임없이 노력하면서 과학강의를 듣기 시작했다.

1873년 여름에 헨리에테와 볼츠만이 어떤 관계였는지는 확실하지 않다. 어쨌든 볼츠만은 그해 8월에 그라츠를 떠나 빈으로 돌아가서 수학과의 조교수가 되었다. 수학을 가르치는 일을 원했던 것은 아니었지만, 빈이라는 도시의 매력 때문에 어쩔 수가 없었다. 헨리에테 폰 아이겐틀러에 대한 관심도 당시 대단한 것은 아니어서, 그가 중간 수준이었던 그라츠 대학을 떠나는 것에 대해서 아무런 망설임도 없었던 것이 분명했다.

그러나 헨리에테는 자신의 인연을 포기해버리지 않았다. 그녀는 10월에는 처음으로 볼츠만에게 편지를 보내서 자신의 학업에 대해 조언을 구했다. 그녀는 자신의 개인적인 문제로 부담을 주는 것에 대해서 양해를 구하면서, 아버지는 일찍 돌아가셨고, 어머니는 자신의 학업 문제에 대해서 아무 것도 모르기 때문에 달리 도움을 청할 사람이 없다고 했다. 볼츠만의 여동생이 그런 부탁을 해도 괜찮을 것이라고 했다는 이야기를 덧붙이기도 했다. 헨리에테의 첫 편지에 대한 볼츠만의 답장은 지금까지 전해지지 않지만, 그녀는 계속 편지를 보낼 수가 있었다.

다음 해 3월에 보냈던 그녀의 세 번째 편지부터 내용은 심각해지기 시작했다. 그녀는 볼츠만에게 자신의 어머니가 지난 크리스마스부터 아프기 시작해서 12월 30일에 사망했음을 알려주었다. 세 딸 중 막내였고, 갓 스물이 된 헨리에테는 혼자 남겨진 것과 마찬가지였다. 그럼에도 불구하고 그녀는 학업을 계속했고, 꾸준히 볼츠만에게 조언과 도움을 요청했다. 어느 정도 안정적인 지위를 가진 공무원이었던 아버지 덕분에 그라츠에 지인들이 많았던 그녀는 그라츠 시장의 가족들과 함께 살게 되었다. 그렇지만 자신의 미래에 대해서 불안하게 느꼈고, 점점 더 볼츠만에게 의지하기 시작한다. 1874년 4월에는 자신의 학업에 대한 소식을 알려주었고, 6월에는 신문을 통해서 볼츠만이 빈 과학원의 준회원에 선임된 것을 알아내고 그에게 축하하는 편지를 보냈다.

그때까지 볼츠만의 반응이 어땠는가를 보여주는 기록은 남아있지 않다. 볼츠만은 10살이나 어린 이 매력적인 여성에게서 점점 더 집요한 편지를 받는다는 것이 무엇을 뜻하는지를 모르고 있었거나, 아니면 그런 경우에 어떻게 대처해야 하는지 몰랐을 지도 모른다. 그러나 헨리에테는 물리학을 비롯한 과학강의를 듣기 위한 허가를 받으려 했을 때처럼 이 젊은 물리학자에게 끈질기게 접근했다. 빈에 있던 볼츠만이 1874년 11월에 그녀에게 보냈던 편지가 지금까지 남아있는 그의 편지 중에서 가장 오래된 것이다. 짧기는 했지만, 이미 결혼했던 그녀의 언니가 사망한 것을 애도하면서 헨리에테를 위로하는 편지였다.

이제 헨리에테는 다음 단계의 접근을 시작할 수 있었다. 12월에 다시 보낸 편지에서 자신의 학업에 대한 소식을 전한 후에 "내 마음에 다른 무엇이 있습니다. 오래 전부터 당신에게 부탁하고 싶었지만 용기가 없었습니다. 당신을 기억할 수 있는 사진을 갖고 싶습니다. 사진을 보내주실 수 있을까요? 평생토록 가장 소중한 물건으로 간직하겠습니다. 제 소망이 이루어지기를 바랍니다…"라는 요구를 했다.[14]

볼츠만은 그때까지도 사정을 곧바로 이해하지 못했다. 즉시 답장을 받지 못했던 헨리에테는 "무례한 부탁인 줄은 알지만, 제가 당신의 사진을 얼마나 간절하게 원하고 있는가를 이해하신다면 그리 오래 지체하시지 않을 것으로 믿습니다."라면서 진지하게 다시 한번 애원하는 편지를 보냈다.[15] 결국 볼츠만은 한동안 몸이 불편했다는 사과와 함께 한 장의 사진을 보내주었다. 헨리에테는 그 보답으로 즉시 자신의 사진을 보내 주었고, 그 후에는 얼마나 자주 그의 사진을 보고 있는지를 말해주었다. 그 때부터 그녀는 계속해서 볼츠만에게 편지를 쓰기 시작했고, 볼츠만의 답장이 늦어지거나 형식적이면, 곧바로 그가 잘 있기를 바라고 자신의 집요함을 뿌리치지 말 것을 애원하는 편지를 보냈다.

이제 1875년 여름이 되었다. 그 해 7월에 볼츠만은 자신이 과학 학술회의에 참석하기 위해서 9월에 그라츠를 방문할 예정인데, 그녀를 만날 수 있기를 바란다는 편지를 보냈다. 학술회의에 참석하고 빈으로 돌아온 그는 9월 27일에 헨리에테에게 청혼하는 편지를 보냈다. 그의 청혼은 열정적이지는 않았지만 심각하고 사려 깊은 것이었다. 그는 먼저 그녀를 처음 만났을 때부터 깊은 인상을 받았고, 그녀와 사귀면서 그녀가 "서로 호감을 느낄 수 있는" 성격을 가지고 있는 것이 틀림없다는 사실을 깨닫게 되었다고 했다.[16] 계속해서 그는 "아내가 남편의 노력을 이해하고, 공감하면서 함께 노력하는 동료가 아니라 단순한 가정부에 지나지 않는다면 사랑이 계속될 수 없을 것입니다. 이 말을 제가 당신을 사랑한다는 고백으로 이해해 주시기 바랍니다"라고 했다.

헨리에테의 답장은 전해지지 않지만, 그녀는 지체 없이 긍정적인 답장을 보냈던 것이 분명하다. 이제 그들은 정기적으로 편지를 주고받았다. 청혼을 하고, 다음 해 7월에 결혼을 할 때까지 그라츠와 빈 사이에 100통 이상의 편지와 상당수의 엽서가 오고갔다. 편지의 양은 많았지만, 편지의 내용은 이상할 정도로 두 사람의 성격을 정확하게 보여주지는 않았다. 일상생활에 대한 이야기와 함께 사랑에 대한 심한 투정과 며칠 동안 서로 만나지 못했던 것을 아쉬워하는 표현이 있었을 뿐이었다. 편지의 마무리도 "가슴으로 가장 뜨거운 키스를 보냅니다" 정도였다. 그렇다고 두 사람이 모두 자신들의 사랑에 대해서 심각하게 고민하지는 않았던 것 같다. 청혼을 하고 그 청혼을 받아들인 다음부터, 볼츠만과 헨리에테는 자신들의 거창한 야망이나 꿈이 아니라 함께 생활하기 위해서 필요한 물질적인 문제에 더 큰 관심을 보였다.

그런 일이 벌어지고 있는 동안, 빈에서 볼츠만의 입장은 그의 희망과는 다르게 변하고 있었다. 볼츠만이 즐겁게 기억하던 에르드베르그가(街)에 있던 물리학 연구소는 튀르켄가(街)에 있던 아파트를 개조한 새 건물로 옮겨졌다. 그가 짐작했던 것처럼 자신에게 잘 맞지 않는 수학강의에 대한 부담 때문에 어차피 물리학 분야의 연구를 할 여유도 없었다. 맥스웰-볼츠만 분포를 증명하는 과정에서 확실하게 보여주었던 것처럼, 볼츠만은 수학에 재능이 있었던 것은 분명했지만 어떤 의미에서도 수학자는 아니었다. 그런 구별이 필요한 데는 이유가 있었다. 오늘날 수학은 이론 물리학에서 물리학만큼이나 중요하다. 관심이 없는 사람이 보기에는 물리학 분야의 학술지가 수학 분야의 학술지와 마찬가지로 난해하고 골치 아프게 보일 수도 있다. 그러나 수학과 물리학 사이에는 엄청난 차이가 있다. 대부분의 경우 물리학자들은 다른 사람들이 개발해놓은 수학적인 개념을 찾아내서 자신의 물리적 모형에 적용한다. 그러나 일반적으로 물리학자들은 자신들이 쓰는 수학을 만들어내지는 않는다.

그런 점에서 뉴턴은 이례적인 경우였다. 뉴턴은 거리의 제곱에 반비례하는 중력 법칙을 따르는 행성이 태양 주위를 어떻게 공전하는가를 이해하기 위해서 미분학이라고 부르는 새로운 수학을 개발해야만 했고, 그 때문에 뉴턴은 위대한 물리학자이면서 위대한 수학자로도 존경을 받게 되었다. 그렇지만 그렇게 여겨지는 사람은 정말 뉴턴뿐이다. 예를 들어 아인슈타인도 물리학에서 굽은 공간에 대한 수학을 도입했지만, 그가 필요로 했던 수학은 19세기 후반에 수학자들이 개발했던 비유클리드 기하학이었다.

 훌륭한 이론 물리학자들도 수학을 하나의 도구로 생각했을 뿐이고, 수학이 어떻게 개발되었는가, 또는 그런 수학이 어떤 이유와 방법으로 서로 들어맞게 되는가에 대해서 생각하느라고 애를 쓰지는 않는다. 그런 추상적인 문제는 수학자들이 책임지고 해결해야 하는 것으로 여겼다.

 더욱이 볼츠만 자신도 잘 알고 있었던 것처럼 그가 거의 알지 못하는 수학의 분야도 대단히 많았다. 그는 자신이 잘 활용하고 있는 미분 방정식이나 통계와 확률 이론에 대해서는 잘 가르칠 수가 있었다. 그러나, 소수(素數)의 성질이나 유리수와 초월수의 차이와 같은 것에 관련된 수론(數論)에 대해서는 가르칠 입장이 아니었다. 볼츠만은 처음부터 자신이 빈의 수학 교수직에 적임자인가에 대해서 확신하지 못했었다.

 그라츠 대학은 특별히 유명한 곳은 아니었으나, 빈 대학은 오스트리아에서 가장 훌륭한 곳이었다. 볼츠만의 스승이었던 슈테판은 똑똑한 젊은 학생을 빈으로 데려오고 싶어했고, 마침 퇴임을 앞두고 있던 노(老) 수학 교수도 볼츠만의 수학적인 재능에 관심을 표시했다.

 그러나 볼츠만이 새로운 교수직에 대해서 가지고 있었던 우려는 곧 명확해졌다. 다행스럽게도 젊은 수학 교수의 업무가 명백하게 정해져 있지 않았던 점을 이용해서 그는 응용 수학강의를 개설해서 주로 열의 역학 이론과 기체 운동론을 가르쳤다. 그는 대학 본부를 설득해서 물리학 분야의 작은 실험을 계속하기 위한 지원을 확보했고, 자주 그라츠를 찾아가 퇴플러와 함께 실험도 하고 헨리에테를 방문할 수도 있었다. 맥스웰-볼츠만 분포에 대한 획기적인 증명에 성공한 후 빈의 수학 교수로 있는 동안에 그는 수리 물리학에 대한 논문을 거의 발표하지 못했고, 맥스웰의 전자기학 이론이 전기 현상에 적용되는가를 알아보기 위한 실험을 비롯한 실험 등 물리학에만 몰두했다. 그는 여전히 3년 동안 십여 편의 논문을 발표하는 놀라운 성과를 거두었지만, 결국에는 다시 이론 물리학에 대한 연구에 빠져들게 되었다.

그러는 동안에 젊은 물리학자에게 대학에서 승진하는 게임에 대해서 배울 수 있는 기회가 찾아왔다. 1875년 초에 유명한 스위스 취리히의 공과대학에서 그에게 좋은 제안을 했다. 볼츠만은 빈에서의 일이 불만스럽고 이 제안에 관심이 있었지만 정말 빈을 떠나고 싶지는 않았다. 어쨌든 그는 취리히의 제안을 이용해서 오스트리아 정부로부터 상당한 봉급 인상과 물리학과에 대한 지원 확대, 그리고 대학에서 수학 교수를 채용하게 되면 자신은 여전히 수학 교수로 남아있으면서도 물리학 분야의 연구와 교육에 집중할 수 있도록 해주겠다는 서면 약속을 받아냈다.

그는 그 해 말에 독일 남부의 프라이부르크Freiburg 대학으로부터 교수직을 제안 받았을 때도 같은 계략을 쓰려고 했다. 학술적으로 프라이부르크는 빈이나 취리히와는 비교가 되지 않았다. 그러나 볼츠만은 그곳의 물리학 연구소 소장을 맡을 수도 있었고, 헨리에테가 볼츠만에게 편지로 알려준 것처럼 생활비가 싼 프라이부르크는 볼츠만에게 매력적인 곳이었다. 그녀는 작은 도시라는 점에서 "대도시의 편리함에 관심이 없는 우리의 사생활에는 도움이 될 수도 있다"고 주장했다.[17]

그렇지만 결국 프라이부르크 대학은 (헨리에테의 의견을 고려한) 볼츠만이 원하는 조건을 충분히 만족시켜 주지를 못했고, 이미 그 해 초에 볼츠만에게 큰 혜택을 주었던 오스트리아 정부도 더 이상의 혜택을 주고 싶어하지 않았다. 결국 그는 빈에 남게 되었다.

그러나 그는 행복하지 않았다. 그가 짐작했던 것처럼 수학을 가르치는 일은 그가 감당할 수 있는 이상의 부담이 되었다. 그는 그라츠에 남아있던 퇴플러와 정기적으로 편지를 주고받았지만, 대부분의 내용은 물리학에 대한 잡담이나 두 사람이 서로 알고 있는 사람들의 소문에 대한 것이었다. 그러나 볼츠만이 베를린에 머물던 몇 주 동안에 대화를 나누기 힘들었다고 인정했던 나이든 헬름홀츠에게 가끔씩 보냈던 편지는 놀라울 정도로 솔직했다. 볼츠만은 기술적인 정보와 충고를 요구하기도 했지만, 자신이 수학을 가르치고 있는 것을 좋아하지 않고, 강의에 시간을 빼앗겨서 물리학 실험을 할 수가 없으며, 적당한 물리학 교수 자리를 찾을 수 없다는 사실을 숨기지 않고 털어놓았다. 그는 헬름홀츠에게 보낸 편지에서 자신의 봉급이 "엄청나게 비싼" 도시에서 생활하기에 충분하지 않고, "물리학자가 아니라 보통의 평범한 사람"으로 살고 싶은 때도 있다고 말하기도 했다.[18]

소탈해 보이는 이런 고백에는 사실 어떤 의도가 숨겨져 있었는지도 모른다. 헬름홀츠는 엄청난 영향력을 가진 사람이었고, 베를린은 과학의 심장부였기 때문에 볼츠만은 자신이 빈에서 만족스럽지 못하게 지내고 있다는 사실을 알려두는 것이 만약의 기회를 위해서 나쁘지 않다고 생각했을 수도 있다. 불행하게도 헬름홀츠의 답장은 지금까지 전해지지 않는다. 볼츠만은 훗날 자신이 그의 편지들을 보관하지 못했던 점을 후회했지만, 그 후에 일어났던 일을 보면 왜 볼츠만이 그의 편지를 남겨두고 싶어하지 않았던가를 이해할 수 있다.

어쨌든 오래지 않아서 볼츠만에게 빈에서 벗어날 수 있는 기회가 찾아왔다. 그라츠의 물리학과를 운영하는 일에 싫증을 느끼고 있던 퇴플러는 낡은 물리학과 건물에 있던 엘리베이터에서 떨어져서 갈비뼈를 부러트렸다. 마침 그 때 드레스덴 대학교가 그에게 좋은 제안을 했고, 한참을 망설이던 그는 결국 그 제안을 받아들였다.

그렇게 해서 그라츠의 교수직에 결원이 생겼고, 당연히 볼츠만이 유력한 후보가 되었다. 그 자리는 명백하게 물리학자만을 위한 자리였고, 정확하게는 실험 물리학자의 자리였다. 3년 전에 볼츠만을 빈의 교수직에 임명했을 때의 추천 문서에서는 그의 수학적인 재능을 높이 평가했지만, 이번에 그라츠의 교수직에 대한 추천서에서는 그가 실험에서 얼마나 좋은 결과를 얻었는가가 강조되었다. 그의 실험 결과는 이론 분야에서의 위대한 혁신과는 비교할 수도 없는 것이었지만, 여전히 훌륭했다. 그러나 30대 초반이었던 이 시기에 이르러서는 어릴 때부터 문제였던 그의 시력이 더욱 나빠지고 있었다. 실험을 하기는 점점 더 어려워졌고, 해가 지나면서 실험실의 다른 사람에게 도움을 받아야 하는 경우가 늘어났고, 훗날에는 언제나 그런 도움이 필요하게 되었다.

볼츠만은 그라츠 교수직의 유력한 후보였지만, 거의 10년 가까이 프라하에 머물고 있던 에른스트 마흐를 데려오고 싶어하는 사람들도 많았다. 그라츠 출신의 젊은 여성과 결혼했던 마흐와 마찬가지로 볼츠만도 7월 17일에 헨리에테와 결혼할 예정이어서 두 사람이 모두 정서적으로 그라츠로 돌아가야 할 핑계를 가지고 있었다.

헨리에테는 자신이 미래의 남편을 위해서 소문과 쑥덕공론에 대처해야하는 입장이 되어버렸다. 그라츠에서 키엔즐Kienzl 시장의 집에 살고 있었던 그녀는 그 도시와 대학의 고위직 사람들을 많이 알고 있었다. 그녀는 한 때 자신의 아버지와 함께 일했고, 당시에는 교육문화부에서 일하고 있던 카를 폰 슈트레마이르Karl von Stremayr도 알고 있었다.

그뿐 아니라 그녀는 소위 마흐 지지자들에 대한 소식도 알아낼 수가 있었다. 그라츠 시장의 아들은 바로 훗날 유명한 작곡가가 된 빌헬름 키엔즐이었다. 그는 대표적인 바그너 풍의 작곡가였고, 1895년 그의 오페라 전도사 *Der Evangelimann* 의 베를린 초연에는 많은 사람들이 몰려들기도 했다. 젊은 시절에 물리학과 음악에 모두 흥미를 가지고 있었던 키엔즐은 프라하에서 유학할 때 마흐의 강의를 들었다. 키엔즐은 자신이 물리학과 강의에 들어온 것에 대해서 가볍게 평가했던 마흐 때문에 음악가가 되기로 결심했다. 그는 자신의 자서전에 이 시기의 볼츠만이 "튼튼하고, 짙은 눈썹을 가진 사람이고, 시력이 아주 나빠서 안경을 썼으며, 갈색의 심한 곱슬머리에 수염을 길렀고, 크고 붉은 얼굴을 가졌으며 언제나 조금 구부정한 모습이었다"라는 짤막한 설명을 남겼다.[19]

헨리에테는 결혼을 몇 주 앞두었던 6월 초에 키엔즐 부인이 볼츠만도 역시 그라츠의 교수직에 관심을 가지고 있다는 사실을 마흐에게 직접 알려주었다는 소식을 볼츠만에게 전해주었다. 헨리에테의 말에 의하면, 마흐는 자신도 그 자리를 원하지만 "자신이 결정을 해야 한다면 볼츠만에게 가장 먼저 제안을 할 것"이라고 했다고 한다.[20] 헨리에테는 또한 슈트레마이르에게 자신의 약혼자는 폐가 약해서 그라츠 주변의 산골 공기가 건강에 좋을 것이라고 은근히 말해 주었다. 그녀는 마흐가 "노력가이기는 하지만 천재는 아니기" 때문에 임명될 가능성이 낮다는 그라츠 관리의 말도 전해주었다.[21]

그런 사소한 음모들이 얼마나 효과가 있었는지는 알 수 없다. 결혼식을 올리기 바로 전 주에 볼츠만은 자신의 불확실한 미래에 대한 걱정을 더 이상 참을 수 없게 되었다. 볼츠만은 계획했던 것처럼 스위스로 신혼여행을 가고 없는 동안에, 자신의 임용에 대한 결정이 내려진다면, 그라츠의 교수직을 얻지 못하는 것은 물론이고 빈에서도 손해를 보게 될 것이라고 걱정하기 시작했다. 그는 결혼을 하더라도 모든 문제가 해결될 때까지 빈에서 지내야만 한다고 주장했다.

헨리에테는 볼츠만의 갑작스러운 제안에 마음이 상했다. 그녀는 "우리의 신혼 여행에 대한 모든 아름다운 꿈들이 물거품이 되다니!"라고 한탄했다.[22] 그리고 그녀는 볼츠만의 제안을 따르기보다는 결혼식 자체를 연기하고 싶다고 말했다. 볼츠만은 급하게 사과의 편지를 보내면서, 정부의 누군가로부터 그라츠에 대한 결정이 8월 하순까지 연기되었다는 소식을 들었다면서 결혼을 연기할 이유는 없다고 했다. 그는 "빈에서 내가 할 수 있는 일은 정말 아무 것도 없다"고 말했다.[23]

결국 닷새 후인 1876년 7월 17일에 두 사람은 처음의 계획대로 그라츠에서 결혼식을 올리고 스위스로 신혼 여행을 떠났다. 모든 우려에도 불구하고 볼츠만은 그라츠의 물리학 교수직과 물리학과 학과장에 임명되었다. 당시 볼츠만은 32세였고, 헨리에테는 22세였다. 볼츠만은 본래 약혼자에게 결혼하고 나면 어머니와 여동생과 함께 살아야 한다고 말했지만, 헨리에테는 분가를 원했다. 결국 볼츠만 부부는 어머니와 여동생을 위한 거처를 마련해주고, 자신들은 대학에서 제공해준 사택에 살게 되었다.

곧 이어서 아이들이 태어나기 시작했다. 1878년과 1880년에 부모의 이름을 따라 루트비히와 헨리에테라고 이름지은 첫 아들과 딸이 태어났다. 1881년에는 둘째 아들 아르투르*Arthur*가 태어났고, 둘째 딸 이다*Ida*는 1884년에 태어났다. 막내인 엘사*Elsa*는 몇 년 후인 1891년 볼츠만 가족들이 그라츠를 떠난 후에 태어났다. 결혼 전에는 과학 공부를 열심히 했었고, 볼츠만도 자신의 부인은 가정부가 아니라 동료가 되어야 한다고 고집했던 헨리에테는 결국 학업을 포기하고, 키엔츨 부인에게 요리를 배우면서 집안 일을 돌보는 전형적인 아내가 되어 버렸다. 볼츠만 가족은 그라츠에서 북동쪽으로 몇 마일 떨어진 경치가 좋은 산기슭에 있는 농장에 집을 지었다. 그는 아이들을 부근의 야외로 데리고 다니면서 그 지역의 꽃과 식물에 대해서 가르쳐 주었다(그라츠의 동료였던 식물학 교수는 훗날 볼츠만의 해박한 지식에 놀랐다고 했다). 자녀에 대한 그의 헌신은 아주 극단적인 경우도 있었다. 딸들이 신선한 우유를 마셔야 한다면서 시골 시장에서 소를 사서 그라츠 도심을 가로질러 끌고 왔던 것이다.[24] 결국 그는 소에게 무엇을 먹여야 하고, 우유를 얻기 위해서는 어떻게 해야하는가를 알아내기 위해 동물학 교수의 도움을 받아야만 했다.

그라츠에서 지냈던 기간은 그의 일생에서 가장 생산적인 시기였다. 빈을 떠날 즈음에 이르러서야 사람들이 그가 전에 발표했던 기체 운동론에 대해 비판적이기는 하지만 관심을 보이기 시작했고, 볼츠만은 그런 비판에 대응하면서 자신의 이론을 더욱 정교하게 다듬을 수 있었다. 그러면서도 그는 실험을 계속했고, 수리 물리학의 새로운 문제들에 대해서도 계속 관심을 가졌다. 그에게 전자기 현상, 특히 맥스웰의 이론에 관심을 갖도록 해준 그의 첫 스승 요제프 슈테판에게 진 빚을 갚을 수 있는 괄목할 만한 업적을 이 시기에 이룩하기도 했다.

슈테판은 1879년에 실험을 통해서 열적 평형 상태에서 방출되는 전자기 복사(輻射)의 에너지는 온도의 4제곱에 비례하는 고유한 값을 갖는다는 사실을 밝혔다. 1884년 볼츠만은 열과 에너지에 대한 자신의 정교한 생각에 맥스웰의 이론을 적용시켜 슈테판의 결과를 이론적으로 증명했고, 그런 복사는 온도의 3제곱에 비례하는 압력을 나타낸다는 사실도 밝혀냈다. 복사 이론과 열역학 사이의 기본적인 관계를 확립한 볼츠만의 이 결과는 오늘날 슈테판-볼츠만 법칙이라고 알려져 있다.

그라츠에서 자신의 연구소를 갖게 된 볼츠만은 젊은 시절에 에르드베르그가에서 즐기던 좋은 환경을 재현하려고 노력했고, 어느 정도는 성공을 거두었다. 그의 명성이 유럽에 널리 알려지면서 그의 지도를 받으려는 학생들이 그라츠로 찾아오기도 했다. 열역학 제3법칙을 정립해서 1920년에 노벨 화학상을 받았던 발터 네른스트 Walter Nernst는 1885년에 볼츠만을 찾았지만, 기초 수학과 물리학 강의에 너무 바빠서 시간이 없었던 볼츠만에게 실망하고 말았다. 그 후에 볼츠만은 그에게 해볼 만한 실험을 제안해 주었고, 일단 네른스트가 어려운 과제를 본격적으로 시작하고 난 뒤부터는 기꺼이 시간을 내서 자세한 내용에 대해 함께 의논해 주었다. 네른스트는 그의 연구소가 "교수와 연구원들이 학생들과 함께 좋은 분위기에서 연구할 수 있도록 잘 운영되고 있었다"고 기억했다.[25]

스웨덴 출신으로 1887년에 그라츠로 유학을 왔고, 1903년에 전해질 연구로 노벨 화학상을 받았던 스반트 아레니우스 Svante Arrhenius도 비슷한 좋은 기억을 가지고 있었다. 네른스트와 마찬가지로 그 역시 볼츠만이 유능한 학생들과는 오랜 시간 동안 과학에 대해서 토론을 했지만, 긴밀한 관계를 가지고 있던 학생이 많지 않았다는 사실은 인정했다. 결국 볼츠만은 자신의 연구소를 에르드베르그에 있던 슈테판의 연구소처럼 만들지는 못했다. 그라츠의 학생들이 빈의 학생들처럼 뛰어난 능력과 야망을 가지고 있지도 않았지만, 볼츠만이 자신의 도움을 받으려고 특별히 노력하는 소수의 유능하고 젊은 학자들만을 직접 지도하고 싶어했기 때문이기도 했다.

그는 학문적인 명예는 물론이고 관직도 얻게 되었다. 그는 합스부르크 왕가의 명예직인 "정부 고문"에 임명되었고, 몇 년 후에는 "왕실 고문"에도 임명되었다. 그는 빈 과학원의 정회원이 되었고, 외국의 학술원에서도 그에게 회원 자격을 주었다. 그렇지만 볼츠만은 자신이 유럽의 학계와 떨어져서 그라츠에 고립되어 있는 것이 불만이었다. 네른스트와 아레니우스를 제외하면 성공할 가능성이 있는 젊은 학자들을 지도할 수도 없었다. 아내와 함께 그라츠에 정착하고 몇 년이 지난 후부터 그는 거의 여행을 하지 않았고, 빈에도 가지 않았다. 개인적으로 퇴플러와 연락을 주고받기는 했지만, 오스트리아와 독일의 유명한 학자들과는 가끔씩 연락을 할 뿐이었다.

그는 좁은 그라츠에서도 은둔자처럼 생활했다. 대학 교수였던 그와 키에슬 가문에서 성장했던 헨리에테는 그라츠의 사교계에서 이미 인정을 받았지만, 부부는 그런 일에 관심이 없었다. 한 교수는 "루트비히 볼츠만은 이미 훌륭한 명성을 얻고 있던 물리학의 천재였지만, 홀로 괴팍한 생활을 했기 때문에 다른 동료 교수들처럼 나도 개인적으로는 거의 접촉을 해본 적이 없다"고 회고했다.[26] 작곡가 빌헬름 키엔슬도 비슷한 말을 했다. 볼츠만이 로슈미트를 묘사했던 것과 비슷하게 볼츠만을 묘사했던 키엔슬은 그를 "자신의 과학과 획기적인 연구에만 빠져서 살았던 전형적으로 비사교적인 학자였다… 그는 굉장히 다양한 상식을 가지고 있었지만, 그런 상식은 고차원적인 것에만 집착하는 사람들에게서 흔히 볼 수 있는 것처럼 어린아이처럼 순진한 그의 성격에는 아무런 영향을 주지 못했다"라고 설명했다.[27]

볼츠만은 십 년 이상 그라츠에서 사는 동안 훌륭한 업적을 이룩하고 과학계에 이름이 알려지게 되었지만, 다른 동료들과는 아무런 접촉 없이 가족들과 고립된 생활을 즐겼다.

제4장

비가역적 변화
엔트로피의 수수께끼

볼츠만 이외에 물리학에서 통계학과 확률의 중요성을 이해하고 있었던 유일한 사람은 영국의 제임스 클러크 맥스웰이었다. 그는 19살 때에 우연히 벨기에의 수학자 케틀레Queteletrk*가 병사들의 키 분포와 같은 문제들을 현대적인 통계 방법으로 분석한 책을 읽게 되었다. 케틀레는 통계학에서도 물리학에서 사용하는 정교한 접근법을 쓸 수 있을 것이라고 했지만, 맥스웰은 거꾸로 물리학이 통계학을 이용해서 발전할 수 있을 것이라는 생각을 하게 되었다. 그는 한 편지에서 "이 세상에서 유용한 진정한 논리학은 확률의 미분학이다. 흔히 도박이나 주사위 놀이나 내기에 필요한 것이라고 여기는 이 수학 분야는 실제로 유용성을 추구하는

---

* 역자 주: 사회 현상을 통계 및 확률론을 적용해서 분석했던 벨기에의 수학자이자 천문학자, 통계학자이면서 사회학자(1796~1874).

사람들을 위한 수학이다"라고 말했다.[1]

그는 그런 통찰력을 이용해서 1859년에 토성의 고리가 수없이 많은 작은 입자들로 구성되어 있다는 사실을 밝혀낸 획기적인 분석 결과를 발표했다. 갈릴레오는 자신이 처음 만들었던 망원경으로 토성에 "손잡이"가 붙어있는 것을 보고 깜짝 놀랐다. 1656년에 크리스티앙 호이겐스 *Christiaan Huygens*는 더 나은 장치를 이용해서 행성을 둘러싸고 있는 고리가 있다는 사실을 밝혀냈고, 그 후의 관측에 의해서 그런 고리가 여러 겹으로 되어 있으며 그 고리들 사이에는 빈틈이 있다는 사실도 밝혀졌다. 그러나 19세기 중엽에 이를 때까지도 그 고리들의 정체는 밝혀지지 않았고, 1855년에는 토성 고리의 구조와 안정성을 설명한 사람에게 케임브리지 대학의 아담스 상을 주겠다는 발표도 있었다. 수학에 재능이 있고 역학에 자신이 있었던 맥스웰은 그 문제에 도전했다.

문제는 그가 생각했던 것보다 훨씬 더 어려웠다. 맥스웰은 만족스러운 답을 얻기 위해서 2~3년 동안 씨름을 해야만 했다. 다른 사람들이 이미 알아냈던 것처럼 고체로 이루어진 고리는 불가능했다. 고체의 경우에는 행성의 중력 때문에 각 부분이 서로 다른 속도로 회전하게 되고, 그 때문에 생기는 엄청난 스트레스를 견딜 수 있는 물질은 존재할 수가 없었다. 그래서 맥스웰은 유체로 된 고리를 생각해냈고, 그가 "먼지" 고리라고 불렀던 유체가 사실은 수없이 많은 먼지 알갱이로 이루어졌다고 가정했다. 그러나 그런 구조를 설명하기 위해서는 새로운 수학적 방법이 필요했다. 실제로 입자 하나 하나의 움직임을 따라다니면서 설명할 수는 없었던 그는 고리의 움직임을 통계적으로 설명하려고 시도했다. 인구 조사를 할 때 나이와 몸무게와 키에 따라서 사람들을 분류하듯이, 입자들도 그 특징에 따라 정해진 궤도를 따라 돌게 된다고 생각했다.

맥스웰은 그런 먼지 고리에 뉴턴 역학을 적용해서 입자들이 집단적인 파동의 형태로 움직인다는 사실을 밝혀냈다. 그런 파동의 진폭이 일정하게 유지된다면 고리 자체도 안정한 상태로 유지될 것이고, 그렇게 되기 위해서는 고리를 구성하는 입자의 크기와 수가 어떤 조건을 만족해야만 했다. 그는 만약 토성의 고리가 적당한 크기의 입자들로 구성되어 있다면, 영원히 그 모양과 밀도를 유지할 수 있다는 사실을 증명했다. 맥스웰은 그 공로로 아담스 상을 수상했다.

상당한 성과를 거둔 맥스웰의 증명은 압력이나 온도와 같은 기체의 다양한 성질들이 그 수가 너무 많아서 도저히 파악할 수 없는 작은 원자들의 움직임 때문에 나타나는 것으로 이해할 수 있다는 원자론자들의 주장에 똑같은 분석 방법을 적용하기에 이상적인 입장이 되었다. 맥스웰이 제안했던 기체에서 원자 속도의 분포는 수학적으로 볼 때 토성의 고리를 구성하는 입자에 대한 그의 설명과 똑같은 것이었다. 또한, 토성 고리의 운동과 안정성을 연구했던 맥스웰이 그런 원자 속도분포의 안정성을 설명하려고 노력했던 것은 당연한 일이었다. 그는 1866년에 기체 운동론에 대해서 그가 알고 있는 모든 것을 담은 "기체 동역학적 이론에 대하여"라는 긴 논문을 통해서 원자들의 속도분포로부터 기체의 모든 물리적 성질을 얻을 수 있는 방법을 자세하게 밝혔다.

볼츠만도 맥스웰의 1866년 논문에 대해서는 이미 잘 알고 있었다. 볼츠만은 수학적인 논리를 교향악처럼 일관성 있게 펼칠 수 있는 맥스웰의 능력을 극찬하면서, 그의 총명함을 낭만적으로 동경했던 적도 있었다. "먼저 속도의 변화가 장엄하게 펼쳐지고 나면, 한쪽에서는 상태 방정식이 등장하고, 다른 쪽에서는 운동 방정식이 등장하면서 식들의 혼란은 극을 향해 치닫는다. 갑자기 'N을 5라고 한다'는 말이 터져 나온다. 악마처럼 보였던 V가 사라지고, 음악 소리에 따라 저음의 파괴적인 인물이 침묵에 빠져 버린다…"[2] 볼츠만은 물리학과 수학에서도 음악과 연극에서 자신이 그렇게도 좋아했던 멜로드라마를 떠올리는 재주를 가지고 있었다.

가끔씩 드러나는 볼츠만의 과장된 열정은 자기 자신의 결단에 대해 용기를 불어넣기도 했다. 기체 운동론을 더 발전시키려고 매달렸던 사람은 맥스웰이 아니라 볼츠만이었다. 맥스웰은 이미 볼츠만이 몇 년 후에야 깨닫게 된 어려움을 알고 있었다. 로슈미트와 슈테판과 볼츠만의 연구결과에 대해서 잘 알고 있었던 맥스웰은 빈 사람들의 노력을 칭찬하는 편지를 쓰기도 했다. 그러나 몇 년 후인 1873년 12월에 에든버러에서 학교를 다닐 때 친구였던 스코틀랜드의 물리학자 P. G. 테이트*Tait*에게 보낸 편지에서 맥스웰은 대륙의 물리학자들을 조롱하고 있었다. 그는 "학식 있는 독일 사람들"이 혼란에서 허덕이는 것은 "보기 힘든 스포츠"라고 말했다.[3]

맥스웰이 초연하게 즐기고 있었던 것은 볼츠만이 관련된 공적에 대한 논란이었다. 이번에는 원자들의 운동이 어떻게 열의 형태로 나타나게 되는가를 밝혔던 클라우지우스와의 다툼이었다. 그러나 사실 볼츠만은 더 심각한 문제로 몇 년 동안 괴로워하고 있었고, 맥스웰에게는 그것이 점점 되살아나고 있던 기체 운동론에 관심을 갖지 않도록 만드는 이유가 되었다. 서서히 드러나기 시작했던 문제는 겉보기에는 아무 것도 아닌 것처럼 보이는 사실에서 비롯되었다. 열은 언제나 온도가 높은 곳에서 낮은 곳으로 흐르기 때문에 뜨거운 물체는 언제나 그냥 두어도 저절로 식어버리게 된다. 그런데 왜 그럴까? 왜 거꾸로의 변화는 절대 일어나지 않을까?

로슈미트가 공기 원자의 크기를 추정했던 바로 그 해였던 1865년에 클라우지우스는 열, 에너지, 역학적 일의 본질에 대해서 애매하게 여겨지던 부분을 규명하는 중요한 논문을 발표하면서 "엔트로피"라는 새로운 말을 도입했다. 그 말은 오늘날 열역학 제2법칙으로 부르는 의미로 도입되었다. 열역학 제1법칙은 헬름홀츠가 열심히 노력해서 정립했던 에너지 보존의 법칙이다.

열역학 제1법칙과 마찬가지로 제2법칙도 정확하게 표현되기 전부터 엉성한 형태로 알려져 있었다. 1824년 사디 카르노 *Sadi Carnot* 라는 프랑스의 기술자가 증기기관의 효율에 대한 중요하면서도 신비스러운 분석 결과를 발표했다. 증기기관에 대한 아무런 이론이 없었던 당시에는 여러 분야의 발명가들이 단순히 영감에 의존한 짐작만으로 증기기관을 개선하려고 노력했었다. 이런 상황에서 카르노가 등장해서 증기로 채워진 실린더가 팽창해서 피스톤을 밀어내면서 기계적인 일을 만들어 낸 후에 열이 식으면서 원래의 상태로 되돌아온다는 이상적인 기관을 분석했다. 카르노는 그런 완벽한 순환 과정에서 에너지와 열의 변환으로부터 그런 기관이 할 수 있는 일의 양에는 한계가 있고, 그 일의 최대값은 기관이 순환하게 되는 최고 온도와 최저온도 만에 의해서 결정된다는 사실을 증명했다.

카르노의 결과, 또는 그것을 변형시킨 결과는 매우 일반적으로 적용된다. 예를 들어 냉장고 문을 열어두어도 방이 차가워지지 않는 것도 바로 그런 이유 때문이다. 냉장고는 에너지를 이용해서 내부를 차갑게 만들지만, 그 대가로 내부에서 빼낸 열보다 더 많은 양의 열을 주위로 방출해야만 한다. 처음에는 카르노의 원리가 에너지 보존 법칙의 결과일 것으로 생각했었다. 그러나 그 후 수십 년 동안의 연구, 특히 영국의 윌리엄 톰슨과 윌리엄 랭킨Willaim Rankine, 그리고 독일의 클라우지우스의 연구에 의해서 에너지 보존 법칙과는 관계가 없는 새로운 법칙이 적용되고 있음이 밝혀졌다. 그런 연구의 결과에 의해서 문자 그대로 해석하면 열의 동역학이라고 할 수 있는 오늘날의 열역학이라는 과학이 탄생하게 되었다.

특히 톰슨과 클라우지우스는 카르노의 통찰력을 이용해서 열역학적 변화의 본질을 이해할 수 있었다. 이상화된 고립계에서는 에너지의 총량은 변화하지 않고 일정해야만 한다. 그것이 바로 열역학 제1법칙이다. 그러나 그런 계(시스템)의 내부에서 에너지는 한 가지 형태에서 다른 형태로 바뀌었다가 다시 본래의 형태로 되돌아올 수도 있다. 물리학자들은 변화를 두 종류로 구별한다. 즉, 모든 변화는 계가 정확하게 원래의 상태로 되돌아올 수 있는 가역(可逆) 변화와 그렇지 않은 비가역(非可逆) 변화로 구분된다. 비가역 변화에서는 외부에서 추가로 에너지를 공급해주지 않으면 절대 원래의 상태로 되돌아오지 못한다. 가역 변화에서는 무엇인가가 그대로 남아있지만, 비가역 변화에서는 그렇지 않기 때문이다.

1865년에 클라우지우스는 그 무엇이 바로 엔트로피라고 주장했다. 가역 변화에서는 엔트로피가 일정하게 유지되지만, 비가역 변화에서는 엔트로피의 값이 점점 커진다. 고립계에서는 엔트로피가 절대 감소할 수가 없기 때문에 비가역 변화는 비가역적일 수밖에 없게 된다. 그러므로 일단 엔트로피가 증가하고 나면 절대 원래의 값으로 되돌아올 수가 없다. 그래서 고립계의 엔트로피는 그 값이 최대에 이를 때까지 끊임없이 증가하게 된다. 클라우지우스는 엔트로피가 최대인 상태를 완전한 열적 평형의 상태라고 했다. 엔트로피가 증가하거나 그대로 유지될 수는 있어도 절대 감소할 수 없다는 법칙이 바로 열역학 제2법칙이라는 새로운 물리법칙이었다.

  열과 에너지는 비교적 직접적으로 이해할 수 있는 물리량이지만, 엔트로피는 훨씬 더 추상적인 개념이다. 엔트로피는 일종의 퍼텐셜(위치) 에너지와 같은 것으로, 엔트로피가 증가할 여유가 있는 계에서는 역학적인 일을 얻을 수가 있지만, 열적 평형 상태에서 일정한 부피를 차지하고 있는 기체의 엔트로피는 이미 최대의 값에 도달해 있기 때문에 더 이상의 일을 얻을 수가 없다.

  클라우지우스는 계로 들어가거나 계에서 빠져나가는 열과, 그런 변화가 일어나는 온도를 이용해서 엔트로피를 정의했다. 그러자 열에 대한 기체 운동론에 열광하던 사람들은 기체의 거시적인 성질 대신에 기체를 구성하는 원자의 성질로부터 엔트로피를 설명하고 싶어했다. 기체의 온도와 압력이 기체를 구성하는 원자들의 평균 운동 에너지와 간단한 관계를 가지고 있다는 사실은 확실했다. 그런데 엔트로피에 대한 기체 운동론적인 정의는 무엇일까? 움직이는 원자들이 어떤 성질이나 평균값이 새로 등장한 열역학적인 양에 해당할까?

  1866년 22살의 볼츠만은 이런 의문에 답하려는 시도로 논문을 발표했지만, 엉성하고 초보적이었던 그의 시도에는 원자들의 움직임에 대한 비현실적인 제한이 포함되어 있었다. 그렇지만 그것이 볼츠만을 평생 동안 여러 방법으로 바쁘게 만들었던 문제를 해결하기 위한 첫 번째 시도였다. 그러나 그 결과는 훌륭하지 못했고, 당시에는 볼츠만의 이름이 알려져 있지도 않았기 때문에 아무도 그의 논문에 대해서 관심을 갖지 않았다. 몇 년 후에 클라우지우스도 비슷한 생각을 하게 되었고, 1871년에는 거의 같은 주장을 담은 논문을 발표했다. 그러나 클라우지우스는 이미 이름이 알려져 있었기 때문에 그의 주장은 약간의 관심을 끌었다.

무엇보다도 그의 논문은 그라츠의 물리학 교수로 처음 임명되었던 볼츠만의 관심을 끌었다. 그는 내용은 간단하지만 분량이 상당한 편지를 빈 과학원에 보냈다. 그는 1866년에 자신이 발표했던 논문 중에서 몇 페이지에 해당하는 부분을 반복해서 쓰고, 자신이 무엇을 주장하는가를 파악하지 못하는 사람들을 위해서 명백하게 "내가 그런 결과를 먼저 발표했다고 생각한다"고 밝혔다. 그것만으로도 매우 강한 표현이었지만, 볼츠만은 거기서 멈추지 않고 "끝으로 클라우지우스 박사와 같은 권위자가 열의 역학적 이론에 대한 내 논문에 포함된 아이디어를 많은 사람들이 알 수 있도록 해준 것을 기쁘게 생각한다"고 덧붙였다.

조심스러운 표현은 볼츠만에게 어울리지 않았다. 언젠가 그의 동료는 "프랑스 속담에서처럼 예절이 곧 사람이다… 볼츠만은 약간의 오스트리아 사투리를 쓰기는 하지만 훌륭하고 유창한 독일어를 구사했다. 그러나 그는 언사에 대해서 신중하게 생각해보는 것 같지는 않았다. 그는 머리에 떠오르는 그대로 표현하는 편이었다"고 말했다.[4]

클라우지우스는 모르는 사람으로부터 자신이 알지도 못했던 연구결과를 널리 알려주는 역할을 해주어서 감사하다는 말을 듣고 아마도 기분이 좋지는 않았을 것이다. 그렇지만 그는 실제로 그 아이디어를 처음 제시했던 것이 볼츠만이었고, 자신이 젊은 사람의 연구결과에 대해서 알 수 있을 정도로 충분히 문헌조사를 하지 못했던 점을 사과한다는 짧은 답장을 발표했다. 그러나 자신의 결과가 볼츠만의 것보다 조금 더 일반적이라고 생각한다는 말을 덧붙이는 것을 잊지 않으며 끝을 맺었다.

볼츠만은 다시 반박하고 싶었을 수도 있었을 것이다. 그러나 그는 1871년이 지나면서 실제로 이 중요한 문제를 완벽하게 해결할 수 있겠다는 생각에 빠져들게 되었고 그 결과로 1872년에 그의 기념비적인 논문을 완성하게 된다. 원자의 충돌에 대한 분석, 이동 방정식의 유도, 그리고 맥스웰 분포가 열적 평형에 해당하는 유일한 분포라는 증명들은 모두 그의 1872년 분석이라는 주제에 대한 서곡(볼츠만이 좋아할 심포니에 비유한다면)에 불과했다. 심포니의 절정은 볼츠만이 '최소 정리'라고 불렀고, 몇 년 후에 영국의 물리학자가 볼츠만의 논문에서 독일어의 필기체 대문자 E를 H로 잘못 읽어서 오늘날 H-정리*라고 부르게 된 것이었다. 어쨌든 H라고 부르게 된 것은 그 표현이 무엇이거나에 상관없이 원자들의 속도분포로 정의되는 수학적인 양이었다. 여러 속도로 움직이고 있는 원자들의 집단에 대해서 볼츠만이 고안했던 식을 이용하면 H의 값을 얻게 된다.

H는 두 가지 점에서 중요했다. 첫째, 원자들의 속도가 맥스웰-볼츠만 분포를 갖게 되면 H는 최소의 값을 갖게 된다. 둘째로 볼츠만의 주장에 따르면 H의 값이 최소의 값보다 큰 집단의 경우에는 원자들 사이의 충돌에 의해서 속도의 분포가 바뀌어서 H의 값이 줄어들면서 맥스웰-볼츠만 분포에 해당하는 최소값으로 접근하게 된다는 것이다.

그것은 놀라운 힘을 가진 결과였다. 그것은 맥스웰-볼츠만 분포가 평형 상태에 있는 원자 집단에 대한 유일하게 옳은 표현일 뿐만 아니라, 다른 모든 분포에 해당하는 상태는 원자들의 충돌에 의해서 어쩔 수 없이 맥스웰-볼츠만 분포로 진화하게 된다는 사실을 의미했다. 이는 실제로 볼츠만이 믿고 싶어 했던 것처럼 그의 H는 모든 면에서 정확하게 클라우지우스가 엔트로피라고 불렀던 것에 대한 기체 운동론적인 정의에 해

---

*역자 주: 원자의 속도분포를 이용해서 자발적인 변화의 방향을 예측할 수 있다는 볼츠만의 이론.

당했다. 앞에 마이너스 부호만 붙이면 되는 것이었다. 부호를 바꾸고 나면 H는 열적 평형에서 최대값을 갖게 되고, 다른 분포의 경우에는 그보다 적은 값이 되고 그 값으로부터 시작해서 자연적으로 평형을 향해 진화하게 된다. 그것이 바로 엔트로피의 특징이었다. 엔트로피는 그 값이 무엇이거나에 상관없이 열적 평형 상태에 해당하는 최대의 값이 될 때까지 증가한다. 볼츠만은 그런 H가 바로 엔트로피에 대한 기체 운동론적인 정의라고 선언하고, 그의 H-정리는 엔트로피가 언제나 증가해야 한다는 신비로운 열역학 제2법칙 자체가 원자들의 충돌에 적용되는 기본적인 역학 법칙의 결과라는 사실을 보여주는 것이라고 주장했다. H-정리는 기체 운동론만으로 열역학의 모든 것을 설명해 줄 수 있다는 것을 보여주었다. 우주의 모든 것이 식어가기만 하고 절대로 스스로 뜨거워지지는 않는다는 어쩔 수 없는 사실을 가장 기본적인 원리로부터 설명한 것이었다.

그러나 맥스웰이 분명하게 인식하고 있었던 것처럼 이 결과에는 무엇인가 의심스러운 부분이 있었다. 1869년에 그의 친구였던 동료 물리학자 테이트에게 보낸 편지에서 그는 맥스웰의 도깨비라고 알려진 별난 존재를 등장시켰다. 작은 구멍으로 연결된 두 개의 통이 있는데, 한쪽은 뜨겁고 다른 쪽은 차가운 경우를 생각해본다. 상식적으로 생각해보면 원자들이 무작위적으로 작은 구멍을 통과해서 양쪽으로 오가게 되면 결국은 기체가 서로 섞이면서 온도가 같아지게 된다. 그런데 맥스웰은 구멍을 지나가는 원자들을 살펴보면서 개폐기를 작동하는 작은 도깨비를 상상했다. 그 도깨비의 유일한 임무는 개폐기를 적절히 작동시켜서 빨리 움직이는 기체원자는 뜨거운 통으로 들어가도록 하고, 느리게 움직이는 원자는 차가운 통으로 들어가도록 만드는 것이다. 만약 그런 일이 가능하다면 뜨거운 통에 들어있는 기체는 점점 더 뜨거워질 것이고, 차가운 통의 기체는 점점 더 차가워질 것이기 때문에 일반적으로 일어나는 현상과는 반대의 결과가 될 것이다. 다시 말해서 열이 잘못된 방향으로 흐르게 되는 것이다.

그에게서 맥스웰의 도깨비에 대해 배우게 된 학생들은 매우 혼란스러워하게 되었다. 철학자 칼 포퍼 *Karl Popper*는 이러한 사실에 대해 맥스웰이 열역학 법칙이 옳지 않다는 사실을 증명한 것이라고 생각하게 되었다. 물론 그런 도깨비는 존재하지 않았다.

실제로 맥스웰이 의도했던 것은 그보다 더욱 미묘한 것이었다. 그는 테이트에게 보냈던 "도깨비에 대하여"라는 교리문답형 질문의 3번에서 "목적이 무엇인가—열역학 제2법칙이 통계적인 확실성을 나타내는 것임을 보여주기 위해서"라고 대답했다.[6] 도깨비의 행동은 물리학 법칙과는 아무런 모순이 없었다. 그러므로 맥스웰은 어느 정도 비현실적이기는 하지만, 열이 잘못된 방향으로 흐르도록 만들 수 있는 원자운동을 생각해낼 수 있다는 사실을 보여주려고 했던 것이다.

물론 그 도깨비는 맥스웰이 상상으로 만들어낸 가상적 존재였다. 그러나 그 도깨비가 의도적으로 만들어낸 결과는 그런 도깨비가 개입하지 않더라도 우연하게 일어날 수 있다. 그 확률이 매우 낮을 수는 있겠지만, 원자들이 우연에 의해서 적절하게 움직여서 열이 차가운 곳에서 뜨거운 곳으로 흘러가는 것이 전혀 불가능하지는 않다는 뜻이었다. 결국 열역학 제2법칙은 그것이 성립되지 않는 가능성이 있기 때문에 절대적인 법칙이 아닐 수도 있다는 것이다.

그런 가능성을 인식했던 맥스웰은 볼츠만이 이룩했다고 주장하는 것에 대해서 의문을 가질 수밖에 없었다. H-정리는 무작위적으로 벽이나 다른 원자와 충돌하는 원자들의 집단은 어쩔 수 없이 열적 평형을 향해 변하게 된다는 사실을 증명한 것이라고 했다. 그런데 맥스웰은 원자들의 운동에 의해서 열이 잘못된 방향으로 흘러가고, 결국 계가 열적 평형에서 멀어지게 만들 수도 있다는 사실을 인식했다. 그런 일이 아주 드물게 일시적일 수도 있지만, 일어날 수는 있다는 것이다. 그런데 볼츠만의 정리는 그런 일이 절대로 일어날 수 없다고 주장하는 것과 같았다.

그런 이유 때문에 맥스웰은 볼츠만과 같은 사람들의 노력은 쓸데없는 것이라고 여겼다. 그들은 환상을 쫓고 있을 뿐이거나, 아니면 테이트에게 보냈던 편지에서 과장해서 표현했던 것처럼 "독일의 이카로스 Icari*가 인간이 이룩한 과학의 무지와 한계 때문에 눈으로 볼 수 없는 여신의 이해할 수 없는 설명으로 가득 찬 것처럼 보이는 구름의 형태 속에서 네펠로코시지아 nephelococcygia**에 붙어있는 밀납으로 만든 날개를 펄럭인 것"일 뿐이었다.[6] 네펠로 nephelo는 그리스어로 구름을 뜻하고, 코시크스 coccyx는 등뼈에 붙어있는 작은 꼬리뼈이다. 맥스웰은 독일 사람들이 자신들은 태양을 향해서 날고 있다고 생각하지만, 사실은 자신들의 목표가 절대 도달할 수 없는 것임을 모르고 구름 밑에서 헤매고 있을 뿐이라고 믿었다.

맥스웰은 실제로 독특한 유머감각을 가지고 있었고, 야릇한 표현을 쓰기도 했다. 풍자적인 농담을 하는 것은 그의 버릇이었다. 볼츠만과 마찬가지로 그도 어렸을 때 육친 중 한 분을 잃었다. 그의 어머니는 맥스웰이

---

*역자 주: 아버지 다이달로스가 만들어준 밀납으로 된 날개를 달고 태양에 너무 가까이 다가갔다가 밀납으로 만든 날개가 녹아버리는 바람에 떨어져 죽은 그리스 신화 속의 인물.

*역자 주: 아리스토파네스(448-380 BC)의 희극 "새"에서 새로 변한 두 주인공이 건설한 현실과 동떨어진 공상 속의 도시 이름.

7살이었을 때 내장암 혹은 위암으로 사망했다. 어린 제임스의 반응은 "아! 이제 어머니가 더 이상 고통을 느끼지 않게 되었으니 다행이다"라는 것이었다고 한다.[7] 그때부터 변호사였던 아버지는 고모와 여러 가정교사의 도움을 받아 어린 아들을 키웠다. 외아들이었던 제임스 클러크 맥스웰은 10살이 될 때까지 그의 아버지가 유산으로 물려받은 스코틀랜드 남서쪽에 있는 덤프리스 Dumfries에서 16마일 정도 떨어진 글렌레어 Glenlair에 있던 오래된 저택에서 살았다. 여기서 그는 자연을 탐구하면서 별에 대해 공부했다. 그는 어렸을 때부터 주위에 있는 모든 것들에 대해서 관심을 가지고 있었다. 그의 어머니의 말에 의하면 그는 세 살 때부터 "이것이 어떻게 움직이는지 보여주세요" 또는 "저것은 어떻게 움직이나요?"라고 묻고 다녔다.[8] 그리고 만족스러운 답을 얻지 못하면 "무엇이 특별한가요?"라고 고집스럽게 물었다고 한다.

맥스웰의 가족들은 괴팍한 특성을 가지고 있었다. 전해오는 이야기에 따르면 그의 할아버지는 인도의 후글리 강에서 익사할 뻔했지만 동료들을 즐겁게 해주고 호랑이를 쫓아버리기 위해서 연주하려고 가지고 다니던 백파이프*에 매달려 강변까지 헤엄을 쳐서 살아났다고 한다.[9] 맥스웰의 아버지 역시 자립심이 강했고, 새로운 산업 기술에서 찾아볼 수 있는 천재성과 창조성에 큰 관심을 가지고 있었다. 그는 글렌레어의 저택에 새로운 건물을 디자인했고, 직접 주문한 각이 진 큰 신발을 신고 다녔으며, 그의 취향에 따라 만든 셔츠를 입고 다녔다. 그가 아들과 함께 글렌레어에 살고 있는 동안에는 그런 것이 아무 문제가 되지 않았지만, 어린 제임스가 열 살이 되어서 에든버러 아카데미를 다니게 되면서 그의

---

*역자 주: 동물의 가죽으로 만든 악기

이상한 복장과 시골 사투리는 세련된 도시 학생들에게 놀림감이 되었다. 그들은 이상한 그의 옷을 찢어 버리거나, 이상하고 더듬거리는 말버릇을 조롱하면서 그를 "바보"라고 놀렸다. 그러나 유머 감각과 인내력을 가지고 있었던 제임스는 결국 자신을 놀리던 학생들의 존경을 받게 된다.

학교를 다니는 동안에 그는 아버지에게 우스갯소리와 오자로 가득한 익살스러운 이야기를 정교한 만화로 장식하고, 여러 색깔의 잉크로 비밀스러운 메시지를 담은 재미있는 편지를 자주 보냈다. "존경하는 맥스웰 씨, 제가 오늘 당신의 아들을 만났는데 당신은 아들이 내는 수수께끼도 풀지 못한다고 하더군요"라는 편지도 있었다.[10] 철자를 바꾸어서 야스 알렉스 맥머크웰 Jas. Alex. McMerkwell이라고 사인을 하기도 했다. 그의 편지는 깊은 애정과 친근감이 넘치고, 자신의 예리함을 보여주기도 했다. 열 살 때는 "오비디우스 Ovid*가 일이 끝난 후에 했던 예언은 잘 맞더군요"라는 편지를 쓰기도 했다.

소년은 어려서부터 과학에 대한 재능이 있었다. 14세 때는 에든버러 왕립학회에서 기하학에 대한 초보적이기는 하지만 독창적인 아이디어를 발표하기도 했다. 훗날 맥스웰과 편지를 주고받았던 물리학자 P.G. 테이트가 친구였고, 아버지를 통해서 어린 맥스웰은 에든버러의 톰슨 가족과도 사귀게 되었다. 그의 아들이었던 윌리엄은 훗날 캘빈 경이 된 위대한 과학자였고, 기술자였고, 빅토리아 시대의 사업가였다. 그는 1847년에 에든버러 아카데미를 떠나 에든버러 대학에 입학했다. 당시 그의 나이는 고작 16세였다.

지나칠 정도의 맹목적인 사랑을 베푸는 어머니 때문에 고립되어 성장

---

*역자 주: 로마의 시인(BC 43~AD 17).

했던 볼츠만은 결혼할 때까지 어머니와 함께 살았고, 결혼 후에는 마지못해 분가를 했었다. 그러나 맥스웰은 글렌레어 저택의 아버지와 에든버러에 있던 고모 사이를 오가며 자랐고, 특히 다른 학생들과의 힘든 경쟁을 견뎌야 했던 에든버러 아카데미에서의 교육은 그에게 큰 도움이 되었다. 가벼운 글과 우스꽝스러운 엉터리 시를 즐겨 쓰던 그는 처음 다녔던 학교에 대해서 다음과 같은 글을 남겼다.

> 엉터리 학자에게 매캐덤 식으로 포장된
> 그리스의 글을 해석하도록 해보자.
> 스코틀랜드 학교에 적당한
> 가식 없는 의미를 알고 싶다.

(매캐덤 Macadam은 역청(瀝靑)에 돌 조각과 자갈을 섞어서 도로를 포장하는 공법을 개발한 스코틀랜드 사람이다.)

 맥스웰은 강한 자립심을 기르게 되었고, 익살맞고 때로는 심술궂기도 한 유머 감각도 갖게 되었다. 그의 이런 성격은 학업에도 영향을 주었다. 에든버러 대학에 다닐 때는 여름 방학 중에 "독일인의 순수 이성에 대한 칸트의 비판에 대한 해밀턴 경이 만족할 수 있는 해석"이라는 보고서를 쓰기도 했다.[12] 윌리엄 해밀턴 경 Sir William Hamilton은 에든버러 대학의 논리학과 순수 철학 교수였다.

 그는 에든버러 대학에서 3년을 지낸 후에 남쪽으로 내려가 케임브리지 대학에 입학했다. 그곳에서도 트리니티 대학의 예배시간에 촌스러운 스코틀랜드 사투리로 성경을 읽던 그는 적응에 어려움을 겪었다. 더구나 갑자기 몇 마디를 쏟아내고는 멈추었다가 다시 말을 쏟아내는 "말더듬

이" 버릇도 생겼다.[13]

그러나 이 때부터 그의 총명함은 분명하게 드러났고, 케임브리지에는 천재성이 엿보이는 기행이나 바보스러움을 오히려 존중하는 전통이 있었다. 운동 삼아 스코틀랜드의 황야를 쫓아다닐 수 없게 된 맥스웰은 새벽에 트리니티 대학의 계단을 뛰어서 오르내렸다. 그의 버릇을 알게 된 동료 학생들은 문 뒤에 누워서 기다리다가 그가 지나가면 신발이나 머리빗을 던지는 장난을 치기도 했다. 그렇지만 맥스웰은 그곳에서 사귄 몇몇 친구들과 평생을 가까이 지내게 된다.

그는 1854년에 케임브리지를 졸업한 후 대학에 남게 되었다. 몇 년 후에는 스코틀랜드 동부의 애버딘Aberdeen으로 갔다가 곧바로 런던의 킹스 칼리지로 자리를 옮겼다. 34세였던 1865년에는 교수직을 그만두고 글렌레어에서 시간을 보내기 시작했지만, 과학 연구와 동료 물리학자들과의 교류는 계속 유지되었다. 6년 후에는 데번셔Devonshire 공작이면서 재능 있는 물리학자였던 헨리 캐빈디쉬Henry Cavendish가 케임브리지 대학에 실험 물리학 실험실을 설립할 기금을 내놓았고, 맥스웰은 오늘날까지도 캐빈디쉬 연구소라고 알려진 이 연구소의 초대 소장이 되었다.

맥스웰의 과학적인 관심은 매우 다양했다. 그리고 그가 사용했던 이론의 영역 또한 매우 다양했다. 토성의 고리에 대한 연구에서는 중력장의 영향을 받는 작은 입자들의 역학(力學)을 연구했다. 전자기학 분야의 연구에서는 순수한 장(場) 이론에 몰두했다. 기체 운동론에 대한 연구에서는 장 이론은 전혀 사용하지 않고 모든 것을 역학으로부터 유도했다. 기체이론이라는 좁은 주제에만 관심을 가지고 있었던 볼츠만과는 달리 다양한 문제에 관심을 가지고 있었던 맥스웰은 일반적인 이론을 이용한 이해에 대해서 더욱 회의적인 생각을 갖게 되었다. 그도 원자론에 대해서 매력을 느꼈고, 여러 가지 장점과 가능성을 인식했던 것은 분명하다. 그러나 그는 엄청난 어려움 또한 인식하게 되었다.

맥스웰보다 13살이나 어렸던 볼츠만은 슈테판의 소개로 맥스웰의 연구 성과에 대해 알게 된 후, 평생 동안 이 스코틀랜드의 물리학자를 동경하게 되었다. 맥스웰의 전자기학을 강의하던 볼츠만은 괴테의 파우스트를 인용해서 "이 기호를 쓴 사람은 신(神)이었을까?"라는 질문을 던지기도 했다고 한다.[14] 그러나 그의 존경은 일방적인 것이었다. 맥스웰과 볼츠만은 서로 만난 적도 없고, 직접 편지를 주고받은 적도 없었다. 1870년대 말에 H-정리에 대한 반론이 제기되었을 때, 만약 두 사람이 직접 대화를 했더라면 큰 도움이 되었겠지만, 볼츠만은 맥스웰이 논쟁을 거의 포기해버렸다고 여겼던 것 같다. 맥스웰이 그 문제에 대해서 볼츠만처럼 열정적인 관심을 보이지 않았던 것은 분명하다. 맥스웰은 정교함과 단순함을 좋아했고, 모든 아이디어와 이론을 자신이 알고 있는 수학으로 정확하게 나타내고 싶어했다. 그러나 볼츠만은 그런 것에 개의치 않았고, 반드시 존재할 수밖에 없는 해답을 찾아내기 위해서는 시간과 노력이 필요할 뿐이라는 확신을 가지고 있었다. 그는 신중하게 생각해보는 사람이 아니었고, 그런 자세가 오히려 그에게는 도움이 되었다. 자신이 과연 성공할 수 있을 것인가에 대해서는 조금도 의심하지 않았다.

맥스웰과 볼츠만의 성향에서의 차이점은 부분적으로는 미학적인 수준이라고 할 수도 있겠지만, 사실은 서로 다른 심리에서 비롯된 것일 가능성이 더 크다. 두 사람 모두 장점과 단점을 가지고 있었다. 볼츠만은 열정적인 신념과 완고함을 가지고 있었지만, 맥스웰은 굉장한 논리력을 가지고 있었다. 전자기학 이론의 강력하고 아름다운 단순성을 발견할 수 있었던 것도 그런 성격 덕분이었다. 그러나 볼츠만의 성과가 보여주는 것처럼 과학은 언제나 깨끗하고 정교하기만 한 것은 아니며, 특히 완성되고 있는 단계에서는 더욱 그러하다. 정교함은 양복이나 구두를 만드는 사람들에게 필요한 것이다. 볼츠만은 자신의 성격 탓에 기체 운동론의 이론적인 가시덤불을 헤치고 앞으로 나갈 수가 있었다.

그런 차이 때문에 전성기의 볼츠만은 훌륭한 강연자로 알려지게 되었고, 사소한 사실까지도 정확하게 전하려고 애를 쓰다가 말을 더듬거나 말문이 막혀버리기도 했던 맥스웰의 강의는 알아듣기 힘든 것으로 소문이 나버렸다. 볼츠만은 나이가 들면서 둔하고 관심도 없는 학부 학생들에게 강의를 하는 것이 짜증스럽다는 불평을 자주 했지만, 자신이 관심을 가진 문제에 대해서는 의문이나 망설임 없이 열정적으로 관심을 쏟았다.

한편, 맥스웰은 잘난체하는 사람이 아니었다. 오히려 아마추어 과학 애호가와도 같았던 그는 평생 동안 여러 문제를 넘나들면서 쉽게 설명할 수 있는 능력을 가지고 있었지만, 그것이 오히려 그의 강의를 산만하게 만드는 단점이 되기도 했다. 그는 한 가지 문제에 집중하지를 못했기 때문에 어느 동료의 말처럼 "그에게는 칠판 앞에 서는 것이 엄청난 불행이었다."[15] 에든버러 대학의 교수직에 지원을 했을 때, 맥스웰이 더 훌륭한 과학자라는 점은 인정이 되었음에도 불구하고 결국은 테이트가 선정된 것도 테이트가 더 강의를 잘한다는 이유 때문이었다.

자신의 의견을 말로 표현할 때에 볼츠만은 힘이 넘쳤고 맥스웰은 우유부단했지만, 글로 표현하는 경우에는 사정이 달랐다. 맥스웰은 글을 쓰기 전에 깊이 생각하고 분석해서 미리 모든 가능성을 확인하려고 노력했다. 그래서 그의 글은 독자들에게 신중하고 논리적으로 필연적인 결론을 유도해주는 명쾌하고 완벽한 것으로 보였다. 그러나 유별난 성격의 볼츠만은 모든 가능성을 미리 살펴보고 가능한 문제점을 미리 검토해서 해결하려고 노력하는 대신, 즉흥적인 말을 그대로 글로 옮겨 썼다. 그런 불도저 같은 습관 때문에 그의 글은 불명확하고 어려워서 독자들은 물론 자기 자신도 혼란스럽게 만들기도 했고, 일관성을 잃어버리는 경우도 종종 발생했다.

맥스웰은 자신이 얻은 결과를 마치 다른 사람이 보는 것처럼 살펴보는 독특한 능력을 가지고 있었다. 그는 관점이 다른 사람들이 제기할 수 있는 이의를 미리 예상해서 그들이 문제를 명백하게 파악하기도 전에 해명을 해주었기 때문에 그의 글은 더욱 설득력이 있었다. 그러나 볼츠만은 일생 동안 개인적인 일은 물론이고 과학적인 문제에서도 다른 사람의 생각에는 관심을 갖지 않았다. 그는 독자의 입장은 조금도 고려하지 않고, "내가 가장 먼저 이런 주장을 했다고 생각한다"라고 써버렸다.

맥스웰은 테이트에게 보냈던 또 다른 편지에서 두 사람의 차이를 다음과 같이 표현했다. "볼츠만의 결과를 살펴보았지만 도저히 이해할 수가 없었다. 그는 내 논문이 너무 간결해서 내 주장을 이해하지 못하겠지만, 나는 그의 논문이 너무 긴 것이 과거에는 물론 지금까지도 걸림돌이 되고 있다. 나는 오히려 모든 이야기를 여섯 줄 정도로 표현해버리고 싶다."[16] 물론 그는 독일어로 된 볼츠만의 논문을 읽고 있었지만, 이미 십대에 독일어로 된 칸트를 읽었던 그에게 언어는 아무런 문제가 되지 않았다.

이 편지는 볼츠만이 H-정리를 발표한 다음 해였던 1873년에 썼던 것으로, 맥스웰은 자신이 생각해냈던 도깨비 때문에 볼츠만의 주장을 더욱 납득할 수가 없었다. 그는 볼츠만이 원자들의 운동이 다른 결과를 가져올 수 있는 가능성이 충분함에도 불구하고, 어떻게 한쪽의 경향만을 보여주는 식을 유도할 수 있었는지 이해할 수가 없었다. 그래서 맥스웰은 볼츠만의 복잡한 1872년 논문에 무엇인가 오류가 있을 것이 틀림없다고 생각해버렸다.

볼츠만은 맥스웰의 비판이 얼마나 심각한 것인지를 곧바로 인식하지 못했다. 도깨비에 대한 자세한 이야기는 1871년에 발간되어서 1877년에 독일어로 번역되었던 맥스웰의 『열 이론 *Theory of Heat*』에 수록되어 있었다. 그러나 그 때는 이미 같은 문제가 다른 형식으로 제기되었기 때문에 볼츠만은 더 이상 그 질문을 회피할 수가 없는 입장이었다. 이번에 문제를 제기했던 사람은 그의 친구이자 동료였던 요제프 로슈미트였다.

1876년에 로슈미트가 제기했던 반론은 가역성의 문제라고 알려지게 되었다. 이는 원자의 운동과 충돌을 지배하는 역학 법칙은 물리학자들이 좋아하는 표현으로 시간-가역적이라는 사실에 근거를 두고 있었다. 즉, 뉴턴의 법칙을 따르는 모든 운동이나 충돌은 비디오테이프를 거꾸로 돌리는 것처럼 거꾸로 일어날 수 있고, 그런 경우에도 여전히 뉴턴의 법칙이 적용된다. 로슈미트는 그런 사실이 H-정리에 문제가 된다고 주장했다. H를 감소하게 만드는 원자들의 움직임은 H가 증가하는 움직임의 시간-가역에 해당하기 때문이다. 그렇다면 볼츠만의 이론에서는 언제나 H가 감소해야 한다는 사실을 어떻게 설명할 수 있겠는가? 원자론을 지지했던 로슈미트는 넓게는 기체 운동론, 좁게는 볼츠만의 결과를 부정하고 싶지는 않았다. 그는 분명한 설명이 필요하다는 사실을 지적했을 뿐이었다.

사실 가역성에 대한 로슈미트의 반론은 도깨비라는 조금은 암호화된 맥스웰의 주장과 같은 것이었다. 그러나 맥스웰은 너무 약았던 셈이다. 몇 년 전에 톰슨도 로슈미트의 주장과 거의 비슷한 문제를 제기했었지만, 맥스웰의 가상적인 도깨비가 존재하지 않는다면 그런 이상한 일은 일어나지 않을 것이라고 생각해버렸다.

볼츠만은 빈 과학원에서 제기되었던 로슈미트의 반론에 대해 구체적인 답변을 해야만 했다. 그의 첫 답변은 간단했다. 그는 마지못해 H나 엔트로피의 값이 잘못된 방향으로 변화할 수밖에 없는 원자 속도의 분포가 있다는 사실을 인정했다. 그러나 그는 그런 경우는 원자들 사이에 음모에 가까울 정도로 비정상적인 질서가 있어야만 존재하게 될 것이라고 주장했다. 무질서한 분포의 수는 그런 "특별한" 분포와는 비교할 수 없을 정도로 많기 때문에 확률적으로 볼 때 H는 거의 언제나 H-정리가 예측하는 방향으로 변화할 수밖에 없다는 것이었다.

그의 대답에는 온갖 종류의 함정과 함께 함축적인 뜻이 담겨있었다. 볼츠만은 본래 H-정리가 정확한 것이어서 원자들의 충돌은 언제나 엔트로피를 증가시킨다고 주장했다. 그런데 이제 그는 드물고 가능성이 희박하기는 하지만 어떤 경우에는 물리적으로 그렇지 않을 수도 있다고 말하게 된 것이다. 그렇다면 H-정리는 진정한 법칙일까? 한정된 범위에서만 적용되는 법칙일까? 유용한 근사에 불과한 것일까? 그것도 아니라면 정확하게 무엇일까? 그리고 만약 H-정리가 언제나 성립되는 것이 아니라면, 그 적용 범위는 정확하게 무엇이고, 그것이 적용되지 않는 원자 분포의 본질은 정확하게 무엇일까? 볼츠만은 뉴턴 역학의 기본적인 요소와 원자들의 거동에 대한 광범위하고 그럴듯한 논리를 근거로 일반적인 것처럼 보이는 정리를 확립했다. 볼츠만이 사용한 가정들 중에 어느 것이 정확하게 옳지 않거나, 언제나 사실일 수는 없기 때문에 H-정리는 언제나 성립하지 않게 된 것일까?

더욱이 엔트로피가 늘어나지 않고 줄어들 수도 있다는 볼츠만의 새로운 주장은 자연이나 현실에서 최근에 밝혀진 열역학 제2법칙과는 반대로 움직이는 경우가 있을 수 있다는 뜻일까? 그것이 아니라면 "잘못된"

행동을 보여주는 원자 분포가 물리적으로 허용되지 않는 것은 밝혀지지 않은 다른 이유 때문이라는 뜻일까? 반대론자들은 그것이 바로 기체 운동론이 열역학 제2법칙을 부정하거나, 아니면 열역학 제2법칙이 "언제나" 옳은 것이 아닌 근사적인 법칙에 불과하다는 것을 보여주는 증거라고 주장했다. 만약 그것이 사실이라면 불행한 일이었다. 뉴턴의 역학 법칙이 대부분의 경우에만 옳다거나, 렌즈에 의해서 굴절되는 빛이 광학 법칙을 대강 만족한다고 주장하는 경우는 없었다. 자세히 살펴보았더니 정확한 법칙이 아니더라는 사실이 밝혀진 물리법칙을 어디에 쓸 것이며, 그런 법칙이 도대체 무슨 의미가 있겠는가?

　기체 운동론의 승리처럼 보였던 결과를 반박하기 시작했던 원자론의 반대자들은 이제 자신들이 기체 운동론의 결정적인 결함을 찾아냈다고 믿게 되었다. 그들은 모든 물리법칙이 그래야만 하는 것처럼 열역학 제2법칙은 절대적인 것이어서 절대 위배될 수 없다고 생각했다. 기체 운동론은 바로 그런 부분에서 실패해버린 것이었다. 원자론자들의 주장을 문자 그대로 해석하면, 열역학 제2법칙은 정확하지 않고 그래서 실제로는 법칙이 될 수 없다는 뜻이었다. 그리고 볼츠만이 그때까지 그래왔던 것처럼 열역학 법칙에 어긋나는 문제가 생길 때마다 기체 운동론을 수정하거나 보완해야 한다면, 역학 법칙만으로 열역학을 완전히 설명했다는 원자론자들의 처음 주장은 허구일 수밖에 없었다. 어느 쪽이든 원자론은 흔들릴 수밖에 없었다.

　열역학 제2법칙의 확률론적인 특성을 처음으로 인식했던 맥스웰은 볼츠만의 새로운 이론이 절대 그럴 수 없는 경우에 대해서 절대적인 확실성을 주장하는 것 같다고 생각했기 때문에 의심을 갖게 되었다. 그러나 바로 그 확실성 때문에 볼츠만의 결과를 좋아했던 톰슨은 이제 확률을 도입했다는 이유로 볼츠만의 주장에 대해서 의문을 갖기 시작했다.

독일과 오스트리아에서는 톰슨의 의견이 지배적이었다. 열역학 법칙은 절대적이어야 하기 때문에 기체 운동론은 틀린 것일 수밖에 없었다. 프라하에 있으면서 물리학의 역사적이고 철학적인 면에 대한 책을 발간하여 명성을 얻고 있었던 에른스트 마흐가 영향을 미치기 시작한 것이 바로 이때부터였다. 볼츠만보다 몇 년 일찍 빈 대학교를 다녔던 마흐는 원자론에 관심을 가지고 있었고, 한동안은 자신이 원자론의 신봉자라고 믿기도 했었다. 그러나 프라하에 있는 동안에 그는 관찰과 자료가 더 근본적인 것이고, 이론은 근본적으로 의심의 여지가 많은 것이라는 자신의 독특한 과학 철학을 주장하기 시작했다. 마흐에 따르면 과학의 목표는 직접 관찰할 수 있는 사실과 현상들 사이의 논리적이고 합리적인 관계를 밝히는 것이고, 그 존재가 명백하지 않은 양의 존재를 주장할수록 그런 목표에서 더 많이 멀어지게 된다고 했다. 그의 견해에 따르면, 이론은 어쩔 수 없이 사용하게 되는 악마와 같은 것일 뿐이고, 대부분의 경우에는 전혀 필요하지도 않은 것이었다.

마흐에게 원자론과 기체 운동론은 좋은 공격의 대상이 되었다. 원자론은 보지도 못했고 볼 가능성도 없는 것을 믿도록 요구하지만, 그들이 제시한 원자론의 근거는 단순히 열역학 법칙을 확인하는 수준에 불과한 결과뿐이었다. 그런 논리의 순환성을 제쳐두더라도, 그런 이론은 직접 관찰할 수 있는 현상들 사이의 관계를 밝혀주는 가장 단순한 법칙을 찾는 것이 과학의 목적이라는 마흐의 견해와는 상반되는 것이었다. 압력, 부피, 온도 등을 비롯한 기체의 명백한 성질들 사이의 기본적인 관계를 밝혀주고 있는 고전 열역학이 바로 그의 견해와 일치하는 것이다. 그러나 기체 운동론은 완벽하게 받아들일 수 있는 명백한 법칙을 증명할 수도 없는 원자의 존재와 성질을 근거로 하는 신비롭고 새로운 설명으로 대체하려는 것에 지나지 않았다. 그것을 어떻게 발전이라고 하겠는가?

마흐의 입장에서는 기체 운동론에서 패러독스라고해도 좋을 정도의 결함이 발견된 것은 볼츠만이 그 해결책을 알고 있다고 믿었던 문제만이 아니라 기체 운동론 전체의 구조와 핵심에 심각한 문제가 있다는 뜻으로 이해되었다. 마흐는 이미 확립된 열역학 법칙에 맞도록 이론을 땜질해야 한다는 것 자체가 이미 실패를 인정한 것이라고 믿었다. 기체 운동론을 옹호하는 사람들은 처음에는 역학 법칙만으로 기체의 성질을 설명할 수 있다고 주장했었다. 이제 그것이 불가능하다는 사실을 알게 되면서, 그들은 처음부터 이론적인 근거가 확실하지 않았던 가정을 수정하기 시작했던 것이다.

마흐에게 결론은 간단했다. 원자론은 자신들이 스스로 달성할 수 있다고 믿었던 목적에 도달하는데 실패했고, 그렇기 때문에 옳지 않을 수밖에 없었다. 이론에 대한 그의 거부감은 분명히 확인되었다. 관찰된 자료들 사이의 관계를 밝혀주는 단순한 법칙에 집착해야만 한다는 그의 고집이 더 믿을 만한 것으로 확인된 것이었다. 마흐와 그의 주장을 옹호하던 사람들의 입장에서 볼 때, 열에 대한 기체 운동론은 이미 지나가 버렸다.

제5장

"적응을 못하시겠군요"
위협적인 프로이센 사람들

  볼츠만은 H-정리를 정립하는 과정에서 수리통계라는 새로운 방법을 도입했지만, 통계학이 물리학 자체와 깊은 관련이 있다는 사실을 제대로 인식하지는 못했다. 열역학 제2법칙은 근본적으로 확률의 문제이기 때문에, 열이 차가운 물체에서 뜨거운 물체로 흘러가는 것은 절대 불가능한 것이 아니라 그럴 가능성이 매우 낮을 뿐이었다. 이러한 사실을 알아낸 공로는 맥스웰에게 돌아갔다. 그렇지만 로슈미트가 제기했던 H-정리에 대한 비판을 계기로 자신의 이론이 가지고 있던 결함을 보완했고, 더 나아가서 열이 잘못된 방향으로 흘러가는 것이 얼마나 불가능한 것인가 또는 더 구체적으로 열역학 제2법칙이 어긋날 수 있는 가능성이 얼마나 낮은가를 정량적으로 밝혀낸 사람은 맥스웰이 아니라 볼츠만이었다.
  이 문제를 해결하는 과정에서 볼츠만은 미묘한 기체 운동론에서 전혀 새로운 시각을 찾아내게 되었다. 여전히 역학(力學)은 핵심적인 요소였다. 원자들은 뉴턴의 법칙에 따라 움직이고, 그런 움직임 속에 기체의 성질에 대한 진정한 이해가 담겨 있었다. 그러나 원자들의 구조를 분석하는 일은 도저히 불가능했기 때문에 볼츠만은 확률과 통계를 앞세움으로서 문제 전체를 전혀 새로운 방향에서 보기 시작했다. 그는 주어진 순간의 속도분포로 표현되는 원자운동의 집합인 기체의 상태 자체가 중요한 이론적 개념이라고 여겼다. 이제 그는 역학에서 많이 쓰던 미분 방정식이 아니라, 확률에 의존해서 그런 상태에 대한 새로운 수학적 해석을 만들어 냈던 것이다.

기체를 구성하는 원자들은 어떤 순간에 정해진 에너지를 가지고 있겠지만, 다음 순간 대부분의 원자들은 충돌에 의해서 각각의 에너지가 바뀌게 되면서 집단 전체가 새로운 에너지 분포를 갖게 된다. 그런 에너지의 집합이 기체의 총괄적인 상태를 나타내게 되고, 끊임없는 원자들의 충돌 때문에 기체는 계속해서 다른 상태로 옮겨가게 된다. 볼츠만은 기체의 그런 상태들이 기본적인 요소가 되는 확률의 미적분학을 정립하기 시작했다.

우선 해결해야 할 문제는, 어떤 원자가 가지고 있는 에너지의 양은 무한히 조금씩 바뀔 수도 있기 때문에 그것을 정확하게 정의하려면 소수점 아래에 무한히 많은 수의 숫자를 적어야만 한다는 것이었다. 그래서 결과적으로는 아주 적은 수의 원자로 구성된 기체의 경우에도 가능한 상태의 수는 무한히 많아지게 된다. 볼츠만은 문제를 해결하기 위해서 원자들이 가질 수 있는 에너지의 범위를 유한한 크기를 가진 일련의 비둘기집의 집합으로 구분하는 방법을 생각해냈다(비둘기집의 원리 *Pigeonhole's Principle*). 예를 들어서 원자들의 에너지를 소수점 아래 세 자리까지 나타내기로 하면, 소수점 아래 네 자리 이하가 다른 에너지는 모두 같다고 여기는 것이다. 그런 방법을 사용하면 기체의 상태는 각각의 비둘기집에 들어있는 원자의 수로 표현된다. 기체의 상태가 바뀌는 것은 어떤 비둘기집에 들어있던 원자가 다른 비둘기집으로 옮겨가는 것에 해당한다. 즉, 비둘기집에 들어있는 원자의 총수는 일정하게 유지되면서, 다만 원자들이 비둘기집에 분포되는 방법만 달라질 뿐이다.

볼츠만은 그런 생각을 통해서 새로운 통찰력을 얻게 되었다. 예를 들어 특정한 방법으로 비둘기집에 배열된 원자들 중에서 무작위로 두 개를 선택해서 서로 자리를 바꾸면, 새로운 상태가 만들어지기는 하지만 각각의 비둘기집에 들어있는 원자들의 수는 변하지 않는다. 그렇기 때문에 새로운 상태의 물리적인 특징은 처음과 똑같게 된다. 이것은 똑같은 물리적인 성질을 가진 기체에 해당하는 원자 분포의 수가 대단히 많다는 중요한 사실을 뜻한다.

볼츠만은 이런 방법을 통해서 단순한 도형적인 도움뿐만 아니라 정량적인 결과를 얻을 수도 있다는 사실을 깨달았다. 그는 일정한 수의 원자가 가지고 있는 에너지의 합은 일정하다는 조건을 만족하는 범위 내에서 원자들을 비둘기집에 무작위적으로 배열시키는 방법을 생각해 보았다. 에너지의 합이 일정하다는 조건은 기체가 정해진 양의 열을 가지고 있다는 뜻이었다.

그는 비둘기집에 원자들이 분포할 수 있는 방법의 수를 분석하기 시작했다. 누구나 짐작할 수 있는 것처럼 모든 원자가 하나 또는 몇 개의 비둘기집에만 들어가게 될 가능성은 매우 낮을 것이고, 대부분의 경우에는 모든 비둘기집에 거의 비슷한 수의 원자들이 고르게 들어가게 될 것이다. 그런데 모든 원자가 하나의 비둘기집에 들어갈 가능성이 매우 낮은 이유는 정확하게 무엇일까? 볼츠만은 그런 방법이 단 하나뿐이기 때문이라는 사실을 깨달았다. 모든 원자들이 똑같은 비둘기집에 들어가야만 하는데, 그런 방법은 단 하나뿐이고, 다른 선택은 불가능하기 때문이었다. 그와는 달리 원자들이 여러 개의 비둘기집에 나누어 들어가면 똑같은 결과를 만들어내는 방법이 여러 가지가 있을 수 있기 때문에 그런 가능성은 훨씬 더 커진다. 원자들의 전체적인 분포가 일정하기만 하면, 원자 A가 1번 비둘기집에 들어가고, 원자 B가 2번 비둘기집에 들어가는 것과 그 순서가 바뀌는 것 사이에는 아무런 차이가 없기 때문이다.

볼츠만은 그런 중요한 통찰력 덕분에 가장 위대한 업적을 이룩하게 되었고, 그것은 오늘날 그의 과학적 업적 중에서 가장 훌륭한 결과로 인정받게 되었다. 그는 1877년에 발표했던 논문에서 원자들을 동등하게 배열할 수 있는 방법의 수를 계산함으로써 원자 분포의 확률을 알아낼 수 있는 방법을 제시했다. 그런 분석을 통해 볼츠만은 가장 가능성이 높은 분포는 다름 아닌 맥스웰-볼츠만 식으로 주어지는 분포라는 중요한 결과를 찾아냈다. 볼츠만의 새로운 분석에 의하면 열적 평형은 정해진 수의 원자들이 정해진 양의 에너지를 나누어 갖는 방법 중에서 가장 가능성이 큰 분포에 해당하게 된다.

그러나 실제로 볼츠만이 얻은 결과는 그 이상이었다. 원자들이 비둘기집에 분포하는 방법이 아무리 특수한 경우에도 그런 분포가 얻어질 확률을 똑같은 방법으로 계산할 수 있었다. 그 분포가 열적 평형에 해당하는 최적의 분포에 가까울수록 그 가능성은 크고, 최적의 분포에서 멀어질수록 가능성은 낮았다. 이번에도 역시 그는 어떤 분포가 평형에 가까운 정도와 엔트로피의 관련성을 발견했다. 볼츠만은 원자들이 어떤 분포를 하고 있을 때의 엔트로피는 그런 분포를 만들어낼 수 있는 방법의 수에 로그를 붙인 것에 비례한다는 오늘날의 물리학자들에게 잘 알려진 간단한 식을 유도하게 되었다. 아무리 일반 독자를 위한 책이라고 하더라도 한 개의 식은 허용이 될 것이다. 볼츠만의 식을 현대적인 형태로 적으면 다음과 같다.

$$S = k \log W$$

여기서 S 는 엔트로피이고, W는 원자들을 정해진 방법으로 비둘기집에 분포시키는 방법의 수이고, log 는 상용로그를 뜻한다(로그는 지수함수의 역으로, W가 커지면 함께 증가하지만, 그 증가 속도는 점차 줄어든다). 1877년까지도 기체에 들어있는 원자의 수를 정확하게 알 수가 없었기 때문에 볼츠만은 S와 $\log W$ 사이의 비례 관계만을 제시했었다. 오늘날 볼츠만 상수라고 알려진 k의 값은 훗날에 결정되었다.*

볼츠만이 1877년에 캐낸 보석인 이 간단한 식은 엔트로피를 계산하고, 그것을 이해하는 완전히 새로운 방법이 되었다. 그것은 그가 5년 전에 유도했던 H라는 양과 밀접하게 관계되어 있었다. 그러나 H는 끊임없이 충돌하고 있는 원자들의 움직임에 대한 동역학적 분석으로부터 얻은 것이었지만, S는 원자들을 비둘기집에 던져 넣는 어린아이 장난처럼 보이는 방법을 이용해서 유도되었다. 원자들의 분포를 만들어내는 방법의 수가 많을수록 그런 분포에 해당하는 엔트로피는 커진다. 볼츠만은 S와 H가 근본적으로 같은 것이고, 두 양 모두 1865년에 클라우지우스가 실제 기체의 물리적 성질로부터 발견했던 열역학적 엔트로피와 동일한 것임을 밝혀냈다.

---

* 역자 주: $1.3806503 \times 10^{-23}$ J/K의 값을 가진 상수 k로 기체의 압력(p), 부피(V), 온도(T), 그리고 기체에 들어있는 분자의 수(N)로부터 k = pV/NT의 관계식에 의해서 얻어진다. 기체분자의 평균 운동 에너지와 온도의 관계를 나타내는 상수이기도 하다.

1877년의 결과에서 가장 특이한 점은 물리학이 거의 들어있지 않은 것처럼 보인다는 사실이다. H를 유도하는 과정에서는 원자들이 열적 평형이라는 안정한 분포에 도달할 때까지 끊임없이 서로 쫓아다니면서 충돌한다는 생각이 필요했다. 그러므로 엔트로피의 증가는 원자들의 움직임에 적용되는 역학의 직접적인 결과였다. 그러나 S의 정의에서는 적어도 표면적으로는 원자의 움직임에 대한 역학적인 설명이 사라져 버렸다. 볼츠만은 원자들의 분포가 어떻게 만들어져서 어떻게 변화할 것인가에 대해서는 생각할 필요도 없이, 원자들의 가능한 상태 또는 배열에 대해서만 생각함으로써 엔트로피를 정의할 수 있게 된 것이다.

그렇지만 그 속에는 분명히 물리학적인 내용이 담겨져 있어야만 했고, 실제로도 그랬다. 기체원자들 사이의 끊임없는 충돌 때문에 원자들이 비둘기집에 들어가는 분포로 나타나는 기체의 상태는 끊임없이 바뀌게 된다. 볼츠만의 주장은 기체가 평형을 향해 진화해 가는 과정에서 가능성이 있는 상태를 전부 탐색해보게 되고, 그 과정에서 단순히 확률적인 이유 때문에 가장 가능성이 높은 배열에서 대부분의 시간을 보내게 된다는 것이었다. 그런 설명에는 기체가 특별히 선호하는 상태가 있는 것이 아니라, 모든 가능한 상태를 일종의 등확률 법칙에 따라 균등하게 탐색하게 된다는 미묘한 가정이 담겨져 있다. 볼츠만은 바로 그런 가정 때문에 간단한 확률 계산으로 기체원자 대부분이 시간을 보내게 되는 상태를 알아낼 수 있다고 믿었던 것이 분명하다.

원자들이 돌아다니면서 서로 충돌하는 과정에서 어떤 상태에 있게 될 확률이 상태에 상관없이 똑같다는 핵심적인 가정은 역학에서 발생하는 복잡하지만 핵심적인 모든 문제를 단순화 시켜버렸다. 원자들의 상태가 변화하는 과정은 근본적으로 볼츠만이 H-정리를 정립하는 과정에서 다루었던 역학의 문제였다. 이제 그는 그런 복잡한 과정을 원자들이 들어갈 수 있는 상태에 대해서 어느 특정한 상태도 선호하지 않는다는 간단한 가정으로 대체할 수 있게 되었다.

등확률 법칙은 충분히 가능한 생각이기는 하지만, 정확하게 설명하기는 어렵고 이론적으로 해석하기는 더욱 어려운 것이었다. 엄밀하게 말하면, 그런 법칙은 정확하게 성립될 수가 없다. 모든 원자의 운동 상태를 무한히 정밀하게 정의한다는 것은 무한한 정밀성을 요구할 뿐만 아니라, 가능한 상태의 수가 무한히 많다는 뜻이기도 하다. 그런데 원자들을 근사적인 에너지 값에 따라 적당한 비둘기집에 넣어야 하는 볼츠만의 분석에는 원자의 상태가 적당한 시간 동안 다른 모든 가능한 상태로 변화할 수 있도록 서로 인접해 있어야만 했다. 그러나 얼마나 가까운 것이 충분히 가까운 것이고, 얼마나 긴 시간이 적당한 시간일까?

그런 질문은 대답하기 매우 어려운 것이었다. 그래서 볼츠만의 1877년 논문은 심오하고, 광범위하면서도 매우 당혹스러운 것이었다. 단순히 기회와 가능성으로부터 엔트로피를 정의했다는 점에서 심오했고, 오늘날의 디지털 정보나 통신의 경우까지 포함해서 질서와 무질서가 함께 섞여 있는 모든 경우에도 엔트로피를 계산할 수 있도록 해주었기 때문에 광범위한 것이었지만, 증명은 제쳐두고 정확한 설명도 어려운 가정을 근거로 한 것이어서 당혹스러웠다.

그의 새 이론에는 로슈미트의 주장이 새로운 모습으로 숨겨져 있었다. 볼츠만은 어떤 시스템이든 상관없이 시간이 흐르면 가능성이 더 낮은 분포에서 가능성이 더 높은 분포로 변하게 되는 경향이 있기 때문에 엔트로피가 증가하게 된다고 주장했다. 그의 이러한 주장은 결국 "가능성"이라는 말의 진정한 뜻이었다. 그렇지만 그것은 철저한 규칙이 아니라 경향에 불과한 것이었다. 로슈미트가 지적했던 것처럼 원자들이 가끔씩이라도 볼츠만의 H가 잘못된 방향으로 변화하도록 움직일 수가 있다면, 계가 짧은 시간 동안이기는 하더라도 가능성이 더 낮은 상태로 변화해서 엔트로피가 증가하는 대신 일시적으로 감소할 수도 있을 것이다. 다만 이제 그 가능성을 숫자로 표현할 수 있게 된 것이다. 볼츠만의 방법을 이용하면 얼마나 많은 상태가 가능성이 높고 낮은가를 구체적으로 표현할 수 있다. 만약 가능성이 높은 상태가 가능성이 낮은 상태보다 백만 배나 더 많다면, 계가 "반-엔드로피적"인 방향으로 변화하게 되는 확률은 백만분의 일이 될 것이다. 그때까지는 이런 계산을 할 수가 없었다. 이제 볼츠만은 핵심적인 어려움을 극복했고, 열이 잘못된 방향으로 흘러갈 수 없다는 것이 정확하게 무슨 뜻인가를 밝혀냈다고 생각했다.

볼츠만이 엔트로피에 대한 통계적인 식을 발표한 것은 결혼 후 그라츠로 옮겨간 다음 해였다. 한동안 중단되었던 기체 운동론에 대한 그의 관심은 완전히 되살아났다. 그는 1877년 한 해 동안에 모두 5편의 논문을 발표했는데, 그 중 4편이 원자와 분자에 대한 이론이었다(나머지 한 편은 간단한 수학 문제에 대한 것이었다). 그는 연구 활동을 완전히 중단했던 적은 없었지만, 이제 자신의 입장이 과거처럼 단순하지만은 않다는 사실을 깨닫게 되었다. 볼츠만은 더 이상 자신의 일에만 몰두할 수 있는 과학자가 아니었다. 그라츠로 옮기고 일 년쯤 지난 후에 퇴플러에게 보낸 편지에서 그는 자신의 그런 변화를 진지하기는 하지만 농담처럼 표현했다. "이전에는 먹고 자기위한 방만 있으면 충분했지만, 이제는 헨리에테가 더 고급스러운 것을 요구합니다. 내가 전에 따르던 원칙이 옳은 것 같습니다. 나의 성공이 방의 크기와 훌륭함에 비례하는 것은 아니라고 생각합니다. 사람들이 결혼을 하면 조금은 더 게을러질 것이라고 예상은 했지만, 이 정도는 도저히 믿기 어렵습니다."[2]

6개월 후에 다시 퇴플러에게 보낸 편지에서 볼츠만은 사정이 조금 나아지기는 했지만, 여전히 자신이 과학계의 중심에서 너무 멀리 떨어져 있어서 지적인 자극을 받기 어렵다는 점에 대해 불평했다. 부인을 비롯해서 점점 늘어나는 가족과 함께 그라츠에 사는 몇 년 동안 그는 퇴플러에게 편지를 보내 끊임없이 이런저런 불평을 늘어놓았다. 가끔씩 그의 건강에도 문제가 생기곤 했다. 1879년의 편지에서 그는 훗날 그를 계속 괴롭혔던 천식과 나쁜 시력 때문에 어려운 계산을 도와줄 조수를 고용하느라고 약간의 비용을 지불하게 되었다는 사실을 처음으로 언급했다.

그는 로슈미트를 비롯한 빈의 동료들로부터 떨어져서 고립된 것에 대해 여러 차례 불평을 털어놓았다. 그러나 그가 고립된 생활을 했던 것은 대부분 자신의 책임이었다. 그는 슈테판이나 로슈미트와 서신왕래도 하지 않았고, 헨리에테와의 연애 기간 중에는 수도 없이 오고갔던 그라츠와 빈 사이의 여행도 갑자기 그만두어 버렸다. 그가 다시 빈을 방문한 것은 스위스로 신혼여행을 다녀오고 6년이 지난 후였다.

가끔씩은 자신에게 맡겨진 행정 업무와 강의 부담에 대해서도 불평을 했다. 그는 슈테판에 앞서서 빈의 물리학 연구소 소장이었던 안드레아 폰 에팅스하우젠의 조카인 알베르트 폰 에팅스하우젠을 조수로 데리고 있었다. 젊은 그는 볼츠만의 실험 물리학 강의를 도와주었고, 연구소를 운영하고 학생들을 가르치는데 필요한 일상적인 업무의 많은 부분도 대신 처리해 주었다. 그럼에도 불구하고 볼츠만은 상당한 양의 강의를 소화해 내야만 했다. 교육부는 재능있는 실험가이면서 훌륭한 이론 물리학자였던 볼츠만을 채용한 것이 일석이조라고 생각했기 때문에 그를 십분 활용하였다. 그러나 그가 그라츠의 교수직에 임명되는데 도움이 되었던 재능은 이제 그에게 부담이 되고 있었다. 몇 년 동안 그는 여러 가지 수리 물리학 강의 이외에도 실험 물리학과 실험 강의를 담당해야만 했기 때문이다.

그는 맡은 일을 잘하고 싶어했다. 그는 그라츠 대학에 입학하는 많은 수의 의과대학과 약학대학의 학생들에게 초급 과목을 가르쳐야 했다. 그는 평생 연구에 전념하지 않을 것이 분명한 학생들이라도 자신이 가르치는 내용을 이해할 수 있도록 진심으로 노력했다. 훗날 어느 동료는 "그는 강의실에 있는 모든 학생들이 그의 이야기를 이해했다고 확신할 때까지 쉬지 않고 가르쳤다"[5]고 기억했다. 물론 그는 자신의 부지런함에 대한 대가를 치러야만 했다. 젊은 화학자 네른스트와 아레니우스가 느꼈던 것처럼 볼츠만은 기초 과목의 강의에 너무 열중했던 나머지 고급 과목의 학생들을 돌볼 여유가 없었다. 그러나 네른스트와 아레니우스가 회고했던 것처럼, 볼츠만은 과학에 대해서 자신만큼 매력을 느끼고 있다고 보이는 학생들과도 오랜 시간을 함께 보내는 경우가 많아서 그가 연구를 위해 갖는 시간은 더욱 부족할 수밖에 없었다.

그는 퇴플러에게 자신이 결혼한 후부터 게을러졌다고 고백했지만, 그라츠로 옮긴 초기에는 많은 수의 논문을 발표했었다. 그는 기체 운동론에 다시 관심을 가지고 엔트로피에 대한 통계적인 식을 유도한 후에는 다시 전기와 자기 현상의 연구에 몰두했다. 그 후에 다시 기체 운동론에 관심을 갖게 되어서 기체의 확산과 점성도를 원자론으로 설명하는 몇 편의 논문을 발표했고, 오늘날 슈테판-볼츠만 법칙으로 알려진 전자기 복사(輻射)의 에너지와 압력에 대한 열역학적 설명에 대한 논문도 발표했다. 몇몇 동료들이 지적했던 것처럼 그는 부끄러움을 잘 타는 비사교적인 사람이었는지는 모르지만, 어린 자녀들을 돌보아야 하는 부담에도 불구하고 이 기간 동안에 발표했던 논문의 양을 보더라도 그가 사교계에 자주 나가지 못했던 것은 당연한 일이었다.

  1880년대에는 볼츠만의 두 가지 위대한 업적이라고 할 수 있는 엔트로피에 대한 통계적 정의와 H-정리에 대해서 더 이상의 연구가 이루어지지 않았다. 특히 독일지역에서는 절대적인 열역학 법칙을 확률을 이용해서 설명하는 것이 근본적으로 잘못되었다는 생각이 지배적이었다. 기체 운동론을 비판하는 사람들은 볼츠만의 연구를 완전히 무시해버렸고, 한동안 볼츠만도 자신의 생각을 바꿀 시간이나 에너지를 갖지 못했다.

  그의 동료나 그에게 갈채를 보낼 수 있었던 유일한 사람들도 역시 갈등을 느끼고 있었다. 맥스웰은 1878년에 그가 "볼츠만의 정리"라고 불렀던 결과에 대한 자신의 분석 결과를 발표했다. 그것은 맥스웰이 자신의 논문 제목에서 오스트리아 물리학자의 이름을 언급했던 유일한 논문이었다. 그러나 이 때 맥스웰이 관심을 가지고 있었던 것은 H-정리가 아니라, 원자 속도의 분포를 나타내는 맥스웰 식을 운동 에너지가 아닌 다른 형태의 에너지를 가진 원자들에게도 적용되는 맥스웰-볼츠만 분포로 일반화시켰던 볼츠만의 1868년 결과였다.

  깊은 통찰력을 가지고 있었던 맥스웰은 이 경우에도 볼츠만이 통계적인 엔트로피 식을 증명하는 과정에서 분명하게 도입했던 "등확률 법칙"을 사용하고 있다는 사실을 깨달았다. 다시 말해서, 원자들이 움직이는 동안 상호작용을 통해서 서로 에너지를 교환하는 과정에서 결국 원자는 모든 종류의 에너지를 똑같이 교환하게 된다. 그래야만 특정한 범위의 에너지를 가진 원자의 수가 그런 분자들이 가지고 있는 에너지의 형태에 상관없이 똑같은 맥스웰-볼츠만 분포가 된다. 그런 사실은 당시는 물론이고 지금까지도 이해하기 어려운 미묘한 문제였다. 맥스웰은 1878년에 그런 법칙과 관련된 몇 가지 문제에 대해서 새로운 사실을 밝혀내기는 했지만, 그것이 반드시 성립되어야 한다는 사실을 증명하지는 못했다.

완벽하지 못했던 그 논문은 맥스웰이 기체 운동론에 대해 발표했던 마지막 분석이었다. 1877년부터는 그의 건강이 악화되었다. 소화 기능에 문제가 있었지만 일년이 넘도록 탄산소다를 마시는 것 이외에 특별한 치료를 하지 않았고, 자신의 병에 대해서 다른 사람들에게 말하지 않았다. 의사도 그런 그에게 아무 것도 해줄 수가 없었다. 어렸을 때 어머니가 내장암으로 고통스럽게 돌아가시는 모습을 보았던 그가 이제는 같은 운명을 겪게 된 것이었다. 그 후 2년 동안 그는 건강이 허락하는 내에서 가끔씩 연구를 하기도 했지만, 친구들과 동료들에게는 재치와 위트가 가득찬 편지를 계속 보내주었다. 맥스웰은 1879년 11월에 48살의 나이로 사망했다.

언젠가 맥스웰은 "볼츠만의 연구결과로는 그를 이해할 수가 없다"는 편지를 테이트에게 보내기도 했지만, 그는 볼츠만이 어떻게 그런 수수께끼 같은 결론을 얻게 되었는가를 설명한 복잡한 논문을 제대로 이해하려고 노력하지 않았다. 마지막 논문에서 그는 마침내 그 문제를 해결할 수 있는 방법을 찾은 것 같다고 말했지만, 그의 성급한 시도는 볼츠만에게는 물론이고 물리학계 전체에도 매우 불행한 일이었다. 볼츠만은 남은 일생동안 자신의 통계적인 방법에 대한 반박과 자신이 제안한 이론의 의미에 대한 혼란 때문에 괴로워했지만, 반대론자들에게 설득력 있는 설명을 제시하지 못해서 무척 힘들어했다. 맥스웰의 엄밀함과 명백함은 그런 볼츠만에게 큰 도움이 되었을 것이 분명했다.

  그 후 십여 년 동안 볼츠만에게 영향을 주었던 사람들이 차례로 사망했다. 1885년 1월에는 볼츠만의 어머니가 75세 생일을 맞은 뒤 나흘 만에 사망했다. 당시 볼츠만이 41세 생일을 몇 주 앞두고 있을 때였다.

  이미 결혼 후 거의 10년이 지났고 자식을 넷이나 두었던 볼츠만이었지만, 어머니의 죽음은 여전히 큰 충격이었다. 그는 심한 우울증에 빠져들었고, 그동안 일정하게 유지되어오던 논문 발표도 중단되어 버렸다. 그해에 그는 단 한 편의 논문만을 발표했고, 편지도 쓰지 않았던 것으로 알려졌다. 그의 어머니는 처음부터 그의 교육과 사회생활을 이끌어왔고, 자기 자신과 가족의 모든 힘을 똑똑한 아들을 위해 바쳤다. 그녀는 아들이 유럽의 유명 인사들과 관계를 맺게 되었다는 것 이외에는 과학 자체에 대해 별 흥미를 느끼지 못했지만, 그의 성공을 위해 모든 노력을 아끼지 않았던 어머니의 존재만으로도 볼츠만에게는 큰 도움이 되었다. 이제 그런 어머니가 돌아가신 것이었다. 볼츠만은 가정을 돌보는 일을 비롯해서 여러 가지 일에 대해서 헨리에테에게 의지했지만, 과학의 경우에는 그녀에게 의지했던 적이 없었다. 그는 절친하게 지내던 학계의 동료도 없었고, 실제로 그라츠는 케임브리지나 베를린, 그리고 빈에서도 너무 멀리 떨어진 곳이라고 느끼고 있었다. 그는 자신의 대표적인 업적인 기체 운동론 덕분에 일찍부터 어느 정도의 성공을 거두기는 했지만, 이제는 혼란스러운 의문에 대해 스스로에게도 설득력이 있는 답변을 찾아내지 못하는 막다른 길에 도달해버린 것처럼 느껴졌다. 중년에 이른 볼츠만은 사회적으로 존경받고 있었지만, 개인적으로는 좌절을 느끼고 있었고, 그동안의 성공도 확실하지 않아 보였다.

1897년 10월에는 훌륭한 물리학자였던 구스타프 키르히호프가 사망했다. 두 사람은 20여 년 전에 하이델베르크에서 만난 이후로 교류를 하지는 않았지만, 그 때의 만남을 즐겁게 기억했던 볼츠만은 키르히호프를 훌륭한 물리학자로 존경하고 있었다. 그 사이에 베를린 대학의 교수가 되었던 키르히호프는 독일 물리학계에서 최고의 지위에 올랐다. 그의 죽음으로 독일어권에서 가장 중요한 대학의 교수석이 공석이 되었고, 이것은 당장 볼츠만에게 영향을 미치게 되었다.

볼츠만이 키르히호프의 후계자로 주목을 받게 된 것은 당연한 결과였다. 그는 세계적인 명성을 얻고 있던 몇 안 되는 이론 물리학자 중의 한 사람이었다. 기체 운동론에 대한 그의 논문들을 제대로 읽고 이해했던 물리학자는 거의 없었고, 그의 이론 자체도 논란의 대상이 되기는 했지만, 그의 업적은 대가의 것으로 평가되었다. 그를 베를린의 교수로 추천하기 위해 작성된 내부 문서에는 볼츠만을 기체 운동론에서 "가장 난해하고 추상적인 문제들을 해결한 뛰어난 통찰력을 가진 훌륭한 수학자"라고 평가하고 있었다.[4] 전기와 자기, 그리고 수리 물리학 전반에 대한 그의 연구들도 대단히 훌륭하다고 할 수는 없지만 괜찮은 것이었다. 더욱이 그는 베를린을 방문했었고, 독일 물리학계의 추상같은 "수상(首相)"이었던 헬름홀츠도 알고 있었다. 볼츠만이 그라츠에 있는 동안 두 사람은 가끔씩 편지를 주고받기도 했다.

1880년대 말이 되어가면서 볼츠만에게는 직장을 옮겨야 할 여러 가지 이유가 생겼다. 1887학년도부터 볼츠만은 그라츠 대학의 총장이 되었다. 적어도 공식적으로는 대학 전체의 행정 업무를 책임져야 했다. 볼츠만은 그런 일이 적성에 맞지 않았고 흥미도 없었지만, 자신의 희망과는 상관없이 점점 더 중요한 직책을 맡게 되었다. 총장이었던 볼츠만은 합스부르크 왕국의 민족주의적 긴장으로 인한 학생들의 시위를 해결해야만 했다. 독일계 학생들은 오스트리아-헝가리에 살고 있던 헝가리 사람만이 아니라 체코, 슬로바키아, 폴란드, 세르비아 사람들을 포함한 모든 비독일계 사람들에 대해 반감을 표시하기 시작했다. 그런 학생 단체들은 오스트리아를 비롯해서 유럽 전역에 살고 있는 모든 독일인을 포함하는 "대 독일"을 꿈꾸고 있었고, 빈의 황제가 아니라 베를린의 카이저(독일 황제)를 자신들의 지도자로 여겼다. 1887년 11월에는 술에 취한 학생들이 폭동을 일으켜서 프란츠-요제프 황제 부부의 흉상을 파괴해 버렸다.

오스트리아 대학의 모든 교수들은 교육부를 통해서 황제의 지휘를 받고 있었다. 볼츠만은 그라츠 사건의 주동자였던 학생들을 처벌해야 했지만, 더 이상의 반발과 폭력을 유발시키지 않으려고 노력했다. 빈의 정부는 그런 그의 활동을 지켜보고 있었다. 그라츠를 비롯한 여러 지역에서 일어났던 민족주의적 학생 시위에 대해서 볼츠만은 언젠가 방문했던 농장에서 꼬리가 오른쪽으로 감긴 돼지와 왼쪽으로 감긴 돼지들을 보았는데, "꼬리가 왼쪽으로 감긴 돼지들이 무리를 지어서 꼬리가 오른쪽으로 감긴 돼지들을 배척했는지 모르겠다"는 말을 했다고 전해진다.[5] 그런 말이 슬기로운 것일지도 모르지만, 극도로 흥분했던 학생들을 진정시키는 데는 아무런 효과가 없었다.

그라츠의 폭동은 결국 유능한 관리들의 도움으로 한동안 진정되었으나 평온한 도시라는 그라츠의 명성은 이미 사라진지 오래였다. 10여 년에 걸친 그라츠에서의 비교적 행복했던 볼츠만의 안식도 그와 함께 막을 내리고 있었다.

베를린 교수직의 후보로 프로이센의 수도를 방문했던 볼츠만은 그곳에서 최고의 환대를 받았다. 볼츠만처럼 탁월한 사람에게도 프로이센의 권력이 집중되어 있던 베를린의 교수로 취임하는 것은 꿈같은 일이었음에 틀림없다. 1888년 1월에 베를린에 있던 볼츠만은 다음 해 가을부터 베를린의 교수로 부임할 뜻이 있음을 밝히는 양해 각서에 서명했다. 급여, 담당 업무, 사택과 같은 문제들은 추후에 합의하기로 했다. 그의 편지를 손에 쥔 베를린 당국은 독일 황제의 허가를 비롯한 공식적인 임명 절차를 밟기 시작했다. 빈의 오스트리아 정부에서도 교수를 채용하기 위해서는 프란츠-요제프 황제의 허가를 받아야 했다. 그렇게 권위 있는 교수직에 임명될 후보에 대해서 독일 황제도 상당한 관심을 가지고 있었던 것은 당연했다.

볼츠만이 실제로 베를린의 교수직을 수락하는 편지에 서명했다는 사실이 그라츠에 알려지지는 않았지만, 그 지역의 신문을 통해서 그가 베를린을 방문했다는 것과 그곳을 방문한 이유는 보도가 되었다. 그리고 두 달이 지난 3월에는 독일 황제가 공식적으로 그의 임명을 허가했다. 그 사이에 오랫동안 볼츠만의 조수로 일했던 알베르트 폰 에팅스하우젠은 볼츠만이 그라츠를 떠난다면 자신도 더 안정된 직장을 찾는 것이 좋겠다고 생각했고, 2월에는 고등기술학교의 물리학 강사로 부임할 것임을 밝혔다. 한편 그라츠 대학의 또다른 물리학 강사였던 하인리히 슈트라인츠Heinrich Streintz는 자신의 연구를 위해 더 많은 지원을 해줄 것을 대학에 요구했다. 볼츠만이 그라츠를 곧 떠날 것이라는 소문이 퍼지면서, 오랫동안 그의 그늘에 안주했던 다른 물리학자들도 더 나은 곳을 찾아 자리를 옮기게 되었다.

그러나 겉으로 드러난 것이 전부는 아니었다. 베를린에서 볼츠만을 모셔갈 것이라는 소식이 빈의 관리들에게 전해지면서 국가의 위신에 대한 문제가 제기되었다. 볼츠만의 업적을 정확하게 이해할 수 없었던 합스부르크 왕가의 관리들도 《빈 과학원 회보》에 실렸던 엄청난 분량의 논문들은 직접 볼 수가 있었고, 케임브리지, 하이델베르크, 괴팅겐은 물론이고 베를린의 과학자들도 볼츠만의 업적을 높이 평가하고 있다는 사실은 잘 알고 있었다. 프로이센에서 그를 모셔가고 싶어한다는 사실 자체가 볼츠만이 위대한 사람이라는 증거였고, 그래서 볼츠만을 오스트리아의 어느 곳에라도 남아있도록 설득하는 것이 중요하게 되었다.

볼츠만은 교육부 장관으로부터 "당신이 그라츠 대학과 조국을 위해 더 이상 봉사하지 않게 된다면 매우 유감스러운 일이 될 것이며, 당신이 현재의 자리에 그대로 머물러 있기를 강력하게 희망한다"는 편지를 받게 되었다.[6] 볼츠만은 자신을 찾아온 관리에게 아직 마음을 결정하지 못했음을 분명하게 말하고, 그것을 서류로 작성해 주어야만 했다.

이제 그는 곤경에 처하게 되었다. 그는 이미 이듬해 가을부터 베를린의 새로운 교수로 부임할 것을 약속하는 편지에 서명을 한 입장이었다. 그런데, 빈 정부에게는 그런 약속을 한 적이 없다고 말했을 뿐만 아니라, 그것을 서면으로 확인해주어야만 했다. 볼츠만은 자신과 자신의 선택에 대해서 깊은 관심을 가지고 있던 독일 황제와 오스트리아 황제에게 서로 다른 약속을 하는 입장에 서게 된 것이다.

한편 볼츠만이 그렇게 미묘한 입장에 빠지게 된 데에는 사소한 언어학적인 핑계가 있었다. 영국에서는 대학이 직접 교수를 임명하지만, 독일에서는 대학이 교수로 임명하고 싶어하는 사람에게 "취임 요청서 Ruf"를 보낸다. 19세기에는 베를린이나 빈의 왕실에서 황제의 이름으로 그런 취임 요청서를 발급했다. 그런 요청을 거부하는 것은 황제의 소환을 거부하는 것과는 다른 문제로 해석되었다.

볼츠만의 기만적인 행동을 선의로 해석한다면, 베를린에서 양해 각서에 서명했던 볼츠만은 독일 황제의 허가를 받으려면 상당한 시간이 필요할 것이므로 자신은 단순히 그럴 가능성에 대해서 약속을 했을 뿐이라고 생각할 수는 있을 것이다. 그래서 난처한 입장에 처한 볼츠만이 그라츠로 자신을 찾아온 빈의 관리에게 진실을 알려주고 싶지 않았을 것이다. 어쨌든 그는 난처한 사태를 해결해야만 했다.

볼츠만은 베를린과의 약속을 지킬 것인가에 대해서 마음 속으로 망설이고 있었다. 볼츠만이 사망한 후에 알려진 이야기에 의하면, 그를 망설이게 만든 것은 헬름홀츠 부인이 그에게 했던 운명적인 말 한마디 때문이었다. 베를린을 방문하고 있던 어느 날 볼츠만은 헬름홀츠 교수 부부와 저녁식사를 함께 하게 되었다. 포크와 나이프를 제대로 사용하지 못했던 볼츠만에게 헬름홀츠 부인은 "볼츠만 선생님, 당신은 베를린에 적응을 못하시겠군요"라고 말했다.[7] 그보다 몇 년 전에 볼츠만은 자신이 물리학에 관한 한 헬름홀츠를 다른 어떤 사람보다 존경하지만, 개인적으로는 접근하기 어려운 사람으로 생각한다고 말했었다. 이제 위대한 물리학자의 부인이 볼츠만의 불편함을 더 심각하게 만들어준 셈이었다.

오스트리아 정부로부터 압력을 받은 볼츠만은 느닷없이 베를린 당국에게 자신의 임명 계획을 취소해 줄 것을 요청하는 편지를 보냈다. 언제나 문제가 되었던 시력이 더욱 나빠졌으며, 유감스럽지만 그가 맡게될 강의를 감당할 수도 없을 것 같다는 핑계를 담았다. 볼츠만에게는 유감스럽게도 베를린은 그에게 매우 동정적이었다. 그들은 베를린에 있는 많은 훌륭한 의사들이 그를 도와줄 수 있을 것이라고 볼츠만을 안심시켰다.

그러는 동안 빈 정부는 볼츠만을 그라츠에 묶어두기 위해서 그의 봉급을 올려주기로 결정했다. 베를린과의 약속을 파기하는 데에 실패한 볼츠만은 1888년 6월 초, 오스트리아 정부에게 자신의 이적을 허가해 줄 것을 요청했다는 편지를 베를린으로 보냈다(교수로 임명될 때는 물론이고, 교수직에서 사퇴할 때도 황제의 허가가 필요했다). 그러나 어려움에 처한 물리학자는 6월 24일에 독일의 관리에게 두 통의 이상한 편지를 보냈다. 한 통의 편지에서는 자신의 나쁜 시력과 관련된 어려움을 다시 제기하면서 자신은 훌륭한 대학에서 수리 물리학을 가르칠 자신이 없다고 실토했다. 독일에서 가장 훌륭한 이론 물리학자로 알려진 대학자가 "이곳 그라츠에서 주로 의과대학과 약학대학 학생들에게 실험 물리학을 가르치던 내가 베를린의 새 교수로 임명되면 완전히 새로운 수리 물리학을 가르쳐야 한다"고 주장한 것이다.[8] 그는 이 편지에 두 통의 건강 진단서를 동봉했다. 하나는 안과 의사가 볼츠만의 시력이 위험한 상태이고 예후가 좋지 않다고 진단한 것이었고, 다른 하나는 당시 그라츠 대학의 교수였고 잘 알려진 정신과 의사였던 리차드 크라프트-에빙 *Richard Krafft-Ebing* 이 신경쇠약증을 앓고 있는 볼츠만의 심리 상태가 좋지 않다고 진단한 것이었다. 볼츠만은 그런 진단서를 근거로 베를린의 교수직을 수락했던 자신의 약속을 파기해 줄 것을 간청했다.

다른 한 통의 편지는 그와 편지를 주고받던 베를린의 관리에게 보낸 비공식적이고 개인적인 것이었다. 짧은 편지였지만 자신의 뜻을 분명하게 밝히고 있었다. 자신의 신경쇠약이 점차 악화되고 있다고 밝히면서, 처음에는 베를린의 교수직에 임명된다는 사실에 너무 흥분했었지만 이제는 자신이 키르히호프의 후계자로는 적절하지 않다는 결론을 얻게 되었음을 밝혔다. 그리고 자신의 우유부단함 때문에 생긴 모든 문제에 대해서 사과했다.

그는 그 후에도 자신의 마음을 두 번이나 바꾸었다. 6월 27일에는 자신이 6월 24일에 보냈던 편지를 열어보지 말고 돌려보내 달라는 지급 전보를 베를린으로 보냈고, 바로 다음 날에는 전날 보냈던 전보를 무시하고 편지를 개봉해서 읽어달라는 내용의 전보를 다시 보냈다. 어쨌든 볼츠만의 편지들은 개봉이 되었고, 서로 모순되는 내용에 어리둥절해진 프로이센의 관리들은 그라츠의 동물학 교수였으며 당시 베를린에 거주했던 프란츠 슐제 *Franz Schulze*라는 볼츠만 가족의 친구를 통해서 볼츠만의 부인과 연락할 수 있었다. 베를린의 관리들은 볼츠만이 정말 빈 정부에 그라츠의 교수직에서 사퇴하겠다는 뜻을 밝혔는가와 지금도 그 자리에 계속 남아있을 수 있는가를 알고 싶어했다. 그녀는 볼츠만이 총장직을 맡으면서 더욱 약해졌고, 지금은 더욱 악화된 신경쇠약 때문에 공식적인 사직 요청은 하지 못했다고 대답했다. 그녀는 여름이 지나면 그의 기력이 회복될 것을 기대하고 있다고 말했다. 그러나 볼츠만에게 가장 좋은 선택이 무엇인가를 확실하게 밝히지는 않았다. 그녀는 "그에게 베를린 교수직을 포기하는 것이 얼마나 힘든가를 잘 알고 있고, 그 자리를 포기해버리면 남은 평생 동안 후회하게 될 것이 두렵다. 어떻게 해야 할 것인지 모르겠다!"고 밝혔다.[9]

그녀의 편지를 받은 슐제는 베를린 관리에게 "이 불쌍한 친구가 어느 쪽이거나 결정을 해야만 마음의 평정을 찾게 될 것"이라고 하면서 볼츠만과의 약속을 파기해줄 것을 요청했다.[10] 독일 황제는 7월 9일에 그의 추천을 받아들였고, 볼츠만은 마침내 6개월 동안의 괴로움과 혼란에서 벗어나서 자유를 찾게 되었다.

그러나 볼츠만은 쉽게 정상을 회복하지 못했다. 베를린의 교수직을 얻지 못한 것은 그의 평생에서 자신의 몫이라고 생각했던 것을 얻지 못했던 첫 번째 실패였고, 처음으로 자신의 능력에 대해 자신이 없다고 실토했던 경우였다. 자신의 이론 물리학 연구에서는 스스로 답을 찾을 수 있을 것이라는 자신감을 가지고 있었기 때문에 논리와 일관성만 유지한다면 어려운 문제를 성공적으로 헤쳐나갈 수 있었다. 볼츠만은 자신이 어려운 문제를 풀지 못하고 실패하는 경우를 생각해본 적이 없었다. 빈 대학의 수학 교수로 임명되었을 때도 필요하면 허가를 받아야 하기는 했지만 자신이 선택한 이론 물리학 문제를 가르칠 수가 있었다.

미덕이라고 할 수는 없겠지만 흐리멍텅한 것(fortwursteln)은 오스트리아 사람들의 잘 알려진 특징이었다. 그러나 프로이센 사람들은 달랐다. 프란츠-요제프가 이질적인 국민들 사이에서 일어나는 끊임없는 분쟁 속에서 오스트리아-헝가리 제국을 지키려고 애를 쓰고 있는 동안, 비스마르크가 이끌던 프로이센은 전략적 동맹과 은밀한 확장 정책을 통해서 유럽의 권력국가로 떠오르기 시작했다. 그러나 두 나라는 모두 강력한 이데올로기를 가지고 있지는 않았다. 프란츠-요제프는 분쟁에 휩싸였던 제국을 임기응변으로 봉합하려고 노력했다. 비스마르크도 역시 여건에 맞는 적절한 전략으로 동맹을 맺거나 파기했지만, 그와 독일 황제는 분명한 목적 의식, 즉 국가적인 목표만을 가지고 있었다. 오스트리아가 붕괴를 막기 위해서 애를 쓰고 있는 동안에 그들은 더 큰 힘을 축적하고 있었다. 베를린은 떠오르고 있었고, 빈은 몰락하고 있었다.

프로이센은 막강한 군사력을 가지고 있었지만, 그렇다고 프로이센 사람들이 함께 어울리기 어려운 것은 아니었다. 미국의 물리학자 마이클 푸핀은 처음에는 헬름홀츠와 그의 동료들이 폐쇄적이고 접근하기 어렵다고 생각했지만, 베를린에서 몇 달을 보내는 동안 사실은 그렇지 않다는 것을 알게 되었다. 그는 베를린 사람들이 솔직하고 직선적이고, 그들의 엄격함은 권위를 존중하기 때문에 그렇게 보이는 것이라고 생각하게 되었다. 그들은 자신들에게 이상하고 믿을 수 없는 사람처럼 보였을 수도 있는 볼츠만에게도 상당히 신경을 써주었다. 헬름홀츠가 개인적으로 어떻게 생각했는지는 알려지지 않고 있지만, 베를린의 관리들은 볼츠만이 교수직을 잃고 방황하게 되는 일이 없도록 노력했다. 슐제와 볼츠만 부인 사이의 편지를 본 그들은, 헬름홀츠의 부인이 짐작했던 것처럼 볼츠만이 자신들에게 "적응하지 못할 것"임을 확신하게 되었다. 베를린이 볼츠만에게 맞지 않는다면, 볼츠만이 오스트리아에 남아있는 것이 더 좋을 것이었다. 그러나 그들은 볼츠만과의 약속을 파기하기 전에, 볼츠만이 몇 년 동안 편하게 지내왔던 그라츠의 교수직에 그대로 남아있을 수 있다는 사실을 먼저 확인하고 싶었다.

그러나 볼츠만 자신은 그런 결정을 조용하게 받아들이려고 하지 않았다. 베를린으로부터 지금까지의 약속이 파기되었고, 더 이상 그라츠와 베를린 사이에서 힘든 선택을 할 필요가 없게 되었다는 통보를 받고 일주일이 지난 후에 볼츠만은 그런 결정이 정말 최종적인 것인가를 묻는 편지를 보냈다. 그는 자신이 베를린의 교수직 임명을 파기해 줄 것을 요청하는 편지를 "매우 흥분된 상태"에서 썼다고 주장했다.[11] 그 후로 "밤낮으로… 가장 비통한 후회"를 하고 있다고 했다. 그는 "너무 늦었다"거나, 아니면 "아직 가능성이 있다"는 간단한 답변이 담긴 전보를 보내줄 것을 요청했다. 베를린 정부는 다시 슐제와 상의를 한 후에 그에 대한 결정이 정말 최종적인 것이고, 더 이상 이 문제에 대해 거론할 필요가 없음을 명백하게 밝혀 주었다. 결국 7월 말에 볼츠만은 그라츠에 계속 남아있을 것을 빈 정부에 공식적으로 통보하면서, 9월 중순까지 휴가를 줄 것을 요청했다.

그렇지만 그것으로 모든 것이 끝나지는 않았다. 여름 동안에 어느 정도 안정을 되찾기는 했지만, 강의를 다시 시작하면서 볼츠만은 전보다 더 큰 부담을 느끼게 되었다. 그는 10월에 다시 한 번 베를린 관리에게 편지를 보내서 마치 자신의 가치를 다시 한 번 과시하듯이 오스트리아 정부가 봉급을 인상해 주었음을 알려주고, 과거에 협의했던 조건으로 "몰수당한" 교수직에 다시 임명될 가능성이 있는가를 문의했다. 관리는 상당한 인내력을 발휘하면서 그곳의 사정이 바뀌었고, 볼츠만이 현재의 교수직에 계속 남아있는 것이 더 좋겠다는 자신의 의견을 전해 주었다.

볼츠만은 다시 한 번 마지막 노력을 했다. 12월에 그는 헬름홀츠에게 새로운 논문을 보내면서, 그 내용이 대단한 것은 아니지만 그것이 바로 자신이 "과도한 신경 쇠약"에서 회복되었다는 증거가 될 것이라고 했다.[12] 그는 자신의 쇠약한 건강 때문에 보통 때 같으면 절대 포기하지 않았을 기회를 놓쳤다고 후회하면서, 지금도 자신에게 적절한 교수직을 찾고 싶으며 그런 점에서 헬름홀츠가 도움을 준다면 매우 감사할 것임을 밝혔다. 헬름홀츠의 답장은 지금까지 남아있지 않고, 실제로 답장을 보냈는지도 확실하지 않다. 사실 헬름홀츠가 볼츠만에게 보냈던 편지는 아무 것도 남아있지 않다. 그리고 이 편지는 볼츠만이 베를린의 교수직에 대해서 일 년에 걸친 불행한 노력의 마지막이었다.

볼츠만이 베를린 교수직을 제안 받았지만 수락하지 않았다는 이야기는 과학계에 널리 알려져 있었다. 그러나 그 이유와 상황은 분명하게 알려지지 않았고, 그 후로 볼츠만 자신도 자세하게 해명을 하려고 노력하지 않았다. 15년도 더 지난 후에 미국 방문에 대한 글에서 볼츠만은 처음으로 그 일에 대해서 몇 마디를 남겼다. 그는 미국 동료가 자신에게 당시 명성이 떨어지고 있던 베를린 대학이 볼츠만을 임용했더라면 더 좋았을 것이라고 말해주었다고 했다. 볼츠만은 자신의 강의는 큰 도움이 되지 않았겠지만, 적절한 능력과 에너지를 가진 단 한 사람만으로도 좋은 사람들을 채용해서 연구를 옳은 방향으로 이끌어갈 수 있기 때문에 결국은 대학의 발전에 크게 도움이 될 수 있다고 말했다. 그리고 "그들이 제대로 접근하기만 했더라면 많은 사람들을 확보할 수 있었을 것"이라는 수수께끼 같은 말을 덧붙였다.[13] 볼츠만은 내성적인 사람도 아니었고, 자신의 실패나 실수에 대해서 오래 생각하는 사람도 아니었다. 다른 사람은 물론이고 자신에게도 명백했던 것처럼 베를린의 교수직을 포기하게 된 이유는 자신의 두려움과 우유부단함 때문이었지만, 몇 년이 지난 후에는 베를린이 자신을 세대로 대접해주지 못했기 때문이었다고 스스로 확신하게 되었던 것 같다.

볼츠만은 베를린의 교수직에 임명되지 못하게 된 후부터 그라츠에서도 편하게 지낼 수 없게 되었다. 볼츠만이 감당하지 못할 행정 업무를 맡아주었던 조수 폰 에팅슈하우젠도 이미 떠나버렸으며, 오스트리아 정부가 약속했던 봉급 인상도 기대에 미치지 못했다. 베를린의 교수직을 얻으려고 노력하는 과정에서 볼츠만은 일생에 처음으로 자신이 적당한 인물이 아닐 수도 있고, 실패할 가능성도 있다는 사실을 깨닫게 되었다. 그럼에도 불구하고 베를린은 그가 적절한 인물이라고 생각했다. 볼츠만이 새로운 자리를 바라고 있다는 사실은 이미 널리 알려지게 되었다.

그 해에 또 한 사람이 사망했다. 3월에 그의 장남이었던 루트비히가 충수돌기염에 의한 감염으로 10살의 나이에 사망했다. 볼츠만은 아들이 심하게 아픈 것을 몰랐다는 사실 때문에 자책감을 느꼈다. 아들을 처음 진찰했던 의사가 오진을 했음을 알아차리고, 다른 의사를 찾아갔을 때는 이미 너무 늦어버렸다. 그리고 그 다음 해에는 40대 초반의 여동생 헤드비히가 알 수 없는 이유로 사망했다. 그렇게 되자 볼츠만은 그라츠를 떠나고 싶은 마음이 더욱 절실하게 되었다.

어차피 널리 알려져 있지 않았던 볼츠만의 이상한 행동에 대한 우려는 유명한 물리학자를 초빙하고 싶어하던 다른 대학의 경우에는 문제가 되지 않았다. 결국 볼츠만은 최근 사망한 두 교수의 봉급을 합쳐 재원을 확보할 수 있었던 뮌헨 대학에 관심을 갖게 되었다.

지난 2년 동안 그라츠를 비롯한 몇몇 대학들은 볼츠만의 행동 때문에 난처한 입장에 빠지기도 했지만, 그라츠 대학은 당연히 그의 새로운 교수직 취임을 축하하는 환송회를 열어주었다. 자신 때문에 일어났던 문제들에 대한 난처함 때문인지, 아니면 그의 굉장한 건망증 때문이었는지는 모르겠지만 볼츠만은 겸손을 가장한 연설을 시작했다. "오늘의 환송회를 계획하고 있다는 이야기를 며칠 전에 들었을 때 처음에는 그만 두어달라고 요청하고 싶었습니다. 내가 어떻게 그런 명예를 차지할 수 있겠느냐고 나 스스로에게 반문했습니다. 우리는 위대한 대학의 동료일 뿐이고, 자신의 업무를 충실하게 이행하는 사람이라면 누구나 똑같이 칭찬을 받아야 합니다."[14] 베를린 사건으로 자존심에 금이 갔더라도 그런 균열쯤은 벌써 말끔히 사라져 버렸던 모양이었다.

볼츠만은 뮌헨에서 실험 물리학과와는 별개의 것으로 자신만의 이론 물리학 연구소를 설립했다. 그라츠에 간 후 14년이 지났던 1890년 가을에 그는 마침내 부인, 아들, 두 딸과 함께 뮌헨에 정착하게 되었다. 그 때 그는 46살이었다.

제6장

영국의 참여
성직자, 법률가, 물리학자

볼츠만의 연구는 처음부터 영국에 잘 알려졌었다. 1876년 케임브리지 대학의 졸업생이었던 헨리 윌리엄 왓슨Henry William Watson은 『기체 운동론에 대한 논문A Treatise on the Kinetic Theory of Gases』이라는 작은 책을 발간했다. 왓슨은 서문에서 기체 운동론의 핵심적인 아이디어는 150여 년 전에 다니엘 베르누이에 의해서 처음 제시되었지만, 그것이 진정한 과학 이론으로 발전된 것은 맥스웰, 클라우지우스, 볼츠만의 공로라고 주장했다. 그의 논문은 볼츠만이 제안한 주장과 이론들, 특히 H-정리라고 알려지게 된 결과를 발표한 유명한 1872년 논문을 쉽게 풀이하고 보충해서 설명하기 위한 것이었다.

왓슨은 그의 서문에서 기체 운동론으로 열역학 제2법칙(엔트로피 증가의 법칙)을 유도하는 과정에서 "볼츠만 박사의 주장에는 이해하기 어려운 부분이 있었다"고 했다. 그는 그런 부분을 자신의 방법으로 설명해보려고 했지만 성공하지 못했고, 그것을 해결하기 위해서 "케임브리지의 세인트 존스 칼리지의 연구원이었던 친구 S. H. 버버리 Burbury"에게 도움을 청했다. 두 사람은 볼츠만의 유도 방법을 수정하는 길을 찾아냈고, 그렇게 하면 기체를 구성하는 원자들의 미시적인 운동으로부터 기체 성질의 명백한 변화를 더 성공적으로 설명할 수 있을 것이라고 생각했다.

맥스웰은 왓슨의 논문이 발간된 지 3년만에 사망했지만, 그의 영향력은 그대로 남아있었다. 기체 운동론과 원자론에 큰 관심을 가지고 있었던 케임브리지 출신의 젊은 물리학자들은 그 후 2~30년 동안 열띤 토론을 벌였다. 왓슨과 버버리는 이미 사라져가고 있던 신사-과학자였다. 두 사람 모두 전문적인 과학자는 아니었다. 왓슨은 성직자가 되었고, 버버리는 런던의 법률가로 일생을 보냈지만, 두 사람은 모두 수리 물리학이라는 가장 난해한 분야에서 훌륭한 업적을 남겼다. 1885년에 『전기와 자기에 대한 수학적 이론 The Mathemantical Theory of Electricity and Magnetism』이라는 책을 함께 발간했던 두 사람의 이름은 1869년에 런던에서 창간되어서 지금까지도 발간되고 있는 과학 잡지 《네이처 Nature》에 정기적으로 등장했다.

왓슨은 자신이 쓴 『기체 운동론에 대한 논문』의 서문에 "코벤트리의 버크스웰 사제관에서"라고 서명했다. 19세기에 영국 교회의 사제관은 모든 분야의 신사-학자들에게 안전한 안식처였다. 찰스 다윈도 비글호를 타고 남아메리카로 항해를 떠날 수 있는 기회가 없었더라면 지방의 교구 주관자 대리가 되었을 것이다.[1] 몇 세기 전의 루크레티우스는 원자의 개념을 근거로 무신론을 주장했고, 그렇게 생각하고 싶어하는 사람들의 입장에서는 현대적으로 발전된 기체 운동론에도 무신론의 흔적이 강하게 남아있는 것처럼 보였다. 결국 기체가 독특한 성질을 갖게 되는 것은 원자들의 무작위적이고 역학적인 운동과 충돌 때문이었다. 그런 기체 운동론을 심각하게 받아들인다면, 일단 원자들이 운동을 시작하고 난 후의 거동은 뉴턴의 역학 법칙만에 의해서 완벽하게 결정되어 버린다. 프랑스의 물리학자이면서 수학자인 삐에르 시몽 드 라플라스 Pierre Simon de Laplace 는 1814년 그런 사실을 정확하게 표현했다. 즉, 그는 세상의 모든 물체의 운동 상태와 그 운동을 지배하는 물리법칙을 알고 있는 존재에게는 "아무 것도 불확실할 수가 없고, 과거와 마찬가지로 미래도 눈앞에 보일 것"이라고 했다.[2] 그런데 카톨릭 성직자였던 철학자 로저 보슈코비치 Roger Boscovich 도 그보다 대략 50년 전에 비슷한 말을 한 것으로 전해진다. "힘의 법칙과 주어진 시각에서 모든 점의 위치, 속도, 방향을 알고 있으면, … 그 후에 일어날 모든 움직임과 상태를 알 수 있고, 그에 따라 나타나는 모든 현상을 예측할 수 있을 것이다."[3]

그런 생각은 물리학과 종교 사이에 심각한 분쟁거리가 되었다. 역학과 함께 원자들의 눈먼 무작위적 움직임이 세상을 지배하는 모든 것이라면 신(神)이 영향을 미칠 수 있는 곳은 어디인가? 그렇지만 왓슨과 같은 사람에게는 그런 의문이 일요일의 강론을 준비하고 남는 시간에 기체 운동론에 빠져드는 데에 문제가 되지 않았던 모양이었다. 영국의 지방 성직자들은 종교 이론에 대해 높은 학식을 가지고 있지도 않았을 뿐만 아니라, 케임브리지의 맥스웰 학파는 대단한 실용주의자들이었다. 맥스웰과 그의 학생들은 기체 운동론이 어떻게 성립되고, 그 의미가 무엇인지를 알고 싶어했다. 신의 존재나 원자의 존재에 대한 철학적인 논쟁은 그들에게는 맞지 않다. 맥스웰 자신은 엄격한 스코틀랜드식에 따른 종교 생활을 했지만(가끔씩 부인에게 보냈던 편지는 테이트를 비롯한 사람들에게 보냈던 생생하고 날카로운 편지와는 달리 신약성서의 심오한 부분에 대해서 깊이 생각해보라는 준엄한 설교로 가득했다), 과학과 종교는 별개라고 생각했다. 맥스웰을 비롯한 사람들은 역학과 기체 운동론에는 여전히 우주의 모든 원자들이 어떤 원초적인 순간에 움직이도록 만든 성스러운 존재인 창조자가 허용될 뿐만 아니라, 물리학 이론에서 해결하지 못하는 빈틈이 있다는 사실이 신과 이성의 조화가 가능함을 뜻한다고 생각했다.

어쨌든 기체 운동론과 결정론을 연결시키는 과정에서 순수한 과학적 의문이 제기되었다. 볼츠만의 유명한 이론은 원자의 운동에서 유도되는 H라는 수학적인 양이 언제나 감소해야 했지만, 맥스웰, 톰슨, 로슈미트는 언제나 그런 것은 아니라는 사실을 잘 알고 있었다. H가 감소되는 원자운동에 대해서 H가 증가할 수밖에 없는 시간 역전에 해당하는 운동이 있어야만 하는 것이다. H는 엔트로피에 음의 부호를 붙인 것이기 때문에 엔트로피가 감소하게 되는 그런 변화는 열역학 제2법칙에 어긋날 수밖에 없었다. 영국에서는 모순처럼 보이는 그런 문제에 대해 몇 년 동안 논쟁이 계속되었지만, 맥스웰의 때 이른 사망으로 한동안 그런 논쟁을 이끌어갈 지도자가 사라져 버렸다.

1890년대에 그 문제에 대한 새로운 공격이 다시 시작되었다. 더블린의 물리학자 에드워드 P. 컬버웰 *Edward P. Culverwell*은 《철학 잡지 *Philosophical Magazine*》 1890년 7월호에 발표된 짧은 논문을 통해서 역학적인 논리만으로는 원자나 분자의 집단이 반드시 열적 평형으로 진화한다는 사실을 증명할 수 없다고 주장했다. 기체 운동론이 그렇게 예측하고 있다는 볼츠만의 주장을 언급한 후에 그는 "에너지 등분배를 향해 진화하는 (원자운동의) 모든 상태만큼이나 에너지 등분배와 어긋나는 상태도 있게 된다"면서 가역성에 대한 반론을 다시 제기했다.[4] 컬버웰은 기체 운동론만으로는 열역학 법칙을 제대로 설명할 수가 없다고 결론을 내리고, 그 대신 기체분자들이 일종의 "에테르" 속에서 움직인다는 모형을 제시했다. 에테르는 과거의 "칼로릭"과 마찬가지로 실재로 그 존재를 확인할 수 없는 유체이지만, 분자들은 그런 에테르를 통해서 에너지를 주고받는다고 주장했다. 그렇지만 그런 설명도 알 수 없는 성질을 가진 신비한 에테르를 도입한 것에 불과하고, 열역학 법칙을 설명한 것은 아니라고 말했다.

볼츠만도 영국과 아일랜드에서 벌어지고 있던 논쟁에 관심을 갖게 되었다. 1892년에 트리니티 칼리지의 개교 300주년을 맞이해서 더블린을 방문했던 볼츠만은 그곳에서 자신의 결과를 비판했던 컬버웰을 만났다. 그로부터 2년 후에는 옥스퍼드 대학교에서 명예 학위를 받고, 모든 분야의 과학자와 철학자가 참여하는 기관인 영국과학진흥협회의 연례 학술회의에 참석하기 위해 옥스퍼드를 방문했다. 협회는 1890년의 컬버웰의 주장과 버버리가 같은 해의 《철학 잡지》에 발표했던 긴 논문을 계기로 몇 년 전부터 기체 운동론과 열역학의 신비를 파헤치기 위한 노력을 기울이고 있었다.[5] 그들에게는 볼츠만 이론의 타당성은 물론이고 기체 운동론 자체의 진실성에 대한 의문이 제기되고 있었다. 기체가 원자나 분자로 구성되어 있는가? 아니면 에테르라는 것이 반드시 필요한 것인가?

옥스퍼드에서 1894년에 개최되었던 영국협회의 학술회의는 볼츠만에게 중요한 기회였다. 그곳에서 그는 독일 물리학계에서는 절대 경험할 수 없었던 우호적인 비판을 경험하게 된다. 영국의 물리학자들은 대체로 자타가 공언하는 원자론자들이거나, 적어도 중립적이고 실용적인 이유에서 원자론에 관심을 가지고 있던 사람들이었다. 그들은 볼츠만의 주장에 문제가 있을 수도 있다는 의문을 가지고 있기는 했지만, 그 이론을 더 자세하게 이해하고 싶어했고 그런 어려움을 핑계로 원자론 전체를 포기하고 싶어하지는 않았다. 그 학술대회에 참석했던 영국 물리학자는 훗날 "그 논쟁에서 볼츠만 교수가 맡았던 역할은 오랫동안 기억에 남을 것"이라고 회고했다.[6] 볼츠만은 명예 법학 박사 학위를 받게 된 것에 대해서 매우 즐겁고 흥미롭게 생각했다. 그는 "나에게는 명예 과학 박사 학위를 주는 것이 더 좋겠다"고 했지만, 영국 동료들은 열역학 법칙에 대한 전문가로 옥스퍼드에 온 것이기 때문에 법학 박사 학위가 더 적절하다고 그를 설득했다.

볼츠만이 옥스퍼드를 방문했을 때, 이미 뮌헨으로 자리를 옮기고 3년이 지나 전성기를 맞이하고 있는 것처럼 보였던 때였다. 그는 대여섯 명의 학생들만이 참석하는 대학원의 고급 과목의 강의만을 담당했다. 그런 환경에서 볼츠만은 자신의 능력을 최대한 발휘할 수 있었다. 그는 자신이 이해하고 있는 사실을 다른 사람에게 알려주고 싶어하는 성실하고 사려 깊은 사람이었다. 1890년대 초에 유럽을 방문했던 일본 학생은 볼츠만이 "별난 작은 사람"이었지만, 강의 중에는 "신사적이고 솔직하며, 그의 용모와는 달리 모든 사람들이 좋아하는 성격을 가지고 있었다"고 했다.[7] 이 시기의 볼츠만은 점점 더 뚱뚱해지고 있었고, 거대한 체구와 두꺼운 안경, 긴 수염과 뒤엉킨 머리카락, 어울리지 않을 정도로 높은 음성은 모두 그를 딴 세상의 과학자처럼 보이게 만들었다.

뮌헨에서 볼츠만의 생활은 만족스러웠다. 헨리에테의 요구 때문에 여러 차례 이사를 했지만 대체로 도심 부근에 살면서 자주 연극이나 오페라를 즐길 수 있었다. 볼츠만은 자신이 좋아했던 바그너의 음악을 충분히 즐길 수가 있었고, 헨리에테의 어릴 적 친구였던 빌헬름 키엔츨의 오페라 초연도 관람했다. 1891년에는 셋째 딸 엘사$Elsa$가 태어났다. 강의와 행정 업무가 과중하지도 않았고, 감당하기 어려운 일은 피할 수도 있었다. 누구나 초빙하고 싶어하는 학자들에게 돌아가는 혜택이 바로 그런 것이었다. 그라츠에서와는 달리 뮌헨에서는 뜻이 맞은 물리학자와 수학자들이 일주일에 한 번씩 호프브뢰이하우스 모임 *Hofbrauhaus-gesellschaft* 도 가질 수가 있었다. 한 세기도 넘게 세월이 흐른 지금도 뮌헨의 호프브뢰이하우스 *Hofbrauhaus*는 관광객이 많이 모이는 유명한 술집으로 남아 있고, 그곳에서는 가끔씩 학술적인 토론이 벌어지기도 한다.

 볼츠만 개인적으로는 만족스러운 생활이었지만, 독일과 오스트리아에서의 기체 운동론은 사정이 그리 좋은 편이 아니었다. 새로운 반대론자의 목소리가 커지기 시작했다. 볼츠만이 포기했던 베를린의 교수직은 막스 플랑크 *Max Planck*라는 젊은 이론 물리학자에게 돌아갔다. 그는 당시에 32살이었고, 1947년에 사망할 때까지 베를린에 남아있게 된다. 플랑크는 1858년 북해의 키엘 *Kiel*에서 출생했지만, 아버지가 뮌헨 대학의 법학 교수로 임명되었기 때문에 뮌헨에서 학교를 다니게 되었다. 플랑크는 자신이 과학에 관심을 갖게 된 것은 구세주가 등장한 것과 같은 순간 때문이었다고 했다. 열성적인 학교 선생님으로부터 물리학의 기초 이론에 대한 설명을 듣고 있던 플랑크는 훗날 "내 마음에 신의 계시처럼 느껴졌고, 내가 알게 된 절대적이고 보편적으로 성립되는 최초의 법칙이 바로 에너지 보존 법칙이었다"고 회고했다.[8] 플랑크를 감동시켰던 것은 그런 법칙들의 정확성과 절대성이었다. 그는 "사람들이 어떻게 순수한 이성만으로 (세상의) 역학에 대한 통찰력을 얻을 수 있는가"를 알게 되었다. 몇 년 후 클라우지우스가 밝힌 두 가지 열역학 법칙을 본 후에, 그는 다시 똑같은 계시의 느낌을 받았다. 그로부터 물리학에 대한 플랑크의 생각에서는 언제나 절대적인 법칙과 불변의 진리를 밝혀내는 것이 핵심이 되었다.

그는 베를린의 헬름홀츠와 키르히호프에게서 1년 동안 배웠지만, 이들 위대한 물리학자들의 가르침에서 "특별히 얻은 것은 없었다"고 회고했다. 헬름홀츠는 강의 준비를 제대로 하지 않고 강의실에 들어와서 학생들을 혼란스럽게 만들었으며, 키르히호프는 세심하게 준비를 했지만, 그의 강의는 매우 지루했다.

플랑크는 뮌헨으로 돌아와서 열역학 법칙에 대한 박사 학위 논문을 완성했고, 그 후 몇 년 동안 클라우지우스의 연구결과를 확장함으로써 열역학 법칙을 가능한 한 정확하고, 완벽하게 만들기 위해서 상당한 노력을 쏟아 부었다. 플랑크에 의하면 당시 그 연구의 대부분은 "무시되어 버렸다." 볼츠만과 마찬가지로 플랑크도 자신을 과학의 지뢰밭에서 제대로 인정받지 못한 노동자에 불과하다고 느꼈고, 그들 사이에 생겨났던 대립의 감정이 더욱 증폭되었던 것도 바로 그런 환경에서 만들어진 성격 탓이었다.

그렇지만 플랑크는 학계에서 순탄하게 성공을 거두었고, 젊은 나이에 베를린의 교수로 임명되었다. 이제 플랑크는 헬름홀츠의 강의를 듣는 입장이 아니라 나란히 일하게 되면서 그를 "과학의 위엄과 성실함의 화신"으로 생각하게 되었다.

과학자로서 젊은 시절의 플랑크는 과학적 법칙은 절대적이고 어긋날 수 없는 진리를 담고 있어야만 한다고 믿고 있었다. 그리고 무엇보다도 열역학 법칙에 매료되어 있었던 그는 볼츠만의 시각을 좋아할 수가 없었다. 그는 확률과 경향만을 이야기하는 기체 운동론으로는 열역학 법칙의 확실성을 설명할 수가 없으며, 그런 이론은 근본적으로 실패일 수밖에 없다고 생각했다. 1882년에 발표한 논문에서 그는 "열의 역학적 이론에 대한 제2법칙은 크기가 유한한 원자에 대한 가설과는 양립할 수가 없다… 현재 드러나고 있는 여러 가지 징후로 보아서 상당한 성과를 거두었던 원자론도 결국은 폐기될 수밖에 없을 것이다"라고 했다.[9]

10여 년이 지난 후에도 그의 의견은 변하지 않았다. 1891년 할레 *Halle* 라는 도시에서 개최되었던 독일 자연과학자 학술회의에서 강연하던 중에 플랑크는 기체 운동론에 대해서 언급하면서 "이 문제를 해결하는 과정에서 드러난 훌륭한 물리학적 통찰력과 수학적인 재능은 얻어진 결과의 성과만으로는 충분히 보상될 수 없다"고 했다.[10] 플랑크가 말했던 물리학적인 통찰력과 수학적 재능은 대부분 볼츠만의 것이기 때문에 그의 말은 볼츠만의 재능과 노력이 성공하지 못할 연구에 낭비되었다는 날카로운 지적이었다. 만약 기체 운동론과 원자론이 뜻하는 것이 바로 열역학 법칙이 근사에 불과하다면 원자론은 틀릴 수밖에 없다는 주장이었다.

몇 년 후, 고인이 된 키르히호프의 연구 논문집의 편집을 맡은 플랑크는 서문에서 다시 한 번 기체 운동론의 가치에 대한 비난에 가까운 표현을 했다. 적어도 볼츠만이 보기에는 그랬다. 그 후에도 오랫동안 플랑크는 변함없이 확률을 근거로 하는 물리학적인 설명은 기껏해야 미봉책에 지나지 않는다고 믿었다. 플랑크는 원자의 개념이 철학적으로 완전히 잘못되었다고 생각했던 것이 아니라, 단순히 그런 가정에서 출발한 예측은 건전하지도 않고 일관성도 없으며, 바람직하지도 않다고 생각했다.

그의 주장에는 의미가 있었다. 1876년에 로슈미트가 가역성에 대한 문제를 처음 제기했을 때 볼츠만은 원자의 운동이 때로는 엔트로피를 증가시키는 대신 감소시킬 수도 있음을 시인했었다. 그러나 전체적으로 볼 때 결국 계는 가능성이 낮은 상태에서 가능성이 높은 상태로 변화할 것이기 때문에 아무런 문제가 없을 것이라고 주장했다. 그런 볼츠만의 대답에 대해 플랑크는 두 가지 점을 지적했다. 첫째, 계가 낮은 확률의 상태에서 높은 확률의 상태로 변화할 것이라는 주장 자체가 결국 확률적일 뿐이라는 것이었다. 계가 가끔씩 반대의 방향으로 변화할 수 있는 가능성을 완전히 배제하지 못했고, 볼츠만은 그 문제의 심각성을 인식하지 못했다. 둘째로, 계가 낮은 확률의 상태에서 시작해야 한다는 주장은 너무 옹색한 것이 아닌가? 플랑크는 가능한 상태를 분석해서 확률을 부여하는 것에는 문제가 없겠지만, 어느 특별한 상태가 다른 특별한 상태로 변화하는 것은 "확률이 아니라 역학에 의해서 결정되어야 한다"고 강력하게 주장했다.[11] 다시 말해서 어떤 초기 상태가 주어지면 다음 상태는 원칙적으로 원자의 운동에 대한 정보로부터 완벽하고 절대적으로 결정되어야만 한다는 것이었다. 플랑크의 입장에서는 실제 기체의 특정한 상태의 확률에서 가상적인 기체 상태의 확률로 비약을 한 것이 바로 볼츠만의 실수였다.

기체 운동론은 1890년대 초 독일에서는 거의 관심을 끌지 못했고, 플랑크의 반박은 기체 운동론에 대한 그런 날카롭고 부정적인 분위기를 나타낸 것이었다. 그런데 볼츠만은 영국에서 전혀 다른 분위기를 경험했다. 그의 주장에 대한 비판은 날카로웠고, 오히려 그 정도가 더 심하기도 했지만 겉으로 드러난 기체 운동론의 결함은 그것을 포기하라는 뜻이 아니라 더 깊이 이해할 필요가 있다는 뜻으로 받아들여졌다. 볼츠만은 (외국어를 쓰고 있기는 했지만) 그런 우호적인 분위기에서 자신의 일상적인 주장을 펼치는 데 아무 어려움이 없었다.

1894년 영국협회의 학술대회가 끝난 후에 《네이처》에는 많은 편지와 논문이 실리게 되었다. 처음에는 아일랜드의 물리학자 컬버웰이 한탄하는 편지가 실렸다. 10월에 발표된 짧은 편지에서 그는 다시 한 번 가역성에 대한 반론을 제기하면서 'H-정리가 무엇을 증명했는가를 아는 사람이 있는가?"라고 공개적으로 물었다.[12] 다음 달에는 버버리가 도전을 했다. 컬버웰의 글에서 기술적인 문제를 수정한 후에 "특별한 경우에 H가 증가하는 경우가 있기는 하지만 일반적으로 H는 감소하는 경향을 가지고 있다"고 하면서, 자신의 시각에서 H-정리는 확률에 대한 것이 분명하다고 주장했다.[13] 그리고 나서는 "정치 문제에서와 마찬가지로 더 나은 방향으로의 변화도 가능하기는 하지만, 나쁜 것이 더욱 나빠지는 것이 더 일반적인 변화의 경향"이라는 적절하지 못한 말을 덧붙이기도 했다.

영국의 반박과 비평에 대한 볼츠만의 답변은 《네이처》의 1985년 2월호에 세 페이지에 걸쳐 수록되었다.[14] 컬버웰과 버버리는 자신들의 짧은 글에서 볼츠만의 결과에 대한 일방적인 주장과 몇 가지 기술적인 문제만을 언급했었다. 그에 대한 답변으로 볼츠만은 당당하게 목적을 밝히는 글로 시작되는 어려운 논문을 보냈다. 그는 "나는 두 가지 질문에 답변을 하려고 한다. 첫째, 기체이론이 다른 이론처럼 진정한 물리학 이론인가? 둘째, 물리학 이론에서 무엇을 요구할 수 있는가?"라고 했다. 그리고는 형이상학과 대비되는 물리학의 특성과 이론적인 설명의 성공이 그 이론이 근거에두고 있는 가정의 진실성을 어떻게 결정하게 되는가에 대해서 장황하게 설명했다. 볼츠만의 답변은 그에게 던져진 직접적이고 단순한 질문과는 전혀 다른 형식이었다. 그의 도입문은 고상한 철학적 일반론과 과학 이론의 본질과 목적에 대한 장난스러운 표현으로 가득했다. 아무리 호의적으로 보더라도 그런 문제는 서로 다른 이론들이나 일반적인 지식에 대한 철학적이고 학술적인 토론도 아니었고, 단순히 기체 운동론이 성립되는 이유를 알고 싶었던 컬버웰이나 버버리를 비롯한 다른 사람들에게 조그만 관심거리조차 되지 못했다. 그의 답변은 영국 사람들에게 (맥스웰을 포함한) 대부분의 독일 과학자들이 볼츠만을 이해하기 어렵다고 하는 이유를 잘 보여주었다.

그럼에도 불구하고 그는 핵심적인 답변을 했다. 결국 그는 기체 운동론이 "매우 다양한 면에서 관찰된 사실과 일치하기 때문에 기체 속에서 그 수와 크기를 어림으로 짐작할 수 있는 어떤 것들이 뒤죽박죽으로 날아다닌다는 사실을 의심할 수가 없다"고 했다. 짧게 말해서, 볼츠만은 원자와 분자가 존재한다는 사실을 명백하게 밝힌 후에야 컬버웰과 버버리의 지적에 대한 답변을 한 것이다.

볼츠만은 컬버웰의 지적이 로슈미트의 가역성 질문에 대한 자신의 1877년 답변에서 "내가 지적했던 것과 똑같은 것"이라고 했다. "그 답변에서 나는 최소 정리(H-정리)와 소위 열역학 제2법칙은 확률의 법칙일 뿐이라고 분명히 밝혔다." 로슈미트와 마찬가지로 컬버웰은 어떤 원자의 움직임은 H를 증가하도록 만들 수도 있다는 사실을 지적했을 뿐이었다. 볼츠만은 그런 움직임이 가능하다는 사실이 바로 그것의 중요성을 뜻하는 것은 아니고, 그런 가능성은 H를 감소하게 만드는 움직임과 비교할 때 그 확률이 매우 낮기 때문에 자신의 주장에 문제가 없다고 대답했다. 그런 후에 그는 버버리의 복잡한 지적에 대한 답변으로 확률의 문제에 대해서 더 자세하게 설명했다.

그의 결론은 결국 H는 "증가하거나 감소할 수 있지만, H가 감소할 확률이 언제나 더 크다"는 것이었다. 그리고 1895년의 볼츠만은 바로 그런 사실을 자신이 1872년에도 밝혔고, 1877년에도 밝혔으며, 사실은 자신이 한결같이 말해왔던 것이라고 주장했다.

그러나 사실 볼츠만은 진실을 말한 것은 아니었고, 백보 양보하더라도 자신의 과학적 주장의 일부만을 이야기했을 뿐이었다. H-정리를 제시했던 1872년의 논문에서 볼츠만은 H가 한쪽 방향으로만 바뀌어야한다는 절대적인 법칙을 주장했던 것이 확실하다. 그러나 그는 가역성에 대한 반박이 제기되면서 자신의 주장을 조금 바꾸어서 H는 거의 언제나 감소하고 반대의 경우가 일어날 확률은 충분히 적다는 사실을 증명했다고 말하기 시작했다. 그런 반박이 제기되면서 볼츠만은 마음 속으로 자신의 연구결과에 대한 스스로의 평가를 수정했고, 그것이 바로 자신이 처음 말하려고 했던 것이라고 믿게 되었을 것이다. 그러나 반대론자들의 입장에서는 기체 운동론의 주장이 논문에 따라서 조금씩 달라지는 것 자체가 바로 기체 운동론이 일종의 허구에 지나지 않는다는 사실을 은연중에 인정한 것으로 인식되었다.

세월이 흐른 후에도 볼츠만의 논문에서 나타나는 그런 모순은 완전히 해결되지 못했다. 그가 1896년과 1898년에 발간했던 기념비적인 두 권의 단행본인 『기체이론에 대한 강의 Lectures on Gas Theory』에서는 H-정리에 대한 두 가지 해석이 모두 들어있다. 어떤 곳에서는 H가 반드시 감소해야 한다고 했지만, 다른 곳에서 반대 방향으로의 변화도 가능성이 크지는 않지만 일어날 수 있다고 인정했다. 그 후에 발행되었던 『기체이론에 대한 강의』의 개정판에서는 H-정리에서 논쟁거리가 될 수 있는 부분이 아무런 설명 없이 삭제되었다.

볼츠만의 해명에도 불구하고 컬버웰은 "H-정리가 무엇을 증명했는가를 정확하게 설명해 줄 수 있는가?"라는 처음의 요구에 대한 명백한 답을 듣지는 못했다. 그러나 이제 볼츠만은 열역학 제2법칙이 본질적으로 확률론적이라는 사실을 확신하게 되었고, 모든 현실적인 상황에서는 엔트로피가 증가해서 열역학 제2법칙에 어긋나게 될 확률은 무시할 수 있을 정도로 작을 수밖에 없는 이유를 정량적으로 증명할 수 있게 되었다. 그것이 최선의 답인 것처럼 보였다. 볼츠만의 답변은 영국과 아일랜드의 우호적인 반대론자들까지도 불편하게 만들어 버렸다. 그는 《네이처》에서 "따라서 H가 감소할 수 있는 경우만큼 증가하는 경우도 많다는 버버리씨의 주장은 옳지 않고, (H는 평균의 의미에서 감소한다는) 사실을 증명할 수 있을 뿐이라는 컬버웰 씨의 주장도 역시 옳지 않다"고 했다.

이 장문의 편지는 1895년 2월의 《네이처》에 게재되었고, 끝에는 빈 제국 대학의 볼츠만이라고 서명이 되어 있었다. 이미 그는 더 이상 뮌헨에 있지 않았다. 뮌헨에서 행복해 보였던 그는 실제로는 가끔씩 향수병에 시달리고 있었다. 1892년 10월, 오랜만에 요제프 로슈미트에게 편지를 보냈지만, 이미 절판되어 버린 자신의 책을 가지고 있는가를 물어보기 위한 편지였다. 오랫동안 소식이 없었던 사실에 대한 사과의 뜻으로 그는 "우리가 이렇게 멀리 떨어져 있게 되었으니 우선 내가 살아있다는 소식을 알려주고 싶습니다. 그러나 사실은 그 옛날 오스트리아에서 살던 때보다 좋아진 것은 아무 것도 없답니다"라고 말했다.[15]

로슈미트는 자신의 건강이 좋지 않다고 회답을 했고, 나쁜 건강에 대해서 필적할 사람이 없었던 볼츠만도 동정을 표시하면서 자신의 건강 문제에 대해 불평하는 편지를 보냈다. 그는 로슈미트에게 "저는 가끔씩 허약한 체질이 건강한 체질보다 더 튼튼하고, 더 오래 견디게 된다는 사실을 깨닫게 됩니다"라고 했다.[16] 그리고 베를린과의 일에서 중매 역할을 해주었던 자신의 친구 슐제에 대해서 우울한 말을 남겼다. "언젠가 제가 그에게 미래의 계획과 꿈을 이야기해 주었더니 그는 저를 날카롭게 쳐다보면서 너무 큰 희망을 갖지 말고 사정이 더 나빠질 것이라는 자신의 말을 믿으라고 했답니다. 저는 점점 더 그것이 사실이라고 느끼고 있습니다." 그와 로슈미트가 늙어가고 있고, 건강도 나빠지고 있다는 사실을 제외하면 그가 왜 그렇게 우울한 생각을 하게 되었는지는 알 수 없었다.

한편 오스트리아 정부의 입장에서는 옥스퍼드로부터 명예 학위를 받은 것으로 다시 한 번 명성을 확인한 훌륭한 과학자를 잃어버리게 되는 것은 여전히 불쾌한 일이었다. 빈의 관리들은 영웅을 고향으로 다시 데려올 수 있는 기회를 놓치지 말아야 한다는 명령을 받고 있었다. 볼츠만의 스승이면서 오랫동안 빈의 물리학 연구소 소장을 맡고 있던 요제프 슈테판이 57세의 나이로 사망했던 1893년 1월이 그 첫 번째 기회였다. 볼츠만은 새로 공석이 된 자리에 적임자이기는 했지만 경쟁자가 있었다. 대학에는 그 때까지도 프라하에 머물고 있으면서 점차 높은 명성을 얻고 있던 에른스트 마흐를 지지하던 사람들이 있었다. 그는 훌륭한 선생이었고, 지난 십여 년 동안 발표했던 과학의 역사, 의미, 철학적 발전에 대한 유명한 책들 때문에 그를 따르는 사람들도 늘어나고 있었다. 마흐는 물리학뿐만 아니라 심리학과 화학에도 관심이 있었다.

전체를 통합하여 완벽한 체계를 구축할 수 있는 능력을 가지고 있었던 그는 과학의 모든 분야를 하나의 일관된 체제로 묶을 수 있는 학자였다. 볼츠만이 더 뛰어난 과학자일 수도 있겠지만, 그의 업적은 한 가지 문제에만 한정되어 있었고, 그나마도 당시에는 독일과 오스트리아에서 평가 절하되었거나 배격되고 있었다. 빈 대학의 교수들 중에는 마흐가 볼츠만보다 더 훌륭한 기여를 할 것이라고 생각하는 교수들이 많았고, 그렇게 생각할 수 있는 근거도 있었다.

비공식적으로 제안을 받았던 볼츠만은 빈으로부터 공식적인 초빙을 받고 싶다는 뜻을 명백하게 밝혔다. 그는 슈테판에 대한 기억과 그가 운영하던 연구소를 높이 평가했고, 그런 곳에서 가르치는 것이 "그의 꿈"이라고 말했다.[17] 그의 편지를 받은 사람은 볼츠만이 자신의 조국과 태어난 도시로 돌아오기를 갈망하고 있다는 사실을 분명하게 인식할 수밖에 없었다. 마흐의 지지자들로부터 약간의 반대가 있었지만 결국 공식 초청장이 발송되었다. 그러나 볼츠만은 그 초청을 거절해 버렸다. 베를린 사건 이후에도 볼츠만은 여러 대학을 상대로 게임을 하고 싶어했다. 뮌헨의 관리들은 (볼츠만이 점점 더 싫어하게 된) 이론 물리학의 기초 과목을 맡을 젊은 교수를 채용하기 위해서 늙은 교수들을 퇴직시켰고, 볼츠만이 한동안 뮌헨이 남아있을 것이라는 기대 속에서 봉급을 상당한 수준으로 올려주었다. 적어도 바바리아의 정부는 그렇게 믿었다.

볼츠만의 거절은 빈 정부에게는 큰 충격이었다. 결국 그들은 물리학과를 개편했고, 몇 달 후에는 역학 교수를 채용하려고 노력하기 시작했다. 마흐의 이름과 함께 두 세 명의 후보가 떠올랐다.

1893년 6월에 볼츠만으로부터 비공식적인 소식이 전해졌다. 그는 뮌헨의 제안을 받아들이기는 했지만, 개인적으로 1893~1894학년도 이후에도 그곳에 남아있어야 할 이유는 없다고 했다. 그 때가 되어서 뮌헨을 떠난다면 "나에 대해서 아무도 말할 수 없을 것"이라고 했다.[18] 그는 자신이 빈의 교수직에 관심을 가지고 있다는 사실을 간접적으로 밝힌 셈이었다.

빈 정부의 내부 문서에 의하면 관리들은 볼츠만이 정말 자신의 조국으로 돌아오고 싶어한다는 사실을 확인하려고 노력했다. 볼츠만이 그라츠에서 뮌헨으로 옮겼던 것은 그의 아들이 사망한 후에 정신적인 충격 때문이었다고 해석했고, 의사가 환경을 바꾸어 보라고 강력하게 추천했을 것이라는 내용도 들어 있었다. 넉 달 전 볼츠만의 행동에 의해서 비롯되었던 문제를 지적하는 반대자들을 설득한 정부는 1893년 말에 다시 그에게 너그러운 조건을 제시하였다. 볼츠만의 반응은 그의 봉급은 물론 연구를 위해 더 많은 돈을 요구하는 것이었다. 그리고 부인의 주장에 따라서 뮌헨에서는 받지 못했던 연금도 마련해 줄 것을 요구했다.

오스트리아 정부는 볼츠만을 데려오기 위해 모든 희생을 각오하고 있었다. 그가 원하는 모든 조건을 받아주었고, 볼츠만은 1894년 가을부터 빈에 취임하기로 약속했다. 이제 그에게는 뮌헨과의 약속을 파기하는 일만이 남아있었다. 그는 빈의 늙은 물리학자가 사망했기 때문에 6월에 도착했던 빈의 초청장은 1월의 초청장과는 완전히 다른 것이라고 주장했다. 물리학자였던 고틀리에브 알더Gottlieb Alder가 사망한 것은 사실이었지만, 그런 핑계는 볼츠만이 만들어낸 것이었다. 그러나 볼츠만은 1894년 9월에 빈의 이론 물리학 교수로 취임함으로써 자신의 약속을 지켰다. 이제 50살이 된 그는 자신이 태어났던 도시의 물리학자 중에서 가장 높은 지위에 올랐다.

거의 30년 전에 젊은 그의 총명함이 처음으로 빛을 발했고, 과학자로서 그의 일생이 구름 한 점 없이 펼쳐졌던 즐거운 기억이 남아있는 연구소의 소장이 된 것이었다.

제7장

엄청난 실수를 대단한 발견으로 여기기는 쉽다
물리학을 유혹하는 철학

볼츠만은 옥스퍼드의 영국 물리학자들과 기체 운동론의 의미에 대해서 활발하게 논쟁했던 경험에서 큰 힘을 얻었다. 독일 자연과학회는 1895년 9월 발트 해안의 뤼벡에서 학술회의를 개최할 예정이었다. 그 해 6월에 볼츠만은 동료인 화학자 빌헬름 오스트발트 Wilhelm Ostwald에게 "가능하다면 나 자신의 교육을 위해서 영국식의 논쟁을 해보고 싶습니다. 논쟁을 주도할 수 있는 사람이 반드시 참석해야만 합니다. 당신 자신이 참석하는 것이 나에게 얼마나 중요한가를 강조할 필요는 없을 것이라고 생각합니다"라는 편지를 보냈다.[1]

볼츠만은 1887년 당시 34살의 젊은이였던 오스트발트가 연구를 위해 몇 달 동안 그라츠에 머무는 동안 그를 만난 적이 있었다. 오스트발트는 오래지 않아 독일의 위대한 화학자로 성장했으며, 훌륭한 지도자이자 조직 책임자이면서 진정한 과학자였다. 화학과 열역학을 합쳐서 오늘날 물리화학이라고 부르는 분야의 기초를 만들었던 사람이 바로 그였다. 화학 반응에서 일어나는 에너지 교환과 온도를 비롯한 외부 조건이 반응 속도에 미치는 영향을 이해하고, 더 넓게는 화학적 변화가 물리적 환경에 따라 어떻게 달라지는가를 보여주는 것이 물리화학의 목적이다.

볼츠만은 오스트발트에게 좋은 인상을 받았고, 오스트발트도 역시 그라츠에서 그를 환대해준 볼츠만을 좋아했다. 오스트발트는 자신의 출생지이자 오늘날 라트비아의 수도인 리가Riga의 대학에서 베를린으로부터 남서쪽으로 100마일 정도 떨어진 독일 삭소니Saxony 주에 있는 라이프치히Leipzig의 역사 깊고 유명한 대학으로 자리를 옮기던 중에 그라츠를 잠시 방문했었다. 그는 라이프치히에서 거의 20년을 머물면서 큰 영향력을 가진 학과를 만들었다. 그는 1889년에 물리화학 분야에서 최초의 학술지인 《물리화학지Zeitschrift fur Physikalische Chemie》를 창간하기도 했다.

그는 오래전부터 볼츠만을 통해 기체 운동론에 대해 들어왔지만, 오히려 마흐의 주장을 더 좋아해서 기체 운동론에 대해서는 큰 호감을 가지고 있지 않았다. 당시에는 원자나 분자가 존재한다고 믿지 않고도 화학자가 될 수가 있었다. 당시의 화학자들은 원자나 분자를 편리하기는 하지만 추상적인 설명을 위해서 필요한 개념으로 여겼고, 물질을 그렇게 분할함으로써 화학 반응을 설명하기 위한 장부 정리에 도움이 될 정도의 개념이라고 믿었다. 수소와 산소가 2대 1의 비율로 결합해서 물이 만들어진다는 사실은 널리 알려져 있었지만, 그런 사실이 반드시 두 조각의 수소가 한 조각의 산소와 결합한다는 사실을 뜻하는 것은 아니었다. 19세기 말이 가까워질 때까지도 화학에서는 원자의 존재에 대한 믿음은 반드시 필요한 것은 아니었다. 많은 화학자들은 그런 개념이 너무 추상적이라고 여겨서 큰 관심을 갖지도 않았다.

그러나 철학에 상당한 관심을 가지고 있었던 오스트발트에게 그런 종류의 불가지론(不可知論)*은 만족스럽지 못했다. 더욱이 물리학에 조예가 깊었던 그는 근본적인 원리에 바탕을 둔 화학을 추구하고 싶어했다. 마흐의 비판적인 표현에 의하면 추상적인 형이상학에 불과한 개념에 지나지 않은 원자로는 그런 화학을 만들 수가 없었다. 그 대신 오스트발트는 에너지론이라고 부르던 주장에 매력을 느꼈다. 에너지론에서는 직접 관찰할 수 있고, 느낄 수 있는 에너지가 과학적 설명의 기초가 되어야 한다고 믿었다. 그런 관점에서 보면, 열은 분명히 에너지의 한 형태이지만, 열의 본질에 대해서는 더 이상 설명할 것도 없고, 설명할 수도 없다고 생각했다. 에너지 보존 법칙이 가장 근본적인 법칙이고, 열역학 법칙은 물론이고 뉴턴의 역학을 포함한 다른 법칙들은 모두 에너지 보존 법칙의 당연한 결과일 뿐이었다.

일부 에너지론자들은 원자라는 것이 반드시 필요한 것은 아니지만, 그렇다고 해서 반드시 나쁜 가정은 아니라고 생각했다. 그러나 철학적인 순수함을 추구하던 새로운 에너지론의 선구자들은 원자론에 대해서 우호적인 반감을 갖게 되었다. 1887년에 화학자 게오르그 헬름Georg Helm은 물리세계의 가장 근본적인 양은 에너지라고 주장하는 『에너지론The Theory of Energy』이라는 책을 발간했다. 처음에는 헬름의 주장이 널리 받아들여지지 않았지만, 오스트발트는 그의 주장이 바로 자신이 물리학과 화학을 이해하기 위해서 필요했던 것임을 인식했다. 오스트발트는 1890년대 초에 물리학에서 알려진 모든 법칙들이 에너지의 변환을 지배하는

---

* 역자 주: 경험 현상을 넘어서는 어떤 것의 존재도 알 수 없다고 주장하는 학설.

법칙으로부터 유도될 것이라고 믿으면서 정력적으로 에너지론을 추구했다. 그렇게 되면 원자에 대한 이야기는 필요가 없어질 것이었다. 1892년에 오스트발트는 뮌헨에 있던 볼츠만을 잠시 방문했었다. 그 직후에 볼츠만은 그와 헬름이 그런 주장을 좀더 체계적으로 정리하게 되면 자신에게 알려달라고 요구하는 편지를 보냈다.

실제로 오스트발트는 얼마 후 에너지론의 기초를 설명했다는 논문의 원고를 그에게 보내주었다. 그는 자신이 수학에 "서투르기" 때문에 상당히 엉성한 부분이 있다는 사실을 인정하면서, 볼츠만에게 논문을 꼼꼼하게 읽어주면 좋겠지만, 문제를 발견하더라도 다른 사람들에게 공개하지는 말아줄 것을 요청했다.[2] 훗날 원고를 읽고 "우호적인 의견"을 보내준 볼츠만에게 감사하면서 "이것이 나에게 얼마나 중요한 것인가를 짐작도 하지 못할 것입니다. 이런 문제에서는 엄청난 실수를 대단한 발견으로 오해하기도 쉽습니다"라고 했다.[3]

볼츠만도 역시 평소의 그에게는 어울리지 않는 조심스러운 표현으로 회답을 했다. 그는 자신이 오스트발트의 노력에 감탄하고 있으니, 자신의 비판을 너무 심각하게 받아들이지는 말아달라고 당부했다. 그는 "나는 자연을 역학만으로 설명할 수 있다는 독단적인 주장도 좋아하지는 않지만, 그렇게 설명할 수 없다는 반대 주장도 역시 좋아하지 않습니다"라면서 너무 경직된 사고 방식을 경계해야 한다고 했다.[4] 오스트발트도 역시 볼츠만을 존경하고 좋아했지만, 물리학과 수학 분야에서 뛰어난 분석 능력을 가지고 있던 볼츠만 때문에 자신의 주장을 포기하게 될 것을 두려워했다. 마찬가지로 오스트발트를 존중했던 볼츠만은 그러나 마음 속으로는 에너지론에 집착하는 오스트발트의 노력은 철학적으로 의심스럽고, 과학적으로도 틀린 것이라고 믿고 있었다.

이런 배경에서 뤼벡에서의 논쟁이 시작되었다. 오스트발트와 헬름은 에너지론을 옹호했고, 볼츠만은 펠릭스 클라인 Felix Klein이라는 젊은 수학자와 함께 원자론을 주장했다. 그러나 볼츠만의 의도와는 달리 이 논쟁은 옥스퍼드에서의 논쟁과는 비슷하지도 않았다. 그곳에서는 공통의 관심을 가진 물리학자들이 모여 기체 운동론에 대해서 이야기하면서, 가능하다면 H-정리의 의미와 가역성의 본질, 열역학 법칙의 확률적 특성 등에 대해서 이해하려고 노력했었다. 그들은 아직 미완성이기는 하지만 중대한 이론 속에 감추어진 미묘한 문제점들을 밝혀내려고 과학적인 논쟁을 벌이고 있었다.

그러나 뤼벡에서의 볼츠만과 클라인은 원자의 존재를 전혀 믿지도 않고, 볼츠만의 주장은 순전히 가정에 근거를 둔 수학적 추정에 불과할 뿐이기 때문에 과학적으로 연구할 가치도 없는 것이라고 믿는 사람들을 상대로 기체 운동론을 설득시켜야만 했다. 오스트발트와 헬름은 기체 운동론의 장점에 대해서 토론을 하기 위해서가 아니라, 기체 운동론 자체를 부정하기 위해서 노력하고 있었다.

더욱이 오스트발트는 훌륭한 웅변가였지만, 볼츠만은 그렇지 못했다. 유창한 언변을 가졌던 오스트발트는 자신의 생각을 쉽게 이해할 수 있도록 표현하는 능력을 가지고 있었다. 그는 일생 동안 과학은 물론이고 철학과 지식의 발전에 대한 일반적인 주제로 대한 책을 여러 권 저술했고, 세 권으로 된 자서전을 남기기도 했다.

1895년 9월 16일의 토론은 백여 명의 진지한 청중이 참석한 가운데 하루 종일 계속되었다. 헬름과 오스트발트가 차례로 에너지론에 대해서 설명하면서, 에너지론이 아직까지 완성되지는 못했지만 기본적인 원칙으로부터 모든 것을 설명할 수 있는 가능성을 가지고 있다고 주장했다. 그들은 자신이 완성된 지식 체계를 소개하는 것이 아니라, 연구할 가치가 있는 주제를 제시하고 있다는 점을 강조했다. 그러나 두 화학자는 잘 알려진 역학과 열역학 법칙들을 에너지 보존 법칙으로 어떻게 설명할 수 있는가에 대해서는 얼버무릴 수밖에 없었다.

볼츠만은 우호적인 태도로 과학의 발전을 위해서 다양한 과학적 가설을 검토해보아야 한다는 일반적인 이야기로 서두를 꺼냈다. 그는 서로 적대적인 관계가 되고 싶지 않다고 말하면서, "가장 가까운 친구들 중 몇 분에 대해서 말씀드리게 되겠지만, 그분들의 이름은 나중에 말씀드리겠습니다. 나는 그분들의 훌륭한 과학적 업적들을 높이 평가하기 때문에 에너지론에 대한 그분들의 논문에 대해서만 말씀을 드리겠습니다. 이런 말씀을 드리는 것은 개인적인 감정 때문에 그분들의 결론이나 수학적인 표현식을 비판하는 것이 아니라는 점을 분명하게 밝혀두고 싶기 때문입니다"라고 했다.[5]

그러나 중립적인 입장에 서겠다고 밝혔던 볼츠만은 반대론자들의 이론을 적극적으로 반박하기 시작했다. 아주 장황하고 상당히 기술적인 분석에 대해서 이야기했지만, 그 핵심은 간단했다. 그는 물리학자라면 누구나 알고 있는 것을 설명했다. 뉴턴 역학은 단순한 에너지 보존 법칙 이상의 근거를 가지고 있었다. 열역학 제2법칙은 제1법칙과 명백하게 다른 것이고, 일부 물리학자들이 처음에 생각했던 것처럼 제1법칙에서 유도될 수 있는 것도 아니었다. 이런 사실들은 철학적으로 어떤 것을 좋아하는가의 문제가 아니라 물리적인 판단과 수학적인 증명의 문제였다. 에너지론은 결코 달성하려는 목적을 달성하지 못할 것이다. 그는 어떤 특정한 인물에 대한 이야기를 하지는 않았지만, 반대론자들의 과학적 목표를 무시한다는 점을 감추려고 노력하지도 않았다. 그는 에너지론을 주장하는 사람들이 원하는 목표가 왜 당시에 알고 있던 물리학과 맞지 않는가를 아주 자세하게 설명했다.

헬름은 다음날 "일이 어렵게 되었다"고 부인에게 편지를 보냈다.[6] 그는 볼츠만과 클라인이 "내가 준비하는 과정에서 전혀 예상하지 못했던 문제들을 지적하는데, 그것이 적절하지는 않았지만, 몇 마디로 해명을 하기가 어렵다"고 했다. 오스트발트는 자신의 자서전에서 자신이 "폐쇄된 반대론"에 휩싸인 것처럼 느꼈고, 뤼벡에서의 논쟁은 "개인적으로 아주 노골적이고 단합된 적을 만났던 첫 경험"이었다고 회고했다.[7] 그라츠에서 볼츠만의 영향을 받았던 스웨덴의 화학자 스반트 아레니우스도 역시 토론회에 참석했었다. 훗날 "에너지론을 주장하는 사람들은 모든 면에서 완전히 패배했다. 무엇보다도 볼츠만은 기체 운동론에 대해서 훌륭하게 설명을 했다 … 토론이 끝났을 때 오스트발트는 완전히 지쳐 있었고, 헬름은 복병 속으로 유인된 것 같다고 했다"고 회고했다.[8]

볼츠만 탄생 100주년을 기념하기 위해서 전쟁 중의 빈에서 개최되었던 학술회의에서 한 물리학자가 그 토론회에 대해 회고했다. 뮌헨 대학에서 볼츠만의 자리를 물려받았고, 20세기 초에 새로운 양자역학의 선구자가 되었던 아르놀트 좀머펠트 Arnold Sommerfeld는 젊었을 때 뤼벡 토론회에 참석했었다. 그는 완고한 볼츠만과 영리한 오스트발트의 논쟁은 "황소와 재빠른 검사(劍士)의 결투와 같았다. 그런데 검사는 온갖 기교에도 불구하고 황소에게 지고 말았다. 볼츠만의 주장은 설득력이 있었다. 당시에 우리 수학자들은 모두 볼츠만의 편을 들었다"고 말했다.[9]

다시 말해서 뤼벡에서의 떠들썩한 토론은 오스트발트와 헬름의 기억은 물론이고, 모든 면에서 볼츠만의 일방적인 승리였다. 볼츠만과 오스트발트의 우정과 서신 왕래는 한동안 중단되어 버렸다.

볼츠만은 어느 정도의 승리감을 느끼기는 했지만, 헬름이나 오스트발트에게 그들의 방법이 틀렸다는 사실을 완전히 설득시키지는 못했다. 볼츠만은 아무리 노력해도 강의실의 모든 학생들을 완전히 이해시키지 못하는 것이 언제나 불만이었다. 마찬가지로 뤼벡의 토론회에서 반대론자들의 마음을 바꾸어놓지 못한 것이 볼츠만의 입장에서는 실패로 여겨졌다. 볼츠만은 뤼벡의 토론회에서 그 전 해에 옥스퍼드에서 경험했던 활기찬 의견 교환과 비슷한 경험은 하지 못했다. 그와 그의 반대론자들은 고집스럽게 서로의 주장을 밝혔을 뿐이었고, 결국 양측은 본래의 주장에서 한 발도 물러서지 않았다. 볼츠만이 원했던 것은 자신의 주장을 설명하는 것이 아니라 상대방을 설득시키려는 것이었고, 그런 면에서 그는 완전히 실패한 셈이었다.

더욱이 빈에서 볼츠만은 원자론에 대한 반대론의 상징인 사람과 함께 지내야만 하게 되었다. 에른스트 마흐가 마침내 프라하를 떠나서 빈의 교수가 되었기 때문이었다. 그는 빈 대학의 철학 교수로 부임했다.

그 전에도 두 사람은 같은 시기에 빈에서 함께 있었던 적이 있었다. 볼츠만이 대학생이었을 때, 마흐는 이미 대학을 졸업하고 일반 물리학의 여러 과목을 가르치고 있었다. 그러나 볼츠만은 마흐의 강의를 듣지는 못했다. 슈테판이 물리학 연구소의 책임자로 임명되면서 마흐는 그라츠로 떠났다. 몇 년 후 볼츠만이 그라츠로 갔을 때 마흐는 이미 "즐겁고 우호적인 그라츠를 떠나 아름답기는 하지만 우울한 프라하"로 떠난 후였다.[10]

독일계와 체코계 사람들 사이의 끊임없는 분쟁에 휩싸여 있었던 프라하는 마흐에게 언제나 즐거운 곳은 아니었다. 그의 가족은 실제로 체코계였고, 프라하의 시민들은 물론이고 학생들과 관리들도 마흐라는 이름을 체코계의 이름으로 인식했다. 그러나 그는 독일어만 사용할 수 있었다. 프라하 사람들은 그의 이름과 그가 사용하는 언어가 일치하지 않는 것만으로도 그의 정체를 의심하기에 충분했다.

그동안 마흐는 프라하를 떠나 오스트리아-헝가리의 중심에 가까운 곳으로 자리를 옮겨보려고 여러 차례 노력을 했다. 몇 번은 볼츠만과 경쟁을 하기도 했지만, 볼츠만을 이기지는 못했다. 그는 퇴플러가 그라츠를 떠난 후에 볼츠만이 차지하게 되었던 교수직에도 관심이 있었지만, 충분한 지원을 받지 못했다. 1880년대 중반에는 뮌헨 대학에서 실험 물리학자를 찾고 있었고, 마흐가 강력한 후보가 되었지만 이번에는 프라하에서 그의 사표를 수리해주지 않았다.[11] 그리고 몇 년 후에 볼츠만이 뮌헨의 교수직에 임명되었다. 1893년 볼츠만이 슈테판이 사망함으로써 공석이 된 빈의 교수직을 처음 거부한 후에 마흐의 이름이 다시 거론되었지만, 빈의 관리들은 마흐를 임명하는 대신 볼츠만이 다시 관심을 가질 때까지 몇 달을 기다려 주었다. 1894년에 볼츠만이 빈으로 되돌아갔을 때, 마흐는 27년째 프라하에 머물고 있었다.

그라츠에서의 볼츠만과 마찬가지로, 마흐도 한동안 프라하 대학의 총장으로 분열된 학생들과 씨름을 해야만 했다. 프라하는 독일계와 체코계로 분열된 도시였다. 합스부르크 왕국의 어느 곳에서나 마찬가지였듯이 슬라브 사람들도 함께 뭉쳐서 빈의 지배에 저항하기 시작했다. 마흐가 총장이 되었던 1879년에는 아일랜드계의 오스트리아 사람이었던 에드워드 폰 타페 백작Count Edward von Taaffe이 두 번째로 프란츠-요제프 황제의 수상으로 임명되었다. 오스트리아 사람들이 흐리멍덩하다는 평판을 얻게 된 것은 바로 그 폰 타페 때문이었다는 설이 있었다.[12] 개혁적이기는 했지만 이념적이지 못했던 그는 끊임없이 이어지던 분열을 해결하

제7장 엄청난 실수를 대단한 발견으로 여기기는 쉽다 | 175

기 위해서 모든 집단이 어느 정도의 권력을 가지고 정치에 참여하고 있다고 느낄 수 있는 제도를 만들려고 노력했다. 그의 정책은 철학적으로는 그럴 듯 했지만, 결국 아무도 만족시키지 못하는 임시방편에 불과했다.

폰 타페의 정책에 의해서 프라하의 대학은 체코계와 독일계로 나누어지게 되었다. 그러나 어느 쪽도 오랜 전통을 가진 찰스-페르디난트 대학의 건물을 포기하려고 하지 않았기 때문에 체코계와 독일계 학교가 같은 건물에서 마지못해 함께 지내면서도 서로 믿지는 못하는 이웃이 되었다.

총장이었던 마흐는 두 집단을 공평하게 대하려고 노력했지만, 바로 그러한 이유 때문에 그는 두 집단이 모두 믿을 수 없는 사람이 되어 버렸다. 그는 1880년에 독일 학생회의 모임에서 관용과 타협을 주장했지만, 그의 말은 다른 사람들의 격한 고함 속에 묻혀 버렸고, 며칠 후 학생들의 폭동이 일어났을 때 체코 계열의 신문들은 마흐를 친독일계로 몰아붙여 버렸다. 몇 년 후 마흐가 총장에 연임되었을 때, 다시 체코계와 독일계 학생들 사이의 충돌이 일어났다. 이번에도 체코계 학생들이 주도했던 대학 개혁을 더 적극적으로 반대했던 마흐는 친독일계로 지목되었다. 그러나 독일계 학생들 사이에 반유대주의 정서가 확산되기 시작하자 그는 유대인을 옹호하면서 독일계와 거리를 두기 시작했고, 유대 고고학 교수로 임명되어 고대의 혈통을 이용해서 유대인들을 모략하던 아우구스트 로링*August Rohling*을 비난했다. 또한 마흐는 무신론자라는 모함도 받고 있었다. 그가 과거에 가톨릭이었고, 자신의 무종교적인 입장을 적극적으로 주장하지는 않았지만 그가 무신론자라는 것은 어느 정도 사실이었다. 대학 행정, 민족적 분열, 종교 문제 등으로 끊임없이 시달리던 그는 결국 1884년에 조용히 과학과 철학 논문에만 집중하기 위해서 모든 것을 포기하고 총장직에서 사퇴해 버렸다. 1890년대가 다가오면서 물리학과의 독일계 학생들이 줄어들기 시작했고, 그의 연구에 대한 지원도 줄어들었다. 알코올 중독의 나이 든 조교와 무능한 젊은 조교 사이의 다툼에 지쳐버린 마흐는 그의 큰 아들 루트비히에게 실험실 운영을 맡겼지만, 그것도 역시 실패로 끝나고 말았다.

오스트리아 중심 지역에서도 민족주의적인 불만이 쏟아져 나오기 시작했지만, 그때까지도 빈은 다른 변방지역보다는 상대적으로 조용한 편이었다. 빈 대학은 여전히 오스트리아 지식 사회의 정점으로 여겨지고 있었다. 마흐는 슈테판의 사망으로 공석이 된 교수직에서도 볼츠만에게 지고 말았지만, 빈으로 돌아가고 싶어했던 그의 희망은 절실했다. 그와 비슷한 시기에 20살이었던 마흐의 둘째 아들 하인리히 Heinrich가 독일 괴팅겐 대학에서 화학 분야의 박사 학위를 받고 얼마 지나지 않아 자살했다. 그가 자살했던 이유는 확실하지 않았다. 그로부터 몇 주 후에 마흐는 빈에서 원인과 결과의 무의미함에 대한 철학 강의를 했다. 어떤 현상이 다른 현상에 이어서 일어나는 것이 관찰되는 경우에도 두 현상 사이에 어떤 인과 관계가 있다고 생각하고 싶어하는 유혹을 떨쳐버려야 한다는 그의 주장은 빈 대학의 철학 교수를 비롯한 많은 사람들에게 깊은 인상을 남겼다. 그 결과로 마흐를 빈 대학의 물리학 교수가 아니라 철학 교수로 임명하자는 움직임이 일어났다. 1895년 5월에 그는 공식적으로 귀납 과학사 및 철학과의 학과장으로 임명되었다. 마흐는 프라하를 떠나기 전에 볼츠만에게 서로의 입장은 명백하게 다르지만 우호적인 관계를 갖고 싶다는 편지를 보냈다. 볼츠만도 비슷한 내용의 편지를 보내면서, 새로운 동료로부터 많은 것을 배우고 싶다고 했다.

점차 정교하게 다듬어졌던 마흐의 철학은 과학이 가설이나 이론이 아니라 관찰이 가능한 사실을 근거로 해야 한다는 간단한 원칙을 중심으로 한 것이었다. 과학이란 세상에 대한 진실을 다루는 것이라고 정의한다면, 그런 원칙은 당연하기도 하고 자명하기도 한 것처럼 보이지만 심각한 문제를 안고 있었다. 마흐의 기준에 따르면 기체가 용기의 벽에 압력을 미치는 것은 누구나 인정할 수 있는 것이기 때문에 수용할 수 있는 사실이다. 그러나 그 압력을 기체에 숨겨져 있는 원자의 운동으로 설명하는 것은 관찰할 수 없는 원자라는 존재에 의존한 것이기 때문에 인정할 수 없는 가설에 불과하게 된다.

마흐의 입장에서 보면 뜨거운 접시와 추운 날의 차가운 문고리의 차이는 누구나 느낄 수 있기 때문에 열(熱)은 일차적인 현상, 즉 사실이다. 그렇지만 열을 원자의 운동으로 설명하는 것은 인정할 수가 없다.

아무리 원자론에 집착하는 사람이라도 자신들이 동경하고 보고 싶어 하는 대상을 직접 볼 수 없다는 사실은 인정할 수밖에 없었다. 그러므로 마흐가 주장하는 철학적인 문제는 근본적으로 더욱 완벽하거나 통일된 이해를 얻기 위해서 과학에서 어느 수준까지의 가설을 허용할 수 있는가에 대한 의문이 되어버렸다. 원자론자들은 열과 압력을 모두 원자운동이라는 비슷한 개념으로 설명할 수 있기 때문에 원자 가설은 더 깊은 이해를 가능하게 만들어준다고 주장했다.

그러나 마흐의 입장에서는 원자론자들이 주장하는 이해의 증진이라는 것이 사실은 그 실체를 독립적으로 판단할 수 없는 입자의 존재를 인정함으로써 얻어지는 환상에 불과했다. 이론 물리학의 초창기에 마흐가 내세우기 시작했던 이런 주장은 오늘날까지도 영향을 미치고 있다. 20세기의 물리학자들은 여러 가지 소립자의 존재를 예측하고 난 후에야 실험으로 그 존재를 확인했고, 오늘날에는 영원히 그 존재를 직접적으로 확인할 수 없는 초끈을 비롯한 여러 가지 존재를 주장하고 있다. 오늘날에도 초끈과 같은 가상적인 존재를 도입하는 비용이 그런 가설로 얻을 수 있는 혜택에 버금가는 것인가에 대한 심각한 의문이 남아있다. 마흐의 비판적인 자세는 여전히 가치가 있는 것이다.

그러나 당시의 마흐는 이론 자체를 모두 부정하려고 노력하고 있었다. 그는 원자 가설은 진정한 과학의 범주를 벗어난 것이고, 물리학자들은 온도와 압력을 근본적인 양으로 취급해야 한다고 주장했다. 그렇게 하면, 기체의 거동에 대한 과학적인 이해는 온도와 압력 사이의 경험적인 관계를 설명하는 것으로 한정된다. 마흐의 엄격한 철학에 따르면 결국 과학이란 볼츠만이나 그의 추종자들이 이해라고 부르는 것이 아니라, 단순한 기술(記述)에 불과하게 된다. 과학의 본질에 대한 명백한 가설만을 인정하는 마흐의 외골수적인 주장에 의하면 결국 이론이라는 것은 모두 단순히 말해서 이해라는 것을 위한 기초에 지나지 않았다. 만약 기체 운동론이 기체에서 측정된 거동의 새로운 면에 대한 수수께끼를 해결하는 데 도움이 된다면, 그런 이론은 아무 쓸 데 없거나 받아들일 수 없는 것은 아니겠지만, 측정된 성질들 사이의 새로운 관계가 밝혀지거나 확립되고 나면 그런 이론은 더 이상 쓸모가 없게 된다는 것이 그의 주장이었다.

마흐는 자신을 "반(反)철학자"로 여기게 되었다. 지식을 체계화시키는 모든 철학은 어떤 가설을 근거로 하기 마련이지만, 마흐는 아무런 가설도 사용하지 않는다고 스스로 주장했기 때문이었다. 그는 확인이 가능한 사실에만 집착한다면 과학의 목표는 그런 사실들 사이의 수학적 관계를 발견하는 것이 되고, 그렇게 얻어진 결과는 세상의 움직임에 대한 절대적으로 신뢰할 수 있는 설명이 된다고 주장했다. 이론이란 유용하고 실용적인 경우에만 의미가 있고, 이론에 담겨있는 학술적인 내용은 아무런 의미도 없다. 이론이 가지고 있는 의미는 세상 자체에서 유도된 것이 아니라 이론가들에 의해서 임의적으로 부여된 것일 뿐이다. 마흐는 원자의 개념은 유용할 수 있겠지만, 그 이상일 수는 없다고 주장했다.

그러나 마흐가 어떻게 생각했었는가와는 상관없이 마흐 자신의 철학에서도 관찰된 사실은 논란의 여지가 없는 것이었고, 누구나 무엇이 사실인가에 대해서 동의할 수 있다는 가정을 포함하고 있었다. 모든 측정을 보이는 그대로 받아들여야만 한다는 엄격한 믿음은 마흐가 어릴 때부터 길러왔던 핵심적이지만 설명할 수 없는 요소였다. 훗날 그의 회고에 의하면, 어린 시절에 마흐는 긴 테이블의 앞쪽이 뒤쪽보다 왜 더 넓게 보이는가를 이해하는 데에 큰 어려움을 겪었고, 결국 그는 그 어려움을 극복하지 못했다고 했다. 그는 화가들이 2차원의 화폭에 3차원의 대상을 그릴 때 사용하는 원근법은 보는 사람에게 왜곡된 진실을 정말인 것처럼 느끼도록 만드는 속임수에 불과하다고 여겼다.

그의 철학은 결국 과학의 모든 분야에서 긴 테이블의 앞쪽은 그렇게 보이기 때문에 실제로 정말 더 넓다는 것을 인정하라는 주장과 같은 것이었다. 그러나 바로 그러한 점에서 오류가 있었다. 테이블 주위를 돌아보는 관찰자는 테이블의 모양이 자신의 위치에 따라서 바뀌는 것을 보게 된다. 일반적인 설명에 따르면 테이블이라고 하는 정해진 성질을 가진 독립적인 대상이 존재하는 것은 사실이지만, 그것을 보는 시각에 따라서 그 모양이 달라지게 된다. 다시 말해서 실재하는 것은 이런 저런 각도에서 보이는 테이블이 아니라 테이블 그 자체라는 것이다. 과학에서도 마찬가지로 진정으로 존재하는 것은 직접 관찰하는 것이 아니라 여러 관찰에서 일관적으로 유추할 수 있는 것뿐이다. 바로 이것이 볼츠만을 비롯한 원자론자들이 자신들의 주장에 가치가 있다고 믿는 이유였다. 하나의 관점에서 원근에 따른 왜곡이 없는 진짜 테이블을 볼 수 없는 것과 마찬가지로 원자를 직접 보는 것 또한 불가능하다. 그럼에도 불구하고 테이블이 존재하는 것처럼 원자도 존재한다.

마흐는 일생 동안 자신의 주장에 집착했다. 열성적이기는 하지만 고분고분한 학생이었던 볼츠만과는 달리, 마흐는 자신의 생각과 맞지 않는 강의는 매우 싫어했다. 그는 지도나 역사적 사건의 목록을 암기하는 것은 좋아했지만, 임의적이기 때문에 자신에게 실질적인 도움이 되지 못한다고 생각했던 그리스어나 라틴어의 어형 변화는 싫어했다. 그가 다녔던 학교의 베네딕토 수도회 수사가 그를 "매우 재능이 없다"고 평가했던 것도 그런 성격 때문이었을 것이다.[13] 학교 교사였던 마흐의 아버지는 그를 수도회 학교에서 데려와서 집에서 고전 언어를 가르치는 데 성공했다. 그 후 마흐는 다른 공립학교를 다녔지만 역시 힘든 생활을 해야만 했다. 이번에도 그는 정규교육에 반발했다. 자신이 똑똑하다고 생각하면서도 학교에 적응하지 못하는 대부분의 학생들과 마찬가지로 마흐도 다른 학생들이 학교 생활에 성공하는 것은 자신에게는 없는 "영리하고 교활하게 학교에 적응하는 능력"을 가지고 있기 때문이라고 생각했다.[14]

그럼에도 불구하고 그는 그 학교를 졸업했고, 1855년 빈 대학에 입학해서 수학과 물리학을 전공했다. 그는 학비를 마련하기 위해 가정 교사로 일하면서 학교 생활을 잘 해나갔지만 끊임없이 불평을 했다. 훗날 그는 "프란츠 황제는 오스트리아의 대학을 엉망으로 만들고 있었지만 독일 대학에 갈 돈은 없었다"고 회고했다.[15] 그렇지만 그는 "모든 교수들에게는 낯선 사람이었고, 교수들이 노골적으로 불신을 드러내려고 했던 이방인"이었다. 마흐보다 몇 년 늦게 빈에 도착해서 친절한 요제프 슈테판의 지도를 받았던 볼츠만에게 그 시절은 큰 격려를 받고 좋은 성과를 거두었던 시절이었다. 그 후의 학교 생활은 그보다는 못했다고 기억했다. 슈테판이 부임하기 전에 대학을 다녔던 마흐는 나이가 많고, 현대적이지도 못했던 물리학자 안드레아스 폰 에팅스하우젠의 지도를 받았다. 그렇지만 마흐와 볼츠만의 빈 대학에 관한 기억의 차이는 슈테판이 부임한 후로 일어났던 변화의 탓도 있었지만, 두 사람의 개성이 크게 달랐기 때문이기도 했다. 볼츠만은 즐거운 기분으로 공부에 빠져들었지만, 마흐는 과연 어떤 것이 의미 있는 지식인가에 대한 자신의 불완전했던 생각을 근거로 모든 지식을 하나씩 비판적으로 받아들였다.

마흐는 졸업한 후에 기초 물리학 강의로 얻은 수입으로 여러 분야의 실험 연구를 했다. 그의 강의는 유명했지만, 그가 마련해준 교재를 좋아하는 사람은 많지 않았다. 또한 그는 볼츠만과는 달리 빈의 카페 엘레판트 *Café Elefant*에서 여러 성향의 작가, 언론인, 비평가들과 어울리기도 했다. 19세기 말 수 없이 생겨난 빈의 커피 하우스는 진지한 지식인 집단의 집합 장소가 되었다. 프로이트 학파, 말러 학파, 트로츠키 학파가 각각 다른 커피 하우스에서 모임을 가졌다. 커피는 침략자일 수도 있었던 중개상들에 의해서 소개되기는 했지만 독특한 빈 식으로 사람들에게 알려졌다. 오토만 터키는 수백 년 동안 빈을 침략하려고 여러 차례 시도했고, 빈이 터키의 위협에서 벗어나게 된 것은 그들이 1683년의 함락 끝에 패배하게 되면서부터였다. 그런 중에도 빈 사람들은 터키 문화에서 여러 가지 훌륭한 전통을 이어받았고, 커피도 그 중 하나였다. 흔히 전해오는 이야기에 의하면 퇴각하던 터키군이 커피 끓이는 도구와 함께 볶지 않은 커피 원두 자루를 남겨두었고, 커피를 마실 줄 알았던 유일한 사람이었던 폴란드 출신의 오스트리아 스파이가 커피 원두를 확보해서 빈에 최초의 커피 하우스를 열었다고 한다.

마흐는 음성 인식에 관한 헬름홀츠의 지식 덕분에 카페 모임에 참석하게 되었다고 한다. 신문사의 음악 비평가의 대화를 엿듣던 마흐는 사람들이 음악을 듣게 되는 과정에 대한 과학적인 설명으로 그들을 놀라게 만들었다고 한다. 마침내 그의 아버지에 의한 고전적인 교육의 효과가 나타나면서 그는 작가, 음악가, 사회 철학가를 비롯한 다양한 사람들과 어울리기 시작했다. 그는 특히 철학자들과의 교류를 통해서 광범위한 문제를 이해하게 되었고, 그것이 그의 생각을 정리하는 데 도움이 되었다.

프라하에 있는 동안 마흐는 훌륭하지는 않지만 다양한 흥미를 가진 물리학자로부터 뚜렷한 목표 의식을 가진 철학자로 발전하게 되었다. 그의 과학적 업적 중에는 훗날 모든 물리학 실험실에서 사용하게 된 도플러 효과를 직접 보여줄 수 있는 장치도 포함된다. 그는 음향학과 유체의 흐름에 대한 연구도 했고, 마이크로 사진을 개발하려고 시도했으며, 혈액의 흐름과 맥박을 측정하는 의료 기구를 개량했고, 생리 반응에 대한 물리학적인 설명을 이용해서 사람들이 모양·색깔·소리를 어떻게 인식하게 되는가를 연구하기도 했다. 그는 관 속에 흐르는 액체의 흐름을 이해하기 위해서 원자론에 관심을 갖기도 했지만 성공하지는 못했다. 그런 다양한 연구 활동은 그의 관심이 얼마나 광범위하고 손재주가 얼마나 좋은가를 보여주기도 하지만, 물리학자의 일이 주로 실험과 관찰이라는 잘못된 생각을 갖도록 만들어준 계기가 되기도 했다. 마흐는 처음부터 물리학자들이 실험실에서 측정할 수 있는 양들 사이의 관계를 설명하는 데 유용한 경우가 아니라면 이론과 수학을 도입하는 것을 믿지 않았다.

그는 처음부터 물리학 너머의 세계에 관심을 가지고 있었다. 사람의 인식 수단에 대한 과학적인 연구를 시도하던 마흐는 철학 사상이 어떻게 발전해왔는가를 알게 되었다. 그 덕분에 그는 철학적 관점에서 물리학의 발전에 대해서 생각하기 시작하게 되었지만, 과학사와 과학철학에 대한 해설자로는 사람들의 관심을 끌지는 못했다. 프라하에 온 지 5년이 지난 1872년에 그는 『에너지 보존The Conservation of Energy』이라는 책을 발간했다. 그 책의 내용 중에는 열에 대한 기체 운동론과 원자론에 대한 마흐의 일반적인 비판이 담겨 있었다. 그러나 그의 책은 과학자에게는 너무 철학적이었고, 철학자에게는 너무 과학적이어서 어느 쪽도 받아들이기에는 너무 빈약했다. 결국 그의 주장은 곧 잊혀져 버렸다.

마흐는 자신의 실험 결과에 대한 책과 과학 논문을 많이 발표했지만, 그의 글은 상당기간 동안 언론의 관심을 끌지 못하고 잊혀져 버렸다. 그러나 끈질긴 노력은 시간이 흐르면서 점차 인정을 받기 시작했다. 프라하에 체류하는 동안 그의 관심은 실험보다 해설적이고 철학적인 내용의 글을 쓰는 쪽으로 옮겨가고 있었다. 『에너지 보존』 이후 1883년에 발간했던 『역학의 과학The Science of Mechanics』은 훨씬 더 성공적이었고, 젊은 세대의 물리학자들에게 상당한 영향을 주었다.

마흐는 측정한 물리량들 사이의 수학적 관계를 밝히려는 것으로 자신의 입장과 맞는 "수리 물리학"과 수학적으로 정의된 양에 일종의 존재 의미를 부여함으로써 더 깊은 의미를 추구하기 때문에 자신의 입장에는 맞지 않는 "이론 물리학"을 구별하려고 노력했다. 마흐는 『에너지 보존』의 말미에 "자연과학의 목적은 현상들 사이의 관계를 밝히는 것이고, 이론은 과학의 나무가 가지고 있는 폐에 공기를 제공해주지 못하면 떨어져 버리는 마른 나뭇잎과 같은 것"이라고 했다.[16] 그가 남긴 대부분의 글에서 마흐는 물리학을 비롯한 과학의 넓은 분야를 분석해서 무엇이 잎이고 무엇이 단단한 나무인가를 판단하려고 애썼다.

그러나 뉴턴마저도 마흐의 기준을 충족시키지는 못했다. 그는 뉴턴 역학에서 "질량"과 "힘"의 개념이 직접 측정할 수 있는 양으로부터 독립적으로 정의된 것이 아니었고, 그 양이 포함된 법칙을 통해서 정의된다는 사실을 발견했다. 즉, 물체의 질량은 그것을 움직이는데 필요한 힘으로 정의되지만, 힘은 이와는 반대로 질량을 가진 물체를 움직이는 능력으로 정의된다. 마흐의 생각에 그런 정의는 순환적인 것으로 받아들일 수가 없었다. 그러나 그의 주장은 반쪽만 옳은 것이었다. 뉴턴의 법칙에는 어느 정도의 순환성이 포함되어 있기는 하지만, 뉴턴 법칙은 자명하거나 보다 더 근본적인 법칙에서 유도되었기 때문이 아니라 설명하려고 하는 문제를 정확하게 정의했기 때문에 성공을 거두었다. 그런 사실은 약점이 아니라 강점이었다.

다른 말로 표현하면, 새로운 과학 법칙은 일종의 이론적인 가정을 근거로 해야만 한다. 뉴턴은 질량과 힘을 논란의 여지없이 독립적으로 정의할 수 있다는 사실을 보여준 것이 아니라, 이 법칙에 포함된 질량과 힘이 보편적인 의미와 응용성을 가지고 있다는 사실을 보여준 것이었다. 그 결과는 실제로 어느 정도 순환적이기는 하지만 그럴 수밖에 없었다. 뉴턴은 아무 것도 없던 곳에 이론의 건물을 세우고 있었기 때문이다.

이것이 바로 마흐가 그 필요성과 불가피성을 전혀 이해할 수 없었던 과학 이론의 단면이었다. 그는 모든 법칙이 명백하고 독립적인 뜻을 가진 정의들만으로 구성되기를 바랐기 때문에, 과학에서 도입된 양과 특성은 그것들을 정의하는 체계 안에서만 그 유용성이 드러날 수밖에 없다는 점을 받아들이지도 못했고, 받아들일 수도 없었다. 과학 이론의 경우에는 푸딩의 존재를 증명하기 위해서는 직접 먹어보아야만 했다.

마흐는 이론과 "형이상학"을 비롯한 증명이 불가능한 개념에 대한 거부감 때문에 극단적인 생각을 하게 되었다. 그는 『에너지 보존』에서 "오늘날 우리는 물이 수소와 산소로 구성되어 있다고 말한다. 그러나 그 수소와 산소는 실제로 존재하지도 않으면서, 우리가 물을 분해할 때 나타나는 현상을 설명할 때나 필요한 생각이나 이름에 지나지 않는다"라고 했다.[17]

마흐가 주장했던 것은 수소와 산소가 따로 존재하는 경우에는 의미가 있지만, 수소와 산소가 물을 구성한다거나 또는 물이 수소와 산소를 포함하고 있다고 주장하는 것은 이성의 범위를 넘어선다는 것이었다. 그런 주장은 너무 명백하게 제한적인 철학이다. 그의 주장에 의하면 과학자에게 허용된 표현은 "수소와 산소도 있지만, 지금 여기에 있는 것은 물이다"라거나 또는 "물이 있기는 하지만, 지금 여기에 있는 것은 수소와 산소다"라는 것뿐이다. 물이 실제로 수소와 산소로 만들어져 있다고 말하는 것은 확인할 수 있는 사실의 범위를 벗어난 형이상학적인 관계를 의미하는 것이다.

그런 마흐의 주장은 신기할 정도로 어린 아이들의 사고 단계와 닮아있었다. 어린 아이들은 어떻게 곰 인형이 장막 뒤로 사라졌다가 다른 쪽에서 다시 나타날 수 있는가를 이해하지 못한다. 그들은 곰이 사라져 버렸다고 생각하고, 장막 뒤를 살펴 볼 생각은 못하고, 다시 등장한 곰은 완전히 새로운 대상이라고 생각하게 된다. 그러나 반사 성장 단계의 어린 아이는 곰 인형이 그곳에 있기는 하지만, 보이지 않을 뿐이라는 사실을 인식한다. 그들은 곰을 볼 수는 없지만 장막 뒤에 있다는 사실을 알고 있다. 우리가 볼 수 없는 대상을 실재한다고 인식하는 것은 아주 어릴 때 배우는 것이고, 그런 능력은 우리가 실제 세상을 살아가는 데 반드시 필요하다. 그러나 그림에서 원근의 개념을 이해하기 어려워했던 마흐는 이성의 엄격한 개념을 단순한 상식보다도 더 높이 평가했다. 그는 수소와 산소가 물의 형태로 결합되어서 직접 볼 수 없게 되더라도 여전히 존재한다는 사실을 받아들일 수가 없었다.

그럼에도 불구하고 마흐의 관점을 따르는 사람들이 나타나기 시작했다. 공평하게 말하자면, 그는 실험적인 사실에 집착할 것과 근거가 희박한 이론적인 허구를 조심해야 한다는 주장을 했던 것이고, 그것은 지금까지도 중요한 과학 형식 중의 하나로 남아있다. 그는 관찰된 현상에 대한 가장 단순한 설명을 찾으려는 전통적인 의미에서 뿐만 아니라 과학적 설명은 전체적으로 가능한 한 단순히고 일관적인 체계를 이루어야 한다는 뜻에서 단순성의 중요함을 강조한 것이었다. 그러나 그는 그정도의 합리적인 수준을 넘어서 광신의 경지에 이르게 되었고, 결국은 과학 연구에 관한 한 그의 철학은 과학자들이 해서는 안 되는 일의 목록에 지나지 않게 되어버렸다. 이론의 도입은 해서는 안 되는 일 중에서 첫째였다.

19세기 후반은 이론 물리학이 처음으로 제자리를 확립하기 시작했던 시기였다. 막스 플랑크의 회고에 의하면 자신이 뮌헨 대학에 다니던 1870년대에는 이론 물리학 과목이 없었기 때문에 이론 물리학을 공부할 수가 없었다고 한다. 그는 실험 물리학과 수학을 별도로 배웠다. 그러나 상황은 변화하고 있었다. 볼츠만은 1890년에 이론 물리학 교수로 뮌헨에 부임했고, 빈에서도 같은 직함을 가지고 있었다. 기체 운동론과 맥스웰의 전자기학 이론은 최초의 위대한 이론 물리학의 성과였고, 많은 문제들을 명백하게 수학적인 방법으로 표현된 물리학적 모형으로 설명하게 되었다. 그러나 많은 물리학자들이 그런 방법을 좋아하지는 않았고, 클라우지우스, 맥스웰, 볼츠만 등이 주장했던 방법과 아이디어들이 과학으로 인정받기에는 너무 추상적이고, 경험적인 세상과 너무 동떨어져 있다고 여겼던 사람들은 마흐의 주장을 선호했다.

57살에 빈으로 돌아온 마흐는 대단한 환영을 받았다. 많은 학생들이 역사, 철학, 물리학, 생리학을 아우르는 그의 강의에 몰려들어서 넋을 잃고 빠져들었다. 그는 새로운 사실을 가르치지도 않았고 지난 몇 년 동안 많은 책을 저술했지만, 빈으로 돌아온 후에야 다양한 분야의 지식인들로부터 널리 인정을 받기 시작했다. 마흐는 단순성이 곧바로 효율성으로 인식되는 아이디어의 시장에서는 가설에 대한 투자를 최소화해야만 설명 능력이 극대화된다는 당시의 최신 경제학 이론에 매료되어 버렸다. 그는 정교한 이론보다는 단순한 설명과 관찰이 우선되어야 한다는 뜻의 그런 원칙은 물리학에 반드시 적용되어야만 하며, 그런 원칙은 도덕이나 윤리 문제에도 적용할 수 있을 것이라고 주장했다. 다윈의 진화론적인 해석이 혼합된 팡글로스Pangloss*적인 믿음을 가지고 있었던 마흐는 대부분의 경우 사람들에게 도움이 되는 윤리적인 행동은 아이디어와 행동이 성숙되면서 자연스럽게 나타나게 된다고 믿었다. 현재 일어나고 있는 일들을 신비하고 비밀스러운 사회적 힘으로 설명하는 대신 결국 모든 것이 잘 해결될 것이라고 믿어야 한다는 그의 주장은 민족주의적이고 정치적인 분열이 격화되어가고 있던 빈의 사람들을 안심시켜주는 철학이었다. 1890년대 중반에 이르러서 에른스트 마흐는 사회에 널리 알려진 지식인이 되었고, 젊은 물리학자들은 물론이고 유명한 시인, 작가, 음악가, 예술가들도 그의 생각에 동조하기 시작했다.

그런 모든 일들이 볼츠만을 자극했던 것이 틀림없다. 스승이었던 요제프 슈테판의 죽음으로 인해 빈으로 돌아온 직후였던 1895년 7월에는 그

---

* 역자 주: 17세기 프랑스의 계몽주의 작가 볼테르의 작품 "캉디드Candid"에 등장하는 맹목적으로 낙천적인 주인공의 스승.

의 오랜 동료였던 요제프 로슈미트가 사망했다. 볼츠만은 조사(弔辭)에서 "나에게 소중했던 사람들의 장례를 치러주기 위해 빈으로 돌아온 것인가?"라고 한탄하기도 했다.[18] 로슈미트는 처음으로 가역성 문제를 제기함으로써 기체 운동론에 대해서 비판적인 태도를 보이기도 했다. 그러나 영국의 물리학자들과 마찬가지로 근본적으로 원자의 존재를 믿었으며, 무엇보다도 원자들이 어떻게 움직이고 있는가를 알아내고 싶어했다. 빈으로 돌아온 볼츠만은 젊은(일반적으로 뛰어나지는 못했던) 물리학자들을 가까이 하지 않았고, 결국 그들은 마흐의 영향을 받게 되었다. 볼츠만은 빈에서 원자론과 기체 운동론에 대해 심각하게 토론할 수 있는 동료를 찾고 싶었다. 그러나 그가 이해할 수도 없고, 설사 이해한다고 해도 바보스럽다고 생각할 수밖에 없는 철학이 대학가 전체를 휩쓸고 있었다.

새로운 사람들이 오래 전부터 제기되었던 가역성의 문제를 전혀 다른 모습으로 다시 들고 나온 것도 볼츠만을 괴롭혔다. 1893년에 프랑스의 위대한 수학자 앙리 푸앵카레 Henri Poincaré는 닫혀진 역학계는 시간이 지나면 초기 상태로 되돌아와야만 한다는 회귀 정리를 증명했다. 그의 결론은 볼츠만과 맥스웰이 모두 알고 있었으면서도 해결하지 못했던 문제와 관련이 있었다. 두 사람은 기체를 통계적인 방법으로 설명하면서 증명하지는 못했지만, 원자 집단이 어떤 동역학적인 상태에서 다른 상태로 끊임없이 바뀌어 가는 과정에서 기체가 모든 가능한 상태를 거쳐간다는 무작위성을 도입했었다. 푸앵카레의 증명은 적어도 한 가지 면에서는 그런 무작위성이 절대적일 수 없다는 사실을 증명한 것이었다. 푸앵카레의 정리는 어느 정도의 시간이 지나면 계가 반드시 초기 상태로 되돌아와서 똑같은 변화를 반복하게 된다는 사실을 수학적으로 증명한 것이었다. 푸앵카레는 자신의 새로운 정리 때문에 "영국의 기체 운동론"이라고 부르던 이론이 난처하게 될 수도 있다고 지적했다.[19]

2년쯤 지난 후에 막스 플랑크의 학생이었던 에른스트 제르멜로 Ernst Zermelo가 바로 그 문제를 구체적으로 제기했다. 푸앵카레의 정리가 요구하듯이 기체를 구성하는 원자들이 언젠가는 정확하게 초기 상태로 되돌아와야만 한다면, 볼츠만의 H-정리는 언제나 성립될 수가 없다는 것이었다. 처음에 H가 감소해서 엔트로피가 증가하는 방향으로 변화하더라도 결국 계는 H가 다시 증가해서 엔트로피가 감소하는 방향으로 되돌아가야만 한다. 제르멜로는 따라서 원자로 구성된 기체가 최대의 엔트로피를 가진 평형의 상태로 진화하고 나면 그 상태로 유지될 것이라는 기체 운동론은 분명히 틀린 것이라고 주장했다.

제르멜로의 주장은 새로 등장한 강력한 정리를 이용하기는 했지만 로슈미트나 영국의 반대론자들이 제기했던 것보다 새로운 내용은 없었다. 볼츠만도 계의 엔트로피가 줄어드는 방향으로 변할 수 있는 가능성은 인정하고 있었다. 푸앵카레는 그런 일이 반드시 일어나야만 한다는 사실을 증명한 것이다. 그러나 여전히 그런 일이 일어날 가능성이 얼마나 클 것인가가 문제의 핵심이었다. 수학적으로 어떤 일이 반드시 일어나야만 한다는 것은 그런 일이 자주 일어난다거나 또는 우리 인간이 인식할 수 있는 기간 동안에 일어날 것이라고 말하는 것과는 명백히 다르다. 볼츠만은 이번에도 상당히 지친 심정으로 논쟁에 끼어 들었다. 제르멜로의 주장에 대한 그의 답변에는 비웃음과 언짢음이 섞여 있었다.

그는 서문에서 "제르멜로의 논문은 그가 내 연구의 결과를 제대로 이해하지 못하고 있음을 보여주고 있다. 그렇지만 나는 독일에서 내 연구 결과에 대해 처음으로 관심을 갖기 시작했다는 뜻에서 그의 논문을 환영할 수밖에 없다"고 하고, 기술적인 부분에 대한 설명을 마친 후에 "역학적 관점에서 자연을 설명하는 이론에 대한 모든 반론은 알맹이가 없는 잘못된 것이다. 기체이론 법칙에 따른 명백한 설명을 이해하지 못하는 사람은 제르멜로씨의 충고처럼 이 문제를 포기해야만 한다"고 결론을 내렸다.[20]

볼츠만은 자신의 주장을 더 구체적으로 설명하기 위해서 상온에서 약 $1cm^3$의 통 속에 들어있는 약 10억 개의 원자로 구성된 계가 푸앵카레가 증명했던 것처럼 정확하게 원래의 상태로 되돌아올 때까지 걸리는 대략적인 시간을 계산해 보았다. 그가 얻은 시간을 초 단위로 표시하면 0이 10억 개나 붙은 상상하기도 어려울 정도의 긴 시간이었다. 만약 하늘에 있는 항성들이 모두 태양과 같은 수의 행성을 가지고 있고, 모든 행성에 지구와 같은 수의 사람들이 살고 있으며, 그 사람들이 모두 10억 년씩 산다고 하더라도, 그들의 수명을 모두 합친 시간을 초 단위로 표시하면 0이 50개 이하가 된다. 결국 푸앵카레의 회귀 정리는 수학적으로는 논란의 여지가 없지만 현실적으로는 아무런 문제가 될 수 없다는 결론을 얻었다.

그는 제르멜로의 반박을 더 쉽게 이해할 수 있도록 정리했다. 엄격한 수학적인 관점에서 보면, 1천 개의 주사위를 충분히 여러 번 던지면 모든 주사위가 1이 되는 경우가 나타날 것이다. 그러나 그런 결과가 나타날 확률은 믿을 수 없을 만큼 작다. 볼츠만은 제르멜로가 "아직까지 그런 결과가 나타나지 않은 것으로 보아서 자신의 주사위에 문제가 있다고… 주장하는 사람과 같다"고 했다.[21]

푸앵카레의 회귀 정리와 볼츠만의 H-정리는 확률과 시간 척도의 차이에서 다를 뿐이었다. 무한히 오랜 세월 동안 관찰한다는 것을 전제로 하는 우주적인 관점에서는 계가 반드시 초기 상태로 되돌아올 것이라는 푸앵카레와 제르멜로가 옳았다. 그러나 인간의 시간 척도에서는 물론이고 십억 년의 십억 년에 해당하는 시간의 범위에서도 회귀의 가능성은 무시할 수 있을 정도로 작았다. 따라서 기체가 가능한 모든 동역학적 상태를 무작위적으로 차지하게 된다는 가정은 엄격하게는 진실이 아니지만, 실질적으로는 그런 가설이 현실에 충분히 가깝기 때문에 아무런 차이도 나타나지 않는다. 다시 한 번 물질의 물리학에 대한 볼츠만의 생각이 옳다고 밝혀지게 되었다.

볼츠만은 1895년에 《네이처》에 발표했던 논문이나 1896년에 제르멜로의 반박에 대한 답변에서 자신의 그런 주장을 조금씩 확대해나갔다. 일반적으로 영원하다고 생각한 우주 전체가 당시 천문학자들이 밝혀내기 시작했던 것처럼, 항성과 행성, 그리고 빈 공간으로 구성된 불균일한 우주가 아니라, 모든 것이 완벽하게 균일하고 완벽하게 안정된 평형의 상태로 향하고 있는 것처럼 보였다. 클라우지우스는 우주가 아무런 구조도 없는 정지의 상태로 진화하고 있다고 주장했고, 그런 상태를 "열적 죽음"이라고 불렀다. 이제 볼츠만은 그런 상태에서도 확률의 문제이기는 하지만 일시적으로 일반적인 평형에서 벗어났다가 다시 평형의 상태로 되돌아오는 부분이 있을 수 있다고 주장했다. 그는 지금 인류가 차지하고 있는 우주의 일부분은 엔트로피가 일시적으로 줄어들었다가 다시 증가하고 있는 바로 그런 곳이라고 주장했다. 볼츠만은 우주의 어느 곳에서는 엔트로피가 감소하고 있을 것이고, 그런 곳에서는 시간이 거꾸로 흘러가는 것처럼 보일 것이라고 추측했다.

볼츠만에게는 그런 추측이 기체 운동론의 깊이와 흥미를 증진시켜주는 가능한 짐작으로 볼 수도 있었다. 그러나 반대론자들에게는 볼츠만이 자신의 주장을 지키기 위해서 얼마나 애를 써야 하는가를 보여주는 억지처럼 보였다. 이제 볼츠만은 H-정리가 명백하게 옳은 결과가 아니라 우주의 특별한 곳에서 한정된 시간 동안에만 성립된다는 사실을 인정하는 것 같았다. 그러므로 가역성에 대한 의문에서 해결된 것은 아무 것도 없었다. 그때까지도 확률을 이용한 논리에 익숙한 물리학자는 거의 없었다. 계가 결국은 초기의 상태로 되돌아와야 한다는 푸앵카레의 이론은 완벽한 진실이었다. 볼츠만도 그런 사실은 인정했지만, 이해하기 어려운 방법으로 그런 사실이 현실적으로는 중요하지 않다고 주장하고 있었다.

제르멜로는 다시 한 번 짧은 답변을 통해서 볼츠만이 열역학 제2법칙이 절대적이 아니라 확률적인 법칙에 지나지 않는다는 점을 분별 없이 인정했다는 점에서 놀랍다고 주장했다. 어쨌든 제르멜로는 플랑크의 학생이었고, 1890년대 중반까지도 그런 생각은 충격적인 것이었다. 그런 의문을 가지고 있던 사람은 그 뿐이 아니었다. 영국에서 (1892년에 캘빈 경이 된) 윌리엄 톰슨도 확실성이 아니라 확률의 계산에 지나지 않은 이론적 예측에 반대하기 시작했고, 겉으로 드러나게 된 모순 때문에 혼란스러워 했다. 1895년 (몇 년 전부터 편지를 주고받아 왔던) 그는 볼츠만에게 "내가 되돌아 갈 수 있는 자리가 있다면. 맙소사! 그런 관점에서 나는 절대 만족할 수가 없습니다. 열역학 전체가 그런 것에 매달려 있다는 사실이 정말 슬프답니다"라는 편지를 보냈다.[22]

많은 물리학자들에게 제르멜로의 반박은 심각한 것이고, 볼츠만의 답변은 종잡을 수 없는 것으로 보였다. 플랑크와 캘빈은 존경받고 있던 사람들로 상당한 영향력을 가지고 있었다. 볼츠만은 다시 한 번 불행하게도 인정받지 못하는 외로운 존재라고 느끼기 시작했다. 마흐의 제자들은 볼츠만을 원자론의 "마지막 기둥"이라고 부르기 시작했다.[23] 다른 젊은 물리학자들의 회고에 의하면 "극소수의 예외를 제외하면 독일과 프랑스의 원로들은 원자론적인 기체 운동론은 막을 내린 것으로 여겼고, 당시의 원자론자들은 방어적인 입장에 있었다."

맥스웰은 오래 전에 사망했고, 클라우지우스도 1888년에 사망했으며, 슈테판과 로슈미트도 마찬가지였다. 볼츠만은 1890년대의 빈에서 자신이 적대적인 지식인들로 둘러싸여 있고, 젊은 물리학자들도 자신을 지지하지 않는다고 느끼고 있었다. 제르멜로의 반박과 그에 대한 답변을 발표하기 위해서 학술지의 편집자에게 보냈던 편지에서 볼츠만은 자신이 얼마나 고립되어 있고, 열세에 처해 있다고 느끼고 있었는가를 알 수 있다. 그는 "이제 나는 아주 힘든 형편에 처하게 되었습니다"고 했다.[24] 그는 플랑크가 그 학술지의 고문이고, 제르멜로가 그의 학생이라는 점을 지적하면서 "나는 다음과 같은 사항을 요구할 권리가 있다고 생각합니다. 첫째, 플랑크 씨가 내 답변의 게재를 지연시키지 말 것. 둘째, 문장을 조금도 바꾸지 말 것. 셋째, 같은 학술지에 (제르멜로의) 답변을 게재하지 말고, 그들이 원하고 그럴 수가 있다면 추후에 발간되는 학술지에 게재할 것"이라고 요구했다.

같은 편지에서 볼츠만은 자신의 포위된 입장을 "이제 맥스웰, 클라우지우스, 헬름홀츠 등이 모두 사망한 상태에서, 내가 자연은 에너지론이 아니라 역학으로 설명할 수 있다는 생각을 가지고 있는 최후의 에피고네로서, 나는 과학의 발전을 위해서 내 의견을 공개적으로 밝혀야 할 의무를 가지고 있다고 주장합니다"라고 표현했다(그리스 신화에서 에피고네는 테베를 함락시키려다가 죽임을 당했던 아버지에 대한 복수를 위해서 테베를 함락했던 7명의 전사였다). 같은 편집자에게 보냈던 다른 편지에서 볼츠만은 "내가 곧 오늘날의 독일 과학계의 방향을 반대하는 유일한

사람이 될 것인지는 알 수가 없습니다"라고 했다.[25]

볼츠만의 적들은 그를 "마지막 기둥"이라고 불렀고, 그도 가끔씩 자신에 대한 그런 평가를 받아들였던 것으로 보였다. 그런 상황에서도 그는 자신을 잃지 않으려고 노력했다.

제8장

미국의 혁신
새로운 세계와 아이디어

처음으로 대서양을 횡단했던 증기선은 아일랜드의 코크항을 떠난 지 19일 만인 1838년 4월 23일 뉴욕에 도착했다.[1] 시리우스 호라는 이 배를 대양을 횡단하는 멋진 여객선이라고 볼 수는 없었다. 수십 년 동안 영국 해협을 건너다니던 정기선과 같은 종류였던 이 배는 유명한 영국 기술자 이삼바드 킹덤 브루넬*Isambard Kingdom Brunel*이 건조했던 새로운 여객선 그레이트 웨스턴 호보다 먼저 대서양을 횡단하기 위해서 급하게 개조된 것이었다. 시리우스 호는 뉴욕까지 항해하던 마지막 며칠 동안은 싣고있던 화물을 연료로 사용해야만 했다. 여러 사고로 며칠 항해가 지연되었던 그레이트 웨스턴 호는 15일의 여정을 마치고도 연료가 남아있었다. 당시의 기술자들은 신대륙까지 항해하는 데 필요한 연료를 모두 실을 수 있는 배는 만들 수 없다고 생각했고, 시리우스 호의 경우가 그런 사실을 증명해주었다. 그러나 브루넬은 바다를 항해하는 배에 미치는 저항은 대략 배의 표면적에 비례해서 늘어나지만, 배에 실을 수 있는 석탄의 양은 배의 부피에 의해서 결정된다는 사실을 깨달았다. 따라서 배가 클수록 더 많은 연료를 실을 수 있고, 더 안락한 항해를 할 수 있을 것이라고 믿게 된 것이었다.

그러나 그레이트 웨스턴 호의 성공에도 불구하고 대서양 횡단 여행은 일상적인 것이 되지는 못했다. 그 배의 증기 엔진은 바닷물을 사용했기 때문에 쉽게 막히거나 부식되었다. 정기적으로 엔진을 분해해서 피스톤을 청소해야 했기 때문에 비효율적이더라도 낮은 압력에서 작동하도록 설계할 수밖에 없었다. 1856년에 그런 배에 사용할 수 있는 새로운 냉각기가 개발되어서 적은 양의 민물을 냉각수로 사용할 수 있게 되었다. 엔진을 완전히 밀폐함으로써 더 높은 압력에서 작동할 수 있게 된 것이다. 다른 몇 가지 혁신적인 기술과 함께 새로운 항해용 증기 엔진이 개발되면서 대양을 횡단하는 증기선이 일반화되었고, 1860년에 이르러서는 유럽에서 미국까지의 선박 운항 횟수도 늘어났고, 비용도 저렴해졌다.

새로운 냉각기를 개발했던 사람은 스코틀랜드의 물리학자이고, 훗날 캘빈 경이 된 윌리엄 톰슨이었다. 빈의 물리학자들이 여유 시간에 철학 문제에 대해 논쟁하고 있는 동안 영국과 독일의 물리학자들은 증기 엔진이나 전신기를 개발하는 데 더 열중했다. 볼츠만은 일종의 예외였다. 시력이 너무 나빠져서 실험을 할 수 없게 될 때까지 그는 유능한 실험가였고, 발명가이기도 했다. 언젠가 그는 부인의 재봉틀을 움직이기 위한 전기 모터를 만들기도 했다. 1879년에 그는 빈 과학원에서 전화 통신과 관계된 전기 이론을 발표하기도 했다(알렉산더 그라함 벨*Alexander Graham Bell*이 최초의 전화 특허를 받았던 것이 불과 3년 전이었다). 말년에는 아들 아르투르가 좋아했던 기구(氣球)에 흥미를 느낀 볼츠만은 기구에 엔진을 붙일 수 있는 가능성에 관심을 갖게 되었다. 이에 필요한 소형 엔진에 대한 실험을 한 후에 그 관찰 결과에 대한 강의를 하기도 했다. 그는 당시에 새로 창립되었던 빈 전기공학협회에 가입했고, 한동안 회장을 역임하기도 했다. 한번은 그의 친구였던 화학자 발터 네른스트가 개발했던 새로운 전구를 소개하기 위해서 빈에 있던 자신의 집에서 파티를 열기도 했다. 그는 50리터의 맥주와 찬 음식을 주문한 후에 55명의 손님을 초청했다. 그러나 새로운 기술 혁신을 보기 위해서 찾아왔던 동료는 7명뿐이었다.

볼츠만은 당시 싹트기 시작했던 증기선 사업에 대해서 빈의 다른 사람들보다 훨씬 빨리 관심을 갖기 시작했다. 언제나 훌륭한 여행가였던 그는 일생 동안 미국을 세 번이나 방문했다. 그가 처음으로 대서양을 건넜던 것은 55세였던 1899년이었다. 그는 그 해에 창립 100주년을 맞이했던 매사추세츠 주 볼체스터에 있는 클락 대학에서 명예 박사 학위를 받으면서 역학에 대한 강연을 했다. 그의 표현에 의하면 그 여행은 "빈에서의 단조로운 일상"을 벗어날 수 있는 기회가 될 것으로 기대했지만,[2] 볼체스터에 도착한 그는 그곳이 "매우 지루한 곳"임을 발견했다.[3] 초청을 받은 직후에 그는 클락 대학의 G. 스탠리 홀 Stanley Hall 총장에게 편지를 보내서, 자신이 뮌헨에서 빈으로 옮기고 난 후에 건강이 더 나빠졌고, 특히 신경 쇠약 때문에 부인을 동반해야 한다면서 여행 경비 지원을 늘려줄 것을 요구했다.

1899년 6월 긴 항해 끝에 뉴욕에 도착한 그와 헨리에테에게 뉴욕은 인상적이기는 하지만 빠른 속도로 달리는 전차 때문에 위험스러운 곳으로 보였다. 그들은 뉴욕에서 보스톤(헨리에테는 "먼지가 굉장하다"는 엽서를 보냈다)을 거쳐서 볼체스터로 갔다. 그들은 기차로 동부 지방의 여러 곳을 방문했다. 북쪽으로는 버팔로와 (나이아가라 폭포를 건너서) 몬트리올까지 갔었고, 남쪽으로는 볼티모어와 워싱턴도 방문했다. 그 여행은 관광뿐만 아니라 학술적인 목적으로 여러 곳을 방문하기 위한 것이기도 했다. 대부분은 실험 물리학자들이었지만 그 명성이 유럽에까지 알려져 있던 몇 사람의 미국 물리학자들도 만날 수 있었다.

그러나 볼츠만은 자신과 비슷한 연구를 하고 있는 미국 과학자는 한 사람도 만나지 못했다. 코네티컷 주의 뉴헤이븐에 살고 있던 조시아 윌라드 깁스*Josiah Willard Gibbs*는 오스트리아의 볼츠만과 마찬가지로 물리학에 통계적인 개념을 도입한 선구자였다. 볼츠만은 깁스의 존재와 연구 결과에 대해서 알고 있었던 것이 틀림없었다. 그러나 볼츠만이 그림자와 같은 사람으로 알려져 있었던 깁스를 학문적인 동료가 아니라 적이라고 느꼈던 것은 이상한 일이 아니었다.

깁스가 미국의 동료들로부터 수수께끼 같은 사람으로 여겨져서 제대로 인정을 받지 못했던 것은 그의 연구가 난해한 탓도 있었지만, 그의 성격 탓이기도 했다. 1839년에 예일 신학교의 종교 언어학 교수의 아들로 태어난 그는 7살 때 대학 근처에 지은 아버지의 집에서 평생을 보냈다. 그는 죽은 뒤에도 집에서 두 블록 정도 떨어진 묘지에 묻혔다. 깁스는 프랑스와 독일에서 3년간 교육을 받은 것을 제외하면 미국을 떠난 적도 없었고, 사실은 뉴헤이븐을 떠난 적이 별로 없었다. 볼츠만보다 다섯 살이 많았던 그는 볼츠만보다 조금 앞서서 베를린과 하이델베르크에서 1년씩을 보냈지만, 대부분의 시간을 남들의 눈에 뜨이지 않고 공부에만 열중했다. 그를 가르쳤던 교수들도 그에 대해서 특별한 기억을 하지 못했고, 그 자신이 어떤 교수의 영향을 받은 것 같지도 않았다. 그는 결혼도 하지 않았고, 뉴헤이븐에 돌아와서는 미혼의 누나와 함께 이미 사망한 그의 아버지 집에서 살았다.

  그렇다고 그가 은둔자였던 것은 아니었다. 또 다른 누이는 결혼을 했으며, 그의 조카들은 윌리 아저씨를 매우 좋아했고, 그 역시 조카들을 사랑했다. 그는 뉴잉글랜드의 시골길을 산책하고 말을 타기를 즐겼으며, 아이들을 말이나 마차에 태워서 소풍 다니곤 했다. 학생들을 너그럽게 대하고 격려해주었고, 사려 깊었으며 가끔씩은 재미있는 교수이기도 했다. 그는 과학계와 긴밀한 교류를 하지는 않았지만, 유럽의 과학자들을 비롯한 몇몇 과학자들과는 우호적인 편지를 주고받았다. 그의 연구는 그 분야에 관심이 있는 사람들에게만 존중을 받았다. 명료하기는 했지만 이해하기 힘들 정도로 간결했던 논문을 발표하는 것 이외에는 자신의 연구 결과를 다른 사람들에게 설명해주려고 노력하지도 않았다. 그는 연구뿐만 아니라 자신의 생활에서도 지극히 독립적인 사람이었고, 그런 생활을 아주 즐겼던 것 같다. "감정을 드러내는 것은 그의 성격에 맞지 않는다"는 그의 동료의 회고도 조금은 삼가해서 표현한 것이었다.[4]

  어떤 의미에서 깁스는 독학을 했던 셈이다. 학부에서는 당시 예일 대학교의 교육 과정에 따라 주로 수학과 고전을 공부했고, 과학은 거의 공부하지 못했다. 물리학은 "자연 철학"이라는 과목에서 1년 동안에 화학, 천문학, 광물학 등과 함께 배웠다. 그는 졸업한 후에 공과 대학에 다시 등록하면서 이론강의에서 해보지 못했던 실험을 처음 해볼 수 있었다. 그의 첫 논문은 톱니 디자인에 대한 간단한 내용이었다. 그 직후에 그는 기차용 브레이크의 디자인을 개선해서 특허를 획득했다. 1863년에는 미국에서는 과학 분야에서 두 번째이고, 전 분야에서는 세 번째로 철학 박사 학위(Ph.D.)를 받았다.

  그는 1866년에 두 누이들과 함께 프랑스와 독일을 방문했다. 그들은 가족이 저축한 돈으로 적당한 수준의 생활을 유지할 수 있었다. 깁스는 당시의 미국 대학에서는 배울 수 없었던 고급 수학과 물리학을 배우기 위해서 열심히 노력했다. 지금까지 남아있는 자료는 그의 개성을 잘 보여주는 간결한 강의 노트 몇 권뿐인데, 그것만으로는 그가 어떤 과목을 특별히 좋아했거나 싫어했는가를 알아낼 수는 없다. 그는 귀국한 후에는 개인사업을 꾸려나갔다.

그로부터 몇 년 후에 예일 대학은 교육 과정을 개편하면서 특별히 과학 분야를 강화하기로 결정하였다. 그리고 깁스는 무보수의 수리 물리학 교수로 임명되었다. 당시에 그는 공학 디자인 분야에서 작은 벤처 사업을 한 것 이외에는 논문을 발표한 적도 없었지만, 효율적이고 부지런한 교수로 알려져 있었다. 그는 자신의 성격에 따라 조용하고 평탄한 일생을 보내기로 결심했던 것 같았다.

그러나 몇 년 후에 깁스는 세 편의 유명한 논문을 발표하면서 갑자기 이름이 알려지기 시작했다. 처음 두 편의 짧은 논문은 1873년의 《코네티컷 과학원 회보 Transactions of the Connecticut Academy of Science》에 발표되었다. 훨씬 긴 세 번째 논문은 1876년과 1878년에 두 부분으로 나뉘어서 같은 학술지에 게재되었다. 고전 열역학은 깁스의 이 논문들 때문에 그 모습이 완전히 바뀌게 되었다.

처음의 두 논문에는 여러 가지의 새로운 그래프와 도표가 실려있었다. 당시의 과학자들은 기체, 액체, 고체와 같은 물질의 상태나 상(相)을 압력, 부피, 온도, 에너지, 엔트로피 등으로 설명하는 데 익숙해 있었다. 깁스는 그런 성질들을 완벽하고 체계적이며 독특한 분석 방법으로 조합해서 만든(일정한 부피의 기체에 대해서 압력과 온도의 변화를 나타내는 것과 같은) 그래프를 이용하면 모든 의문을 해결할 수 있음을 보여주었다. 특별히 유용하지 않은 그래프도 있었지만, 엔트로피와 부피 사이의 관계를 나타낸 그래프는 기체가 액체로 변환되거나 액체가 기체로 변환되는 조건을 연구하는 데 아주 유용한 것으로 밝혀졌다.*

두 번째 논문에서는 세 가지 열역학적인 성질을 좌표로 하는 3차원 그래프가 유용하다는 사실을 밝혔다. 특히 그는 엔트로피, 에너지, 부피를 축으로 하는 그래프를 소개했다. 깁스는 모든 물질의 경우에 그런 3차원 공간이 기체, 액체, 고체를 나타내는 영역으로 나눠지고, 그런 영역들 사이의 경계면에 많은 정보가 담겨있다는 사실을 밝혀냈다. 예를 들어서 액체와 고체의 영역을 구분하는 경계면의 경사는 고체와 액체가 서로 평형을 이루고 있는 온도와 압력을 나타낸다.

위대한 과학적 발견이 많은 그래프와 그림에서 이루어졌다는 것이 너무 단순하게 보일 수도 있다. 그러나 1870년대에 그런 도표 속에 안정성, 평형, 증발열과 응축열을 비롯한 물질의 다양한 물리적 성질이 담겨 있다는 사실을 알아내려면 굉장한 통찰력이 필요했다. 믿기 어려울 정도로 단순하고 직설적인 방법으로 풍부한 정보를 얻을 수 있다는 사실을 밝혀낸 것이 바로 깁스의 업적이었다. 맥스웰은 누구보다도 그의 업적을 환영했다. 1875년에 그는 런던 화학회에서의 강연에서 영국 과학자들에게 깁스의 업적이 "열역학에 대한… 미국의 가장 훌륭한 기여"라고 소개하기도 했다.⁵ 그는 깁스의 방법을 사용하면 "나를 비롯한 여러 사람들이 오랫동안 해결하려고 노력했던 문제들이 단숨에 해결된다"고 했다. 큰 감동을 받은 맥스웰은 파리 소석고로 깁스가 제안했던 물의 3차원 "열역학 표면"을 만들어서 예일 대학으로 보냈고, 깁스는 그것을 자랑스럽게

---

* 역자 주: 고체, 액체, 기체와 같은 상 변화가 일어날 때, 엔트로피와 부피가 크게 변한다.

자신의 책꽂이에 전시해 두었다.

그러나 깁스의 업적 중에서 가장 위대한 것은 바로 세 번째 논문이었다. 깁스는 두 부분으로 나누어서 발표했던 300페이지가 넘는 논문을 통해서 열역학적 안정성을 완전하고 완벽하게 설명하려고 노력했다. 깁스도 그 전까지는 다른 사람들과 마찬가지로 한 가지 물질의 열역학에 대해서만 관심을 가졌고, 물리적 조건에 따라서 고체에서 액체로, 액체에서 기체로의 변환이 어떻게 일어나는가를 설명하려고 노력했다. 1878년의 논문이 훌륭한 이유는 한 가지 이상의 불질이 혼합된 경우에는 물론이고 물리적인 상태의 변환 이외의 경우에도 똑같은 분석 방법을 적용할 수 있다는 사실을 밝혀냈기 때문이었다. 공기 중의 수분이 가장 간단한 예가 될 것이다. 어떤 조건에서 물방울이 공기 중에 떠다니고, 어떤 조건에서 물방울로 응축될 것인가? 여러 가지 화학 물질들이 섞여있는 용액에서 화학 물질들이 다양하게 반응하는 경우는 더 복잡한 예가 된다. 어떤 조건에서 한 반응이 다른 반응보다 더 잘 일어나게 될까? 어떤 조건에서 고체 생성물이 용액에서 분리되고, 어떤 조건에서 다시 녹게 될까? 깁스는 이런 모든 문제들이 열역학적으로 해결할 수 있는 것임을 인식하게 되었다.

더욱이 그는 얼마나 다양한 종류의 물질, 상(相), 반응들이 포함되는가는 근본적인 문제가 되지 않고 현실적인 어려움을 더해줄 뿐이라는 사실도 깨달았다. 중요한 것은 계의 성분 물질들이 서로 반응해서 새로운 성분을 만들어내고, 그 과정에서 에너지를 방출하더라도 문제 해결에는 어려움이 없다는 것이었다. 온도가 일정한 상태에서 한 성분이 두 가지 성분으로 분해되는 경우도 취급할 수 있었다. 그런 모든 변화들이 결국은 안정성의 문제였다. 어떤 조건에서는 두 가지 성분이 분리되어서 존재하는 것이 안정하고, 다른 조건에서는 서로 반응해서 녹아 있는 것이 더 안정하다는 것이다. 서로 반응하는 성분을 가진 혼합물도 같은 방법으로 취급할 수가 있었다. 깁스는 각각의 성분들이 존재할 수 있는 상태와 그 성분들 사이에 일어날 수 있는 상호작용을 알아내는 것이 문제 해결의 핵심이라는 사실을 밝혔다.

그런 분석은 너무나도 복잡해서 단순히 그래프를 그리는 것만으로는 이해할 수가 없었다. 그러나 근본적인 원칙은 동일했고, 깁스는 인내심을 가지고 설명하고 싶은 물리적인 계를 나타내는 대수학적인 식을 완벽하게 규명해내려고 노력했다. 깁스의 방법에서 핵심이 되는 부분은 단순하면서도 여러 목적에 활용할 수 있는 것이었다. 그는 크고 복잡한 계의 작은 부분이 변화하면 계가 어떻게 될 것인가를 생각해 보았다. 작은 부피의 기체가 액체가 될 수도 있고, 녹아있던 성분이 침전이 될 수도 있으며, 화학 물질이 성분 물질로 분해가 될 수도 있다. 그는 그런 모든 물리적, 화학적 변화가 에너지, 압력, 온도, 엔트로피 등에서 똑같은 변화가 나타나는 열역학적인 결과임을 알아냈다.

깁스는 모든 것들을 고려해서 그런 변화가 언제 일어나고, 그렇게 되면 계 전체가 에너지의 입장에서 더 가능성이 높은가 또는 그렇지 않은가를 알아내려고 했다.* 작은 변화가 전체적으로 에너지 감소를 가져온다면 계 전체에서는 저절로 그런 변화가 일어나서 다른 상태로 변환될 것이다. 그러나 그런 변화에 에너지가 필요하다면 계는 현재의 상태에 그대로 남아있게 될 것이다.

---

* 역자 주: 깁스가 고안한 "에너지"를 "깁스 자유 에너지"라고 부른다. 일정한 온도와 압력에서 계는 깁스 자유 에너지가 감소하는 방향으로 자발적으로 변하게 된다. 깁스 자유 에너지는 열역학 제1법칙에서의 에너지와 열역학 제2법칙에서의 엔트로피의 성분으로 구성된다.

그런 방법으로 깁스는 임의의 계에 대한 안정성을 분석할 수 있는 보편적이고 완벽하게 일반적인 방법을 확립할 수 있었다. 외부의 조건이 변화될 때에 계가 나타나는 계의 반응도 똑같은 방법으로 분석할 수가 있었다. 가열하거나, 냉각시키거나, 팽창시키거나, 압축시킴에 따라서 내부의 성분들이 어떻게 될 것인가? 그런 의문에 대한 답을 찾는 그의 방법은 계 전체의 작은 부분에서 일어날 수 있는 모든 가능한 변화를 (대수학적으로) 살펴 본 후에, 에너지의 입장에서 어떤 변화가 더 적절한가를 알아내는 것이었다.

깁스의 훌륭한 노력의 최종 성과는 여러 성분들이 섞인 어떤 혼합물에 대해서도 물리적인 성질만으로 안정성, 혼합성, 그리고 평형에 대한 문제를 계산할 수 있다는 사실을 밝힌 것이었다. 그의 방법은 물질의 열역학적 성질에 의존한 것으로 물질이 근본적으로 원자로 이루어진 것인가에 대해서는 어떠한 가정도 필요하지 않았다. 그런 사실은 실제로 가장 훌륭한 장점이기도 하면서, 한편으로는 그의 주장을 이해하기 어렵게 만드는 장애 요인이 되기도 했다. 깁스의 전략은 전혀 새로운 것이었다. 그의 목표는 물리학자나 화학자나 공학자들이 해결하고 싶어하는 문제에 적절한 자료를 넣어주기만 하면 되는 완벽하게 논리적이고 합리적인 체계를 만드는 것이었다. 그의 방법을 이용하면 어떤 조건에서 공기 중의 수증기가 빗방울이 되고, 탄소 불순물이 쇳물에 녹아있게 되는가를 알아낼 수 있다.

깁스의 방법은 너무나도 다양하게 적용될 수 있어서, 그의 방법을 가장 유용하게 활용할 수 있는 화학자들과 공학자들에게는 믿을 수 없을 정도로 추상적인 것처럼 보였다. 특히 말을 최대한으로 아끼면서 설명하려는 설명 방법은 그의 연구결과를 이해하기 어렵게 만들었다(몇 년 후에 영국의 물리학자 레일리 경은 깁스에게 전문성이 떨어지는 사람들도 이해할 수 있도록 더 자세하게 설명한 논문을 쓸 생각이 없는가를 물어보았다. 깁스는 "나는 내 논문이 너무 긴 것이 문제라는 결론을 내리고 있습니다"라고 대답했다[6]).

그러나 깁스의 결과를 이해했던 맥스웰은 영국의 과학자들에게 깁스의 연구결과를 알려주기 위해서《케임브리지 철학회 회보 Proceedings of the Cambridge Philosophical Society》에 짧은 글을 실었다. 독일의 빌헬름 오스트발트는 깁스의 아이디어를 신의 계시라고 생각했다. 화학적 변화를 비롯한 모든 변환을 물리적인 양으로 설명하고, 안정성의 문제를 계 전체의 에너지와 엔트로피를 연결시켜 설명하는 것은 그가 정립하려고 노력하고 있던 물리화학이라고 부르게 된 새로운 분야의 핵심이었다. 오스트발트는 단편적인 방법으로 문제의 해결에 접근해가고 있던 중이었는데, 이름도 모르는 미국인이 단번에 그 문제에 대한 백과사전을 발표해버린 셈이었다.

《코네티컷 과학원 회보》는 유럽의 대학 도서관에서는 쉽게 찾아보기 어려운 학술지였기 때문에, 깁스는 자신의 연구결과에 관심이 있거나 이해할 수 있을 것이라고 짐작되는 백여 명의 과학자들에게 자신의 논문 사본을 보내주었다. 맥스웰, 클라우지우스, 헬름홀츠, 오스트발트도 그 명단에 포함되어 있었다. 1870년대 초까지도 잘 알려져 있지 않았던 볼츠만은 세 번째 논문을 받을 사람들의 명단에 포함되었다. 오스트발트는 깁스의 논문을 독일어로 번역해서 출판이 될 수 있도록 했다. 그는 자서전에서 "이 연구는 나의 발전에 가장 큰 영향을 주었다. 스스로 특별하게 강조하지는 않았지만, 깁스는 거의 완벽하게 에너지와 관련된 요인만을 생각함으로써 기체 운동론의 모든 가설에서 자유롭게 되었다. 그렇기 때문에 그의 결과는 인간이 추구할 수 있는 가장 높은 수준의 확실성과 영원성을 갖게 되었다"고 회고했다.[7]

오스트발트의 평가는 정확하기는 했지만, 자신의 편견이 담겨 있었다. 깁스가 "기체 운동론의 가설"과 씨름하지 않았던 것은 사실이다. 다시 말해서 깁스는 원자의 본질과 원자들의 운동이나 상호작용에 대해서는 특별한 가정을 사용하지는 않았다. 그러나 깁스는 자신의 목적을 달성하는 과정에서 그런 가설이 필요하지 않았을 뿐이지, 기체 운동론에 대해서 반대를 했던 것은 아니었다. 오스트발트는 기체 운동론의 가설을 사용하지 않고 기본적인 열역학적 성질의 유용성만을 강조한 깁스가 은연중에 에너지론의 철학을 지지하고 있다고 여겼다. 깁스의 주장은 추상적이어서 회의적으로 보일 수밖에 없는 것이 아니었고, 이론이라고 하더라도 실험에서 관찰할 수 있는 물리적인 특성만을 근거로 해야 한다고 고집하는 마흐의 방식에 맞는 것처럼 보였다. 그뿐만 아니라, 에너지의 교환이 계의 안정성이나 불안정성을 평가하는 데 가장 근본적인 양이라는 자신의 주장과도 일치하는 것처럼 보였다.

그러나 마흐의 철학에 아무 관심이 없었던 깁스는 자신의 결과를 특별히 에너지론과 연결시키려고 노력하지 않았다. 그는 잘 정의된 열역학적인 성질들만 활용했을 뿐이고, 세상의 진정한 본질이나 올바른 철학에 대한 논란에는 끼어들고 싶지 않을 뿐이었다. 그것이 오히려 그의 장점이었고, 서로 다른 철학을 가지고 있던 사람들은 깁스가 은연중에 자신들의 철학을 인정하고 있다고 생각하도록 만들어 주었다.

어쩌면 깁스의 연구결과를 환영했던 오스트발트 때문이었는지 볼츠만은 예일에서 발표된 새로운 아이디어에 대해서 이중적인 태도를 보였다. 깁스를 비밀스러운 에너지론자라고 생각했던 오스트발트와는 달리, 볼츠만은 그가 원자론의 개념을 사용하고 있으면서도 겉으로 드러내지 않고 있다고 생각했다. 그는 언젠가 "깁스는 자신의 계산에서 분자의 개념을 쓰지 않았지만, 자신의 이론을 정당화시키는 과정에서는 분자의 개념을 활용했던 것이 확실하다"고 했다.[8] 또 다른 경우에 볼츠만은 깁스의 이론이 "다른 방법으로 발견한 것이기는 하지만 근본적으로 분자 이론의 가정을 기초로 하고 있는 것"이라고 주장했다.[9] 오스트발트와 볼츠만이 모두 깁스를 자신의 동료로 여기게 된 것은 깁스가 철학적으로 중립의 위치를 지키고 있었기 때문이었다.

그러나 깁스는 중요한 점에서 볼츠만의 생각에 동조하는 정도가 아니라 훨씬 앞서가고 있었다. 깁스는 볼츠만이 마지못해 받아들였던 것보다 훨씬 전부터 맥스웰과 마찬가지로 확률과 통계학의 근본적인 중요성을 인식하고 있었다. 그는 자신의 고유한 방식으로 그런 통찰력을 갖게 되었다. 깁스의 일반적인 분석 방법은 큰 계가 수 없이 많은 작은 단위로 구성되어 있고, 각각의 단위가 고유한 열역학적인 성질을 가지고 있다고 생각함으로써, 부분의 결과들을 합쳐서 전체의 성질을 유추해내는 것이었다. 그러므로 그는 처음부터 그런 계가 근본적으로 통계적인 특성을 가지고 있다는 사실을 깨닫고 있었다. 그런 사실은 깁스의 패러독스라고 알려진 이상한 관찰에서 확실하게 확인할 수 있다.

빼낼 수 있는 분리막을 이용해서 용기를 두 부분으로 나눌 수 있는 경우를 생각해보자. 우선 양쪽에 같은 온도와 압력을 가진 서로 다른 기체를 채운 후에 분리막을 제거한다. 그러면 두 기체가 혼합될 것이고, 깁스의 새로운 분석에 의하면 두 기체가 서로 혼합되기 때문에 엔트로피가 증가하게 된다.

다음에 깁스는 양쪽에 똑같은 기체를 똑같은 부피로 채워둔 경우를 생각해본다. 이 경우에는 분리막을 제거해서 두 기체가 혼합되더라도 실질적으로는 아무 일도 일어나지 않기 때문에 엔트로피가 증가할 수가 없다. 두 부분에 나누어진 기체는 분명히 서로 혼합되겠지만, 두 기체가 서로 같은 것이기 때문에 물리적으로는 아무런 변화를 관찰할 수가 없다. 전체적인 성질에만 관심이 있는 열역학자들에게는 처음에 한 쪽에 있던 기체가 다른 쪽으로 옮겨가거나 반대쪽으로 옮겨간 것은 아무 문제가 될 수 없다. 기체의 미시적인 구성이 서로 어떻게 섞이게 되는가에 대한 자세한 정보는 결과에 아무런 영향을 미치지 못한다. 어쨌든 엔트로피는 변화하지 않는다.

  서로 다른 종류의 기체가 혼합될 때는 엔트로피가 증가하고, 똑같은 기체가 혼합될 때는 엔트로피가 변화하지 않는다는 차이는 대부분의 평범한(또는 그 이상의) 물리학과 학생들에게 깜짝 놀랄 일이었고, 훗날 "깁스의 패러독스"라고 알려지게 되었다. 그러나 깁스 자신은 그것을 패러독스라고 여기지 않았다. 오히려 그는 그것이 바로 원자가 정확하게 어디에 있는가와 같은 미시적인 정보에 따라 열역학적인 성질이 달라지지 않는다는 사실을 보여주는 것이라고 생각했다. 그러나 그는 그런 사실을 정확하게 밝히는 대신 역시 독특한 방법으로 놀라운 사실을 밝히는 근거로 사용했다(그가 기체의 "분자"라는 말을 사용한 것도 이 경우뿐이었다).

  똑같은 기체가 혼합되는 경우에는 분리막을 제거한 후에 분자들이 어디로 가는가는 문제되지 않는다. 모든 움직임이 동일하기 때문에 분자들이 무작위적으로 섞이더라도 엔트로피는 똑같은 값을 유지하게 된다. 그런데 이제 모든 분자에게 표식을 붙여서 두 종류의 기체로 구분될 수 있도록 만들어 보자. 그런 표식을 붙이더라도 분자들의 움직임에는 아무런 영향이 없겠지만, 이 경우의 엔트로피는 그런 표식을 붙인 분자들이 어떻게 분포하는가에 따라서 달라진다. 깁스는 어떤 특정한 분자의 움직임에 의해서 한 종류의 분자들은 모두 용기의 한 쪽에 모이고, 다른 종류의 분자들은 다른 쪽에 모이게 될 수가 있다고 주장했다. 똑같은 기체의 경우에도 그런 움직임이 물리적으로 허용이 되겠지만, 다른 종류의 기체의 경우에는 두 기체가 양쪽으로 분리되면 열역학 제2법칙에 위배되는 결과가 된다. 깁스는 "다시 말해서, 아무 보상이 없이 엔트로피가 줄어드는 것이 불가능한 것은 그런 가능성이 매우 희박하다는 사실에 해당하게 된다"고 설명했다.[10] 깁스가 "아무 보상이 없는 감소"라고 했던 것은 다른 어떤 곳에서도 엔트로피가 증가하지 않으면서 엔트로피가 감소하는 경우를 뜻하고, 고전적인 열역학 제2법칙이 금지하고 있는 것이 바로 그런 경우였다.

그런 설명은 1876년에 발표된 깁스의 세 번째 논문의 앞 부분에 실려 있었다. 그 해는 볼츠만이 자신의 H-정리에 대한 로슈미트의 반박 때문에 깁스가 발견하게 된 바로 그런 가능성을 인식하게 된 다음 해였고, 깁스의 주장에서 예측되었던 엔트로피와 통계학을 연결시키는 $S = k \log W$라는 유명한 식을 발표하기 바로 전 해였다.

빈이나 케임브리지에서 유행하던 사고방식의 영향을 전혀 받지 않았던 깁스는 논란의 여지가 있는 원자의 본질이나 존재에 대한 어떠한 가정도 도입하지 않고서도 열역학에서의 확률에 대한 전혀 새로운 생각을 할 수가 있었다.

볼츠만은 자신의 미시적인 분석이 분명하게 원자의 존재를 암시하고 있음을 알고 있었고, 그런 계의 변화가 원자 분포의 변화를 뜻한다는 사실도 알고 있었다. 그와는 달리 깁스의 경우에는 계를 미시적인 부분과 변화로 인식했지만, 그런 부분들은 완전히 그 자체의 열역학 성질만에 의해서 정의되었다. 앞의 예에서 볼 수 있는 것처럼 깁스도 가끔씩 분자라는 말을 쓰기는 했지만, 분자가 무엇인가에 대해서는 확실한 개념을 가지고 있지 않았다. 그것은 문제가 되지 않았다. 그런 방법으로 그는 원자 모형에서 허용하는 성질뿐만 아니라 자신이 원하는 어떠한 열역학적 성질도 마음대로 고려할 수 있게 되었고, 그래서 그의 분석은 볼츠만의 것보다 훨씬 더 큰 힘을 갖게 되었다.

오스트발트의 희망과는 달리 깁스는 어떤 의미에서도 반원자론자는 아니었다. 그는 어느 쪽의 편을 들 이유도 없었다. "물체의 구성에 대한 가정을 포기하고 합리적인 역학의 한 분야로 통계적인 접근 방식을 채택함으로써 가장 큰 어려움을 극복할 수 있다"고 생각했던 그에게 원자론은 단순한 실용성의 문제에 불과했다.[11] 오스트발트가 지적했던 것처럼 깁스의 방법이 힘과 보편성을 갖게 된 것은 물질의 본질에 대한 어떠한 가정과도 관계가 없었기 때문이었다. 깁스의 글에서는 자신이 원자론에 대해 거부감을 가지고 있거나 또는 에너지론에 대한 비판에 흥미를 가지고 있다는 흔적은 찾아볼 수 없다.

1876년과 1878년에 발표된 깁스의 논문은 명백하고 암시적인 가능성을 제시하였지만, 어떤 면에서는 모호한 부분도 있었다. 어쩌면 논문을 발표한 본인조차도 모든 것을 완벽하게 파악하고 있지 않았을 수도 있다. 깁스가 자신의 이론에 다시 관심을 갖게 되어서 완벽하고 체계적으로 정리한 책을 발간한 것은 그로부터 20년이 지난 후였다.

깁스의 결과가 유럽에 알려지기 시작했던 1870년대 말과 1880년대 초에 볼츠만이 그 결과에 관심을 가지고 있었다면 자신의 아이디어에 대한 훌륭한 보완책으로 받아들일 수가 있었을 것이다. 깁스 자신은 원자 가설을 필요로 하지 않았지만, 엔트로피에 대한 볼츠만의 통계적 정의를 비롯한 원자론적 접근의 결과는 깁스에게도 도움이 되었을 것이고, 원자론의 적용 범위를 다양하게 확장하는 데도 쓸 수가 있었을 것이다. 반면에 볼츠만은 깁스의 분석을 이용해서 열의 본질에 대한 자신의 주장이 뜻하고 있는 의미를 더 넓고 체계적으로 해석할 수 있었을 것이다.

볼츠만이 깁스의 연구결과에 대해서 알고 있었던 것은 확실하지만, 그 의미를 완벽하게 이해하지는 못했던 것 같다. 무엇보다도 깁스의 긴 논문은 다양한 성질을 가진 여러 성분들이 화학적 또는 물리적으로 상호작용을 하고 있는 기체, 또는 다른 상(相)으로 존재하는 혼합물로 구성된 복잡한 계에 대한 매우 자세한 분석을 제시한 것이었기 때문에 기체의 성질을 원자들의 움직임으로 이해하려고 노력하던 볼츠만은 그것이 자신의 연구와 직접 관련이 없다고 생각했던 모양이었다. 볼츠만이 마지못해 깁스에 대해서 언급해야 하는 경우에는 깁스가 드러내지는 않았지만 실제로는 원자 모형과 원자론적인 접근법을 사용하고 있다고 주장했다. 예를 들어서 볼츠만은 『기체이론 강의 Lectures on Gas Theory』 제2권에서 "깁스는 분자 역학의 방정식을 사용하지는 않았지만 분자 이론적인 개념을 염두에 두고 있다는 사실을 여러 곳에서 알 수가 있다"고 했다.[12] 더욱 놀라운 사실은 이 책의 서문에서 볼츠만은 엔트로피의 "보상 없는 감소"는 불가능한 것이 아니라 가능성이 희박할 뿐이라는 깁스의 말을 표어로 사용했다는 것이다. 열역학 제2법칙이 절대적이라고 믿고 있던 에너지론자는 물론이고, 마흐나 오스트발트의 추종자들에게는 그런 사실이 어쩌면 깁스가 볼츠만의 편에 서있는 것이 아닐까 의심하도록 만들었다.

그러나 오스트발트는 (분자라는 말을 가끔씩 사용했고, 물질의 본질에 대한 근본적인 가정에는 관심이 없다는 뜻을 분명하게 표시하기는 했지만) 사실은 열역학에서 "형이상학적"인 가정이 필요하지 않도록 만들려고 했던 깁스가 자신의 편이라고 여겼다. 그러나 뉴헤이븐에서 편안하게 지내고 있던 깁스 자신은 그런 의견에 동의한다고 인정했던 적이 없었다. 아마도 그는 양측이 모두 자신의 뜻을 잘못 이해하고 있는 것을 즐기고 있었던 모양이지만, 아무도 그런 사실을 말하지는 않았다.

깁스와 볼츠만은 여러 번의 기회가 있었지만 한 번도 만난 적이 없었다. 볼츠만의 이름이 널리 알려지기 전이었던 젊은 시절에 유럽을 한 번 방문했던 깁스는 그 뒤로는 미국을 떠난 적이 없었다. 19세기 말의 유럽 물리학자들은 미국에 대해서 관심이 없었고, 미국으로 여행하는 것이 훨씬 편리하게 된 후에도 미국을 방문해야 할 이유가 없다고 생각했다. 깁스는 1887년과 1893년에 영국 협회의 학술회의에 초청되었지만 참석하지 않았다. 깁스는 기체 운동론이 주된 의제였고, 볼츠만이 열성적으로 참여했던 1894년의 영국 협회 모임에는 초청을 받지 못했던 것 같다. 그것이 바로 당시 유럽의 물리학자들이 깁스의 연구가 원자론이나 기체 운동론과는 직접적으로 관계가 있는 것이 아니라고 생각했다는 증거였다. 물론 영국 과학자들이 깁스는 어차피 참석하지 않을 것이라고 생각했기 때문이었을 수도 있다.

볼츠만 자신도 1892년에 누렘버그에서 개최되었던 학술회의에 깁스를 초청했지만, 깁스는 역시 거절했고, 1899년에 미국을 방문했던 볼츠만은 깁스를 찾아보려고 하지도 않았다. 몇 년 후였던 1901년에 개교 200주년을 맞이했던 예일 대학교가 볼츠만을 개교 기념 축제에 초청했다. 그러나 볼츠만은 이미 건강이 매우 나빠져서 참석할 수가 없었다. 어쨌든 두 사람이 서로 만났다고 하더라도 좋은 결과를 얻었을 것인지는 알 수가 없다. 깁스는 1890년대에는 주로 강의에 열중했고, 열역학에 대한 연구보다는 덜 중요한 연구에 관심을 가지고 있었다. 그가 다시 열역학 문제를 연구하기 시작했던 것은 여러 사람들의 요청 때문에 자신의 생각을 다시 정리해서 『통계역학의 기초 원리 Elementary Principles in Statistical Mechanics』라는 유명한 책을 저술했던 1900년대 초부터였다. 그동안 볼츠만은 물리학의 이론에 대한 철학적인 논쟁에 휩싸여 있었고, 그의 연구 성과도 그리 훌륭하지 못했다.

그리고 개인적인 성격의 문제도 있었나. 꾸밈이 없으면서 얄궂은 성격과 날카로운 재치를 가지고 있었고, 개인적으로는 붙임성이 있으면서도 일반적으로는 자신을 잘 드러내지 않았던 깁스가 맥스웰과는 서로 잘 어울렸을 것이 틀림없었다. 물리학에 대한 능력과 통찰력도 뛰어났던 두 사람은 모든 것을 너무 심각하게 받아들이지 않는 능력도 가지고 있었다. 맥스웰은 물리학의 여러 분야에 기여를 했고, 그의 연구 하나 하나가 모두 중요한 것이었지만, 그런 것들이 물리학 전체를 받쳐주는 핵심적인 기초라고 생각하지는 않았다. 깁스도 역시 스스로의 조심스럽고 철저한 방식으로 열역학의 논리적 구조를 새로운 단계로 끌어올렸지만, 그 자신은 그런 업적이 한정된 범위에서는 매우 유용하지만 물질의 본질과는 아무런 관련이 없는 것이라고 여겼다. 깁스와 맥스웰은 자신들의 엄청난 성과에 대해서도 얼굴을 찌푸릴 정도로 초연한 자세를 유지했고, 거창한 철학적 의미에 대한 유혹도 뿌리쳐 버렸다. 사실 맥스웰은 언젠가 그의 친구 테이트에게 "여러 종류의 형이상학에 대해서 읽어보았는데, 수학이나 물리학에 대해서는 전혀 알지 못하는 사람들이 만들어낸 생리적인 관념으로 가득한 공론에 불과했다. 형이상학의 가치는 마치 사물의 이름과 본질을 구별하지 못하는 사람이 알고 있는 수학이나 물리학 지식과 같은 것이다"라는 편지를 보내기도 했다.[13] 두 번째 문장은 철학자가 자신의 생각에 대해서 더 큰 자신감을 가질수록 얻을 수 있는 인식의 가치는 오히려 줄어든다는 사실을 맥스웰 특유의 날카로운 표현 방법으로 나타낸 것이다.

그러나 뮌헨에서 빈으로 돌아온 볼츠만은 기체 운동론에 대해서 논란을 벌이고 있던 철학자와 에너지론자들에게 포위되어 버렸다. 더욱이 그는 결국엔 그들의 주장이 무너지고 말 것이라고 믿으면서 온갖 비난과 불평을 무시하고 초연하게 즐길 수 있는 능력도 가지고 있지 않았다. 그는 모든 것을 아주 심각하게 받아들였다. 그는 일생 동안 뜨거운 물체는 반드시 식게 되는 이유를 원자의 움직임으로 어떻게 설명할 것인가라는 한 가지 문제에만 집착했고, 유머도 없었고, 완고했고, 사납기도 했다. 그런 볼츠만과 깁스가 원만하게 대화라도 나눌 수 있었을까? 무뚝뚝한 뉴잉글랜드 사람인 깁스는 수다스럽고, 억제할 줄 모르는 오스트리아 사람의 주장을 듣고 있다는 표시로 가끔씩 고개를 끄덕이면서 침묵을 지킬 것이고, 그냥 시간이 빨리 흘러서 자리를 뜰 수 있는 핑계를 찾고 있지 않았을까? 만약 1892년 누렘버그에서 깁스와 볼츠만이 진지하게 대화를 했다면, 그 때부터 십여 년 동안 볼츠만을 괴롭혔던 몇 가지 수수께끼를 해결할 수 있었거나, 아니면 그에 대한 철학적인 공격에 시간을 낭비할 필요가 없다는 확신을 갖게 되었을 것이라고 생각하기 쉽다. 그러나 그런 만남이 진지한 깁스를 더욱 깊은 침묵에 빠트리고, 조급한 볼츠만을 더욱 당혹스럽고 불만스럽게 만들어 버리는 엄청나게 잘못된 결과로 이어졌을 가능성도 있다.

첫 번째 미국 여행에서 돌아온 볼츠만은 다시 강의를 시작하기 전에, 지금은 크로아티아의 아드리아 해변에 있는 오파티야로 알려져 있지만,

당시에 오스트리아의 휴양지였던 아바지아에서 짧은 휴가를 보냈다. 볼츠만은 그 전 해에 빈 과학원을 대표하는 공식 여행을 비롯한 여러 가지 이유로 괴팅겐, 런던, 네덜란드를 방문했다. 그의 건강은 계속 나빠지고 있었다. 시력이 워낙 나빠진 그는 과학 논문을 읽어줄 유급의 조수를 채용해야 했고, 실험실에서의 연구도 더 이상 지속할 수 없게 되었다. 몇 년 사이에 그의 좋은 몸집은 뚱뚱한 정도를 지나서 비만이 되었고, 가끔씩 방광에 문제가 생기기도 했으며, 천식과 자신이 카타르라고 부르던 병에 시달리기도 했다. 카타르는 여러 가지 질병을 일컫는 말이었다 ("위카타르"는 반복해서 나타나는 질병으로 역시 정확한 이름은 아니지만 오늘날 위장염이라고 부르는 질병에 해당한다). 그는 병든 몸 때문에 정신적으로 더욱 힘들었고, 자신을 후원해 주는 사람들보다는 비판하는 적이 더 많았던 빈에서 느꼈던 패배감과 소외감으로 더욱 고통스러워했다. (그 자신이 그렇게 생각했다고 하더라도) 뤼벡의 토론에서 승리한 것도 지난 일이 되어 버렸고, 아무리 반박을 해도 끊임없이 다른 형태로 제기되는 H-정리에 대한 공격 때문에 자신감에 상처를 입기도 했다. 1898년에 그는 뤼벡의 토론에서 조수 역할을 해주었던 펠릭스 클라인에게 "뮌헨을 떠나면서 괜찮아진 것으로 생각했는데, 자네의 따뜻한 편지를 받았을 때도 빈에서 자주 그랬던 것처럼 신경쇠약이 재발하고 말았습니다. 병이 재발하면 H-곡선 전부가 무의미하게 될 것이라는 두려움이 찾아옵니다"라는 편지를 보냈다.[14]

1898년에 발간되었던 그의 대표작인 『기체이론 강의』 제2권의 서문에서 그는 관심을 가져왔던 문제에 대한 자신의 입장을 공개적으로 평가를 했다. "나는 시대의 흐름에 저항해서 힘겹게 투쟁하고 있는 유일한 사람이라는 사실을 알고 있다. 그러나 나는 아직도 훗날 기체이론에 대한 관심이 되살아나더라도 더 이상 발견할 것이 없을 정도로 완성시킬 수 있을 것이라고 믿는다."[15]

볼츠만은 다음 해 9월에 "최근의 이론 물리학 방법론의 발전에 대하여"라는 역사적이고 철학적인 개론을 발표했다. 그 글에서 그는 "나는 내 자신이 고대 과학사의 기념비인 것처럼 느낀다. 나는 (내 책의) 중요하고 영원히 가치 있는 부분을 어느 날 다시 발견해야 하지 않도록… 해두어야 하는 것이 내 일생의 의무라고 생각한다"고 했다.[16]

자신의 고향인 빈으로 돌아와서 6년이 지난 세기 말에 볼츠만의 강의와 글은 앞으로 태어날 세대에게나 인정을 받게 될 자신의 부고(訃告)와 비슷한 냄새를 풍기고 있었다.

새로움의 충격
원자 세기의 도래

1895년 11월에 빌헬름 뢴트겐*Wilhelm Röntgen*이라는 독일의 물리학자가 사람의 피부를 통과해서 그 속에 감추어진 뼈의 영상을 만들어주는 투과력이 있는 새로운 빛을 발견했다. 사람들은 알 수 없는 것을 X로 나타내던 오래된 과학 전통을 따라 그 빛을 X선이라고 불렀고, 새로운 빛을 발견했다는 소식이 전 세계적으로 알려지면서 모든 물리학자들은 하던 일을 그만두고 X-선 발광 장치를 만들기 시작했다.

1896년 초에 새로운 빛에 대한 설명회에 참석했던 파리의 앙리 베크렐 *Henri Becquerel*은 자외선에 노출되고 나면 계속해서 빛을 내기 시작하는 형광 현상이 X-선과 어떤 관련이 있는 것이 아닐까하고 생각했다. 그는 실험실에 가지고 있던 몇 종류의 형광 광물과 결정을 이용해서 새로운 실험을 시작했다. 그는 우연히 그런 암석 하나를 검은 종이로 싼 사진판을 보관하는 서랍 속에 넣어 두었다. 며칠 후에 사진판을 쓰려던 그는 알 수 없는 방사광 때문에 사진판이 못쓰게 되어버린 사실을 발견했다. 그 암석 조각은 다량의 우라늄 화합물을 포함하고 있었다. 베크렐은 그렇게 해서 방사선을 발견하게 되었고, 오래지 않아서 마리 퀴리Marie Curie는 새로운 방사성 원소를 찾아내기 위해서 엄청난 양의 우라늄 광물을 체로 거르는 고생스러운 일에 착수했다. 사실 그 일은 매우 위험한 것이었다.*

다음 해에 케임브리지의 J. J. 톰슨은 전기 방전관에서 만들어지는 음극선이라고 부르는 또 다른 종류의 빛에 대해서 연구하고 있었다. 그는 그 빛이 사실은 전하를 가지고 있고, 원자의 질량이라고 추정되는 것보다 훨씬 작은 질량을 가진 입자들의 흐름이라는 사실을 밝혀냈다. 훗날 그 입자는 전자라고 알려지게 되었다.

X선, 방사선, 원자의 구성 입자들. 19세기의 마지막 5년 동안에 물리학은 예상하지 못했던 그런 발견들에 의해서 완전히 뒤집혀 버렸다. 결국 X선은 맥스웰의 전자기 복사 중에서 예상하지 못했던 것이었음이 밝혀졌지만, 나머지 발견들은 당시 물리학의 범위를 벗어난 것이었다. 그것들은 새로운 형태의 에너지와 물질이었고, 20세기에 출현하게 되는 새로운 물리학의 거의 전부를 마련하는 토대가 되었다.

그런 일이 일어나고 있는 동안 빈의 루트비히 볼츠만은, 흥미도 없고 전망도 없다고 생각되는 학생들에게 고전 물리학을 가르치면서 한편으로는 맥 빠지는 철학적 논쟁에 빠져 있었다. 처음에는 그런 논쟁이 상당히 흥미롭다고 생각했지만, 결국은 아무 재미도 없었고 오히려 불만만 커졌다. 볼츠만은 새로운 물리학의 세계를 탐구하는 데에는 거의 참여하지 못했다. 그가 빈으로 돌아온 다음 해였던 1895년에 일어났던 가장 중

---

*역자 주: 방사성 물질을 연구했던 퀴리는 1934년에 방사선 피폭으로 생긴 백혈병으로 사망함.

요했던 사건은 느닷없는 X선의 발견이 아니라 에른스트 마흐가 철학 교수로 부임한 것이었다. 볼츠만은 빈에서 만족스러운 학생이나 동료를 찾지 못했고, 그곳의 사람들은 실제로 물리학에 대한 중요한 연구에 참여하는 것보다는 물리학에 대한 마흐의 광범위한 철학적 비판에 대해서 더 큰 관심을 가지고 있었다. 볼츠만도 어쩔 수 없이 그런 논쟁에 빠져들게 되었다. 그는 본격적으로 철학을 배우거나 공부하지는 않았지만, 독일어를 쓰던 지역의 학교를 다녔던 다른 사람들과 마찬가지로 칸트에 대해서 약간의 상식을 가지고 있었기 때문에 마흐나 그의 추종자들과 함께 논쟁을 할 수 있을 정도는 되었다.

볼츠만은 몇 년 동안 마흐의 관점을 받아들이고, 그의 시각을 이해하려고 노력했지만, 결국 자신의 사고방식과는 너무나도 맞지 않기 때문에 여러 가지 면에서 반박을 할 수밖에 없다고 생각하게 되었다. 볼츠만에게는 마흐의 주장처럼 이론을 반대하는 과학은 극도로 무기력할 것임이 명백했다. 물리학은 단순히 관찰한 것을 기록하고, 그것들 사이에 단순한 수학적 관계를 밝혀내는 것 이상이어야만 했다. 마흐의 세상에서는 오래 전부터 과학자들이 이해하고 있었던 것과 같은 "설명"은 있을 수가 없었다. 심지어 마흐는 바위를 발로 차면 움직이게 되고, 기체를 가열하면 팽창하게 된다는 것과 같은 인과 관계에 대한 전통적인 인식까지도 지나친 것이기 때문에 과학적이라고 할 수 없다고 주장하기도 했다.

예를 들어서 마흐는 "인과 관계는 드러나는 현상들의 상호 의존성을 주장하는 것만으로도 충분히 설명할 수 있다. 그렇게 되면 예를 들어 원인이 결과에 앞서서 일어나는 것인가 아니면 함께 일어나는 것인가와 같은 무의미한 질문은 자연히 사라지게 된다"고 말하기도 했다.[1] 다시 말해서 일정한 부피의 기체를 가열하면 부피가 늘어나는 것이 관찰되더라도 그렇다고 해서 가열이 팽창의 원인이라고 주장할 수는 없다는 뜻이었다.

어떤 것이 다른 것의 원인이 된다는 가장 기본적인 개념조차도 허용하지 않는다면 쓸모 있는 물리학 이론을 만드는 것은 아주 어렵게 된다. 그런데 그것이 바로 마흐의 주장이었다. 그는 물리학에서 이론이라는 것을 완전히 배제시키고, 현상들 사이의 상관관계를 밝히는 단순한 목록으로 된 뼈대만을 남겨두고 싶어했다. 정량적인 관계를 밝히는 것만 허용이 되는 것이다. 일정한 부피의 기체에 일정한 양의 열을 가해주면 일정한 정도의 팽창이 일어난다. 마흐는 그런 사실에도 불구하고 열이 팽창의 원인이라고 주장해서는 안 된다는 것이었다.

마흐가 분명하게 믿고 있었던 그런 극단적인 관점을 가진 소위 반(反)철학은 불합리한 것이었다. 실제로 볼츠만은 그렇게 생각했지만, 마흐와 같은 철학자가 이해하거나 또는 인정하는 언어로 그런 주장을 반박하는 일에는 문제가 많았다.

그러나 대부분의 물리학자들은 철학에 흥미가 없을 뿐만 아니라 철학이 필요하지도 않다고 생각한다. 물리학자들은 철학에 대해서 많이 알지는 못하지만, 자신들이 무엇을 싫어하는가는 알고 있었다. 과학은 창의성과 믿음을 필요로 한다. 창의성은 다른 누구도 생각해보지 못했던 가정과 이론을 생각해내는 것으로부터 비롯된다. 믿음은 그런 가정들이 유용하거나 성공적이라고 밝혀지고 나면, 그것이 바로 느슨한 의미로 진실이라고 부르는 것과 관계가 있을 것이라고 생각하는 데에서 비롯된다.

「만물의 본성에 대하여 On the Nature of Things」를 저술했던 루크레티우스는 원자가 인간의 감각으로 알아낼 수는 없지만 정말로 존재한다고 믿었다. 그는 원자들이 자신들의 움직임에 의해서 스스로의 존재를 밝히게 될 것이라고 생각했다. 19세기 말의 볼츠만을 비롯한 원자론자들도 같은 생각을 가지고 있었다. 그동안 철학적으로 보면 아무런 발전이 없었지만, 과학적으로 보면 원자의 존재는 훨씬 더 사실적으로 발전했다. 더 믿을 수 있게 되었다는 편이 나을 것이다. 1890년대에 이르러서 물리학자들은 원자들이 특정한 성질을 가지고 있고, 뉴턴의 역학 법칙을 따른다고 가정함으로써 실제로 관찰할 수 있는 물리적인 대상의 성질과 거동을 계산할 수 있게 되었다. 그들은 루크레티우스의 희미하고 아름다운 희망을 정량적인 수학 이론으로 발전시켰고, 그런 과정에서 확인이 가능한 법칙들이 등장했다. 볼츠만의 관점에서 볼 때, 바로 그것이 아이디어를 이론으로 전환시켜서 단순한 상상의 결과가 아니라 과학의 일부가 되도록 만드는 핵심이었다.

 마흐도 그런 사실들을 모두 알고 있었지만, 인정하고 싶지 않았다. 19세기 말까지는 원자론의 성공에 대해서 논란의 여지가 있기는 했지만, 원자론이 아무리 성공적이라고 하더라도 원자가 존재한다는 사실을 증명하는 것은 불가능했다. 마흐는 원자론이 옳은 답을 제공하는 수학적인 관계식으로 구성된 모형일 수는 있더라도, 원자가 존재한다는 객관적인 증거가 될 수는 없다고 믿었다. 이론이 실제로 적용된다는 사실만으로는 그런 이론이 근거를 두고 있는 가정이 옳다는 사실에 대한 충분한 증명이 될 수 없었다. 그런 사실은 정황적인 근거에 불과했다.

 바로 이것이 마흐와 볼츠만 사이에 있었던 논쟁의 핵심이었다. 두 사람은 어떤 이론의 구체적인 부분에 대해서 논쟁을 했던 것이 아니었고, 과연 이론이란 무엇인가에 대해서 서로 다른 기준을 적용하고 있었기 때문에 그들의 논쟁은 오늘날까지도 해결될 수가 없었다. 마흐가 빈 과학원에서 볼츠만의 주장에 대해서 "원자가 존재한다는 것을 믿을 수 없습니다!"라고 소리쳤던 것을 더 정확하게 말하면, 볼츠만이나 어느 누군가가 원자가 존재한다는 사실을 의심의 여지가 없도록 증명하지 않는 한 원자가 존재한다는 사실을 믿지 않겠다는 뜻이었다. 볼츠만은 마흐가 원하는 수준의 증명은 불가능하다는 사실을 확실하게 알고 있었다. 원자가 존재한다는 그의 믿음—실제로 믿음이라고 부르는 것이 더 옳다—은 기체 운동론에서 얻어지는 흔치 않은 확신에서 비롯되었다. 원자가 존재한다고 가정하고 원자들이 보통의 역학 법칙을 따른다고 가정하면, 모든 것이 자연스럽게 얻어진다. 볼츠만에게는 그것으로 충분했고, 실제로 모든 과학자들이 합리적으로 요구할 수 있는 것도 그것이 전부이다.

볼츠만이 독일 철학 전통의 범위 안에서(사실은 그것과는 다른 방향에서) 연구를 하고 있었다는 것도 결점이었다. 칸트는 때때로 이상주의적 또는 합리주의적 관점이라고 부르는 생각을 가지고 있었던 많은 철학자 중의 마지막 인물이었다. 플라톤과 아리스토텔레스도 그런 철학자들이었다. 그들은 안전하고 신뢰할 수 있는 지식의 근원은 인간의 마음뿐이라고 믿었기 때문에 천문학과 기하학을 비롯한 과학 전체를 포함하는 모든 실용적인 지식은 논란의 여지가 없는 이성적 원칙과 자명함을 근거로 해야하고, 그래서 논란의 여지가 없는 사실만에 근거해야 한다고 믿었다.

데모크리토스는 그렇게 믿지 않았지만, 그의 추론 방법은 적어도 철학자들에게 수백 년 동안 이어졌던 유행과는 맞지 않는 것이었다. 그의 철학은 베이컨, 로크, 흄을 비롯한 영국의 경험주의자들의 도움으로 되살아났다. 그들은 자명하지도 않고, 이성만으로 구성할 수도 없는 지식도 있다는 사실을 인식했다. 어떤 것들은 관찰과 실험을 통해서 밝혀져야만 하는데, 과학이 바로 그런 경우가 된다. 당시 철학의 입장에서는 겉으로 임의적인 것처럼 보이는 유한한 수의 경험적 사실로부터 보편적인 과학 법칙을 만들어내는 완벽하게 논리적인 방법은 찾을 수 없었다. 따라서 철학적으로 볼 때 과학은 건전한 노력일 수가 없었다.

과학자들도 특유의 실용적인 방법으로 그런 문제를 인식했다. 그러나 그들은 적당한 철학적 규범을 찾지 못한다는 이유로 과학을 포기해버리는 대신에, 아무 문제없이 성립되는 과학의 경우에는 그런 철학적인 규범이 반드시 필요하지 않을 수도 있다고 생각하게 되었다. 많은 물리학자들과 마찬가지로 볼츠만도 철학자들이 "순진한 현실주의"라고 부르는 일종의 본능적인 충동에 의존했다. 세상은 인간이나 인간의 생각과는 관계없이 존재한다는 굳은 믿음 때문에 현실주의에 해당하고, 철학자들은 그들의 소박한 믿음에 웃을 수밖에 없어서 순진하다고 할 수 있다.

맥스웰이나 깁스와 같은 사람들은 철학을 완전히 무시해 버리고, 편안한 마음으로 실용적이고 경험적인 방법으로 연구를 할 수 있었다. 영어를 사용하는 지역에서는 마흐의 비판과 오스트발트의 에너지론을 심각하게 받아들이는 사람이 거의 없었던 것은 과학적인 면을 제쳐두더라도 바로 그런 분위기 때문이었다. 아일랜드의 물리학자 조지 피츠제랄드 George Fitzgerald는 에너지론이 "어떠한 가정도 없이 사실만을 잘 배열한 목록에 불과한 것으로…습관적으로 본능에 따라 느리게 움직이는 독일 사람에게나 적당한 것"이라고 비웃었다.[2]

그러나 볼츠만은 독일 사람들 속에 있었다. 그의 과학적 주장은 근본적으로 실용주의적이었지만, 합리주의적인 성향을 가지고 있었던 그는 자신의 경험주의적인 주장을 치장해줄 어느 정도 합리적인 철학의 틀을 갖추고 싶은 욕구를 억제하지 못했다. 볼츠만은 물리학 이론의 본질에 대한 자신의 생각을 표현하기 위해서 1890년대 중반부터 몇 편의 철학 평론을 발표했다. 자신의 H-정리를 옹호하기 위해서 1895년 《네이처》

에 발표했던 편지에서 그는 "모든 가설은 역학적으로 잘 정의된 가정으로부터 시작해서 수학적으로 옳은 방법을 통해서 명백한 결과로 이어져야만 한다. 만약 결과가 충분히 많은 사실들과 부합되면 그런 사실들의 진정한 본질이 모든 면에서 분명하게 밝혀지지 않는다고 하더라도 만족해야만 한다"고 주장했다.[3]

그런 주장은 이론 물리학자의 실용적인 철학을 가장 간결하게 잘 표현한 것이라고 할 수 있다. 그것은 정말 순진한 현실주의에서 한 단계 발전한 것이다. 볼츠만은 이론이란 진실을 근사적으로 나타내는 것이고, 과학이 발전하면 그 근사는 더욱 좋아진다는 사실을 이해하고 있었다. 진실, 사실, 겉보기의 문제에 대해서 그는 "우리는 어떤 대상이 우리의 감각에 남기는 인상만으로 그 존재를 추측한다. 따라서 우리의 감각을 벗어나는 많은 것들의 존재를 추측할 수 있게 된다면, 그것은 과학의 가장 아름다운 승리가 될 것이다"라고 했다.

볼츠만이 마흐와 벌였던 오랜 논쟁에서 자신을 지탱할 수 있었던 것은 바로 그런 생각 덕분이었다. 과학자는 볼 수 있거나, 아니면 검출할 수 있는 것에서 시작해야만 하지만, 가설을 구성할 때는 그런 직접적인 인지의 수준을 넘어서 직접 보거나 검출할 수 없는 존재를 추정할 수도 있다는 것이다. 원자가 바로 그런 예가 된다. 그러나 마흐에게는 인지(認知)만이 유일하게 정당한 과학의 구성 요소였다. 그는 감각의 범위를 벗어나서 존재하거나 존재하지 않을 것을 제시하는 이론은 추측에 불과하고, 사실은 반(反)과학적이라고 믿었다.

그런 철학적 입장의 차이는 영원히 메워질 수가 없었다. 볼츠만은 자신의 정직성 때문에 "절대적인 것은 없고, 특히 절대적인 진리는 없다"고 인정할 수가 없었다.[5] 그는 진리의 진정한 본질은, 그것이 무엇을 뜻하는가에 상관없이, 영원히 확립될 수 없다는 사실을 깨달았다. 그런 점에서 볼츠만은 역시 완전히 순진한 현실주의자는 아니었다. 그의 순진함은 진실하고 절대적인 세상이 있다고 하더라도 과학자들은 반복적인 근사의 과정을 통해서 점진적으로 그것에 접근할 수 있을 뿐이라는 사실을 인식하고 있었다는 점을 고려해서 이해해야만 한다. 볼츠만에게 그것은 과학의 근본적인 결함이 아니라, 주어진 시기에 과학자들이 달성하고 싶어하는 것에 대한 현실적인 제한일 뿐, 특별히 심각한 문제는 아니었다. 과학을 위해서 진실이나 진리에 대한 절대적인 정의를 확립해야할 필요는 없었다. 그런 것이 없어도 과학은 성립될 수가 있었다. 그러나 마흐에게는 그것이 결정적인 결함이었다. 절대성을 확립하지 못하는 과학을 어디에 쓸 것인가? 마흐는 그렇게 하는 것이 가능하다는 사실을 인정하는 대신에 과학의 껍질을 벗겨내어 핵심 부분만 남기고 싶어했다. 그 결과는 너무 한정적이고 부족하겠지만, 적어도 신뢰할 수는 있을 것이라고 생각했다.

과학자라면 당연히 그렇듯이, 볼츠만은 마흐의 관점에 집착하는 것이 과학적 탐구를 결정적으로 저해한다는 사실을 알고 있었다. 그는 관찰하거나 경험할 수 있는 현상에만 의존한다는 뜻에서 마흐의 관점을 현상학적이라고 불렀다. 그는 "현상학에서는 경험의 범위 안에서 자연을 나타낼 수 있다고 믿지만, 나는 그것이 환상에 불과하다고 생각한다… . 경험의 범위를 더 많이 벗어날수록 더 일반적인 모습을 볼 수 있게 되고, 더욱 놀라운 사실을 발견하게 되면서, 한편으로는 실수를 저지를 가능성도 역시 커진다. 그러므로 현상학에서 경험의 범위를 벗어나서는 안 된다고 강조할 것이 아니라, 너무 과도하게 벗어나지 말라고 경고하는 수준에 그쳐야만 한다"고 주장했다.[6]

여기에 어려움이 있었다. 볼츠만은 과학자들이 발전을 이룩하려면 경험의 범위를 벗어난 곳에 있는 "진리"에 대해서 추측해서, 적절한 가설을 도입해야만 한다고 주장했다. 그러나 마흐는 만약 과학자들이 그렇게 한다면 그들은 더 이상 과학을 하는 것이 아니라고 대응했다. 결국 마흐는 19세기 말의 과학자들이 이룩했던 많은 것들이 실제로 과학이라는 사실을 부정할 수밖에 없었다. 그는 극단적인 이상주의자였다. 철학적인 순수함을 유지하는 것이 너무나도 중요하다고 생각했던 그는 수소와 산소가 결합해서 H_2O를 형성하고 나면 더 이상 독립적인 존재가 아니라고 주장해야만 했고, 어떤 상황에서는 원인이 결과를 앞서거나 또는 그 반대가 될 수도 있다고 말할 수 있다는 사실을 부정해야만 했다. 마흐와 그의 추종자들은 사실을 밝혀내는 것보다 극단적인 합리주의가 더 가치 있는 것으로 여겼다.

그러나 볼츠만을 비롯한 많은 사람들이 지적했던 것처럼 마흐의 철학에도 분명한 약점이 있었다. 과학자들이 직접적인 경험과 경험할 수 있는 현상에만 의존해야 한다면, 자신의 경험이나 관찰이 다른 모든 사람들의 경험이나 관찰과 똑같다는 사실을 어떻게 확신할 수 있겠는가? 마흐에게도 과학자들이 무엇인가에 서로 합의를 할 수 있어야 할 필요는 분명히 있었다. 즉, 내가 느끼는 하늘의 파란색이 다른 사람이 느끼는 파란색과 같아야만 했다. 그러나 마흐의 엄격한 세계에서 어떻게 그런 사실을 확신할 수 있을까? 이것이 바로 개인적으로 진실이라고 알고 있는 것의 진실성만을 믿어야 하고, 다른 어떤 것도 믿어서는 안 된다고 엄격하게 주장하는 유아론(唯我論)*의 위험이다.

공정하게 말하자면, 마흐 자신도 그 문제를 인식했고 그것을 극복하려고 노력했지만, 결국엔 우리 모두가 "불가피한 유사성" 덕분에 세상을 같은 방법으로 관찰하게 된다는 만족스럽지 못한 주장을 할 수밖에 없었다.[7] 결과적으로 마흐는 독립적인 진리를 믿는 것이 정당하다고 주장하기 위해서 볼츠만이 사용했던 것과 똑같이 우리가 그렇게 작동한다고 알고 있기 때문에 그렇게 작동한다고 알고 있다는 식의 상식에 의존할 수밖에 없었다.

볼츠만은 1897년에 발표했던 평론에서, 만약 마흐가 분명히 밝히지는 않았지만 그의 감각이 다른 모든 사람들의 감각과 근본적으로 똑같다는 "불가피한 유사성"을 주장할 수 있다면, 자신도 자신의 감각적인 경험의 범위 바깥에 있는 원자가 진실이라는 가정을 도입할 자유가 있다고 주장했다. 사실 그런 주장은 오래 전부터 자신이 그런 "단순한 생각"에 익숙해 있었다는 사실을 인식하지 못하고 있던 마흐에 대한 상당히 좋은 공격이었다.

분명한 한계와 제약이 있었던 마흐의 철학이 물리학의 발전에 일시적이기는 하지만 심각한 영향을 미쳤다. 그의 철학에는 고려해볼 가치가 있는 부분도 있었다. 그는 과학을 평가하는 최종적인 기준으로 실험적인 사실과 관찰의 중요성을 강조했고, 과도한 이론의 도입을 경계했다. 언젠가 볼츠만도 "수학은 셈에 대한 경험을 경제적으로 정리한 것"이라는 마흐의 말을 칭찬하기도 했다.[8] 마흐는 아마도 수학의 핵심이 가능한 한 간결한 계산을 해내는 것이라고 생각했던 모양이다. 오늘날의 이론 물리학자들도 과도한 가설과 검출될 가능성이 전혀 없는 것의 존재를 도

＊역자 주: 칸트의 글에서 처음 사용되었던 도덕적 이기주의를 뜻하는 말로, 인간의 정신이 그 자신 이외에 어떤 것의 존재를 믿을 만한 타당한 근거를 가질 수 없다는 모순되고 극단적 형태의 주관적 관념론.

입하는 시도에 대한 마흐의 경고를 심각하고 신중하게 받아들여야 할 것이다. 1890년대에 물리학을 공부하던 젊은 알베르트 아인슈타인 Albert Einstein도 한동안 마흐의 철학에 영향을 받았고, "스스로 마흐의 입장에 반대한다고 생각하는 사람들조차도 어머니의 젖에 익숙해 있었던 것처럼 자신들이 얼마나 그의 사고방식에 젖어있는가를 인식하는 경우가 거의 없었다"고 회고했다.[9]

빈에서 마흐의 영향과 물리학에서 그의 역할에는 모순되는 부분이 있었다. 명백하게 경험할 수 있고, 직접적으로 측정할 수 있는 현상인 에너지를 중심으로 물리학과 화학을 구성하고 있다고 여겼던 에너지론자들은 마흐를 자신들의 수호자라고 주장했다. 마흐는 1872년에 자신이 발간했던 『에너지의 보존』에서 에너지론의 핵심적인 원칙을 자세하게 설명했다고 주장하기도 했다. 그러나 오스트발트는 그런 주장을 받아들이지 않았고, 자신의 자서전에서 마흐는 "에너지론자가 될 수 없다…그는 에너지론에 대해서 우호적이 아니라 상당히 비판적이었다"고 주장함으로써 논란을 해결했다.[10] 마흐가 에너지론을 수용하지 못했던 이유는 간단하다. 오스트발트와 그의 동료들은 에너지만으로는 물리학과 화학의 모든 문제를 이해할 수 없고, 자신들의 주장을 더 유용하게 만들기 위해서는 더 많은 이론과 가설을 도입해야 한다는 사실을 깨닫고 있었다. 오스트발트는 에너지를 여러 종류 또는 부류로 구분하려고 노력했고, 그 과정에서 물리학적인 기준으로는 상당히 비현실적인 분류 방법을 주장하기도 했다. 상당수의 에너지론자들은 자신들이 마흐의 이상을 충실하게 따르고 있다고 믿었지만, 자신들의 생각을 더 발전시켜야 할 필요가 생기게 되면서 마흐에게는 원자론만큼이나 입맛에 맞지 않는 이론적인 개념들을 도입하기 시작했다.

당시에 점차 유명해지고 있었던 물리학자 한 사람은 한동안 어느 쪽의 편도 들지 않고 있었다. 막스 플랑크는 언제나 기체 운동론에 반대하는 입장에 있었다. 그는 열역학 법칙은 절대적이어야만 하기 때문에, 확실성 대신 확률을 이용하는 기체 운동론은 옳지 않은 것이 틀림없다고 믿고 있었다. 그러나 막스 플랑크는 에너지론에 대해서도 반대했다. 볼츠만과 마찬가지로 그 역시 물리학의 모든 것을 에너지만으로 설명하겠다는 목표는 달성할 수가 없고, 많은 에너지론자들이 열역학을 제대로 이해하지 못하고 있다고 생각했다. 볼츠만과 마찬가지로 그도 훗날 "오스트발트, 헬름홀츠, 마흐와 같은 대가들의 의견에 반대하는 일은 쉽지 않다"고 하면서, 에너지론자들의 상당한 영향력을 안타깝게 여겼다.[11] 그리고 볼츠만이 에너지론자들에 대한 자신의 반박에 관심을 갖지 않는 것을 유감스럽게 생각하면서, 자신은 "볼츠만 다음으로 업적을 인정받지 못하는 사람이고, 볼츠만조차도 자신을 인정해주지 않는다"고 말했다. 그러나 플랑크가 그런 말을 했던 것은 논쟁이 끝난 훨씬 뒤의 일이었고, 19세기 말까지도 플랑크는 자신이 에너지론 만큼이나 볼츠만의 기체 운동론에 대해서 격렬하게 비판했다는 사실을 잊어버리고 있었다. 플랑크는 1897년까지도 고전적인 열역학과 원자론을 근거로 하는 기체 운동론 사이에 경연이 벌어진다면 원자론이 패배할 것이 분명하다는 편지를 동료들에게 보내기도 했다. 그는 "(현재의 기체 운동론으로는 확실하게 보여줄 수 없겠지만) 열역학 제2법칙이 엄격하게 성립된다고 가정하는 것이 훨씬 더 쉽고 가능성이 있는 일이다"라고 주장했다.[12]

그런데 플랑크는 바로 그 직후부터 기체 운동론에 대해서 완전히 다른 생각을 하게 되었다. 그는 마침내 열역학 제2법칙이 확률론적일 수밖에 없다는 사실을 이해하게 되었고, 그 후로는 열역학에 대한 볼츠만의 입장을 적극적으로 지지하게 되었다. 플랑크는 자신의 『과학 자서전 Scientific Autobiography』에서 자신을 높이 평가하지 않는 볼츠만을 불만스러워했고, 자신은 그 이유를 알 수 없다는 듯이 표현했다. 그러나 볼츠만이 플랑크의 그런 변화를 인식하고, 그에 대한 거부감을 극복하기에는 때가 너무 늦어버렸다.

플랑크가 생각을 바꾸게 된 것은 매우 극적이었다. 오랫동안 그는 고전 열역학에 대한 자신의 심오한 지식을 이용한 전자기 복사에 대해서 연구하고 있었다. 구체적으로 그는 일정한 온도를 유지하고 있는 폐쇄된 동공에서 방출되는 빛의 스펙트럼을 설명하려는 미해결 과제에 도전하고 있었다. 제철소의 용광로에서 발생하는 열과 빛을 이해하는 것이 그 예가 된다. 용광로의 온도가 올라가면 용광로에서 나오는 빛이 붉은색에서 오렌지색이 되고, 심지어는 푸른빛을 띠게 되는 이유가 무엇일까?

당시에는 맥스웰의 연구결과로 열과 빛은 여러 파장의 전자기 진동이라는 사실이 알려져 있었기 때문에, 물리학적인 이론을 이용해서 용광로 벽의 온도와 그 속에서 방출되는 빛의 파장 범위 사이의 관계를 밝혀내려고 했다. 그러나 문제는 쉽지 않았다. 플랑크를 비롯해서 많은 사람들이 수없이 많은 모형을 제시했지만, 결과는 언제나 (스펙트럼의 푸른색 쪽인) 짧은 파장의 에너지가 너무 크고, (스펙트럼의 붉은색과 적외선 쪽인) 긴 파장의 에너지가 너무 적었다. 실험학자들은 넓은 범위의 온도에서 방출되는 빛의 스펙트럼을 상당히 정확하게 측정하는데 성공했지만, 이론학자들은 동료들이 실험에서 관찰한 결과를 설명하지 못하고 있었다.

그때까지만 하더라도 플랑크는 볼츠만의 통계적인 방법을 미심쩍게 생각했었지만, 1890년대 말에 이르러 그의 주장을 다시 살펴보면서 그 속에 자신이 이용할 수 있는 무엇이 있다는 사실을 알아챘다. 볼츠만은 그의 유명한 1877년 연구에서 원자들이 가지고 있는 에너지를 개념적으로 수없이 많은 작은 에너지 단위로 분할한 후에, 원자들이 그런 에너지 단위들 사이에 어떻게 분포하게 되는가를 분석함으로써 원자 분포의 확률을 계산하는 방법을 개발했었다. 엔트로피에 대한 유명한 식인 $S = k \log W$는 그런 방법으로 얻어진 것이었다.

플랑크는 복사광 문제를 해결하는 데도 같은 방법을 쓸 수 있다는 생각을 하게 되었다. 플랑크는 볼츠만 이론에서의 원자 대신에 서로 다른 파장을 가진 전자기 파동에 대해서 에너지를 작은 단위로 나눈 후에 그것을 서로 다른 파장을 가진 전자기 파동에 분배시켰다. 플랑크는 볼츠만이 처음 개발했던 것과 비슷한 방법을 써서 수학적으로 모든 가능한 조합을 알아내고, 그 중에서 어떤 것이 열적 평형 상태의 열과 빛에 해당하는 상태인가를 찾아냈다. 그는 곧바로 답을 알아냈고, 1900년에는 에너지를 작은 단위로 구분함으로써 주어진 온도에서 방출되는 빛의 스펙트럼을 계산하는 방법을 설명하는 물리학에서 가장 유명한 논문을 발표했다.

오랜 숙제였던 복사광 문제에 대한 플랑크의 답은 곧바로 인정을 받았지만, 그 문제를 해결하기 위해서 사용했던 방법의 중요성은 그렇지 못했다. 에너지를 작은 단위로 구분하는 일은 당혹스러운 것이었고, 플랑크는 자신이 그런 방법을 어떻게 생각하는가를 분명히 밝히지도 않았다. 그러나 그는 물리학계가 오랫동안 찾아 헤매던 답을 찾을 수 있었다.

플랑크는 복사광 문제에 대한 답을 찾으면서부터 그때까지 자신의 생각을 이끌어왔던 원칙을 버리게 되었다. 그는 원래 열역학 제2법칙의 절대적인 진실성을 부정하는 기체 운동론을 싫어했다. 그러나 이제 플랑크는 볼츠만과 마찬가지로 통계학과 확률을 받아들임으로써 자신이 원하던 것을 얻게 되었다. 일반적으로 플랑크는 1900년에 양자론을 이 세상에 탄생시킨 사람으로 인정을 받고 있지만, 그가 앞으로 전진할 수 있는 길을 찾게 된 것은 물리학에 대한 볼츠만의 시각을 이해하고 난 후였다. 그러니까 볼츠만은 양자론의 할아버지인 셈이다.

그러나 과학적 업적에 대한 혈통 연구는 미묘한 것이다. 플랑크는 볼츠만에게 자신의 논문을 보냈고, 1920년의 노벨상 강연에서 "루트비히 볼츠만이 나의 새로운 주장에 관심을 가지고 인정해 주었다는 사실을 알게 된 것은 내가 여러 차례 그에게 경험했던 실망스러웠던 일에 대한 보상이 될 정도로 특별히 만족스러웠다"면서 선배가 자신의 머리를 쓰다듬어 주었다고 주장했다.[13] 그러나 실제로 그런 일이 있었는지는 확실하게 밝혀지지 않았고, 볼츠만의 기록에서는 그가 플랑크의 연구결과를 인정했는지 아니면 그것에 대해서 알고 있었는지 조차도 확인할 수 없었다. 오히려 볼츠만은 그 문제를 해결하려던 플랑크가 발표했던 논문에서 틀리거나 모순된 부분을 공개적으로 지적했었다. 더욱이 플랑크 자신도 처음에는 자신이 얻은 결과의 혁명적인 의미를 인식하지 못했고, 그로부터 몇 년 동안 복사 에너지를 작게 구분하는 방법을 순수한 고전 물리학적인 방법으로도 설명할 수 있을 것이라고 생각했었다. 볼츠만을 제외한 대부분의 물리학자들도 이상한 방법으로 어려운 문제를 해결했다는 데에 흥미를 가질 뿐이었고, 플랑크의 새로운 아이디어에 대해서 깊은 감명을 받지는 못했다.

그러나 몇 년 후, 여러 물리학자들에 의해서 플랑크의 양자 가설이 고전 물리학과는 전혀 맞지 않는다는 사실이 밝혀졌다. 다시 그로부터 몇 년이 지난 후 양자의 개념을 물질을 구성하는 원자와 비슷하게 에너지의 "원자"라는 독립적인 요소라는 사실을 처음 인식했던 사람은, 논란이 있기는 하지만, 다름 아닌 아인슈타인이라고 알려지게 되었다. 플랑크 자신은 남은 여생 동안 그런 사실을 받아들이는데 갈등을 느꼈다.

그러나 1890년대 말에 마음을 바꾼 플랑크는 마침내 볼츠만의 연구결과를 이해하고 진정으로 감탄하게 되었다. 그런 재평가의 결과 때문이기도 했지만, 마흐에 대한 그의 거부감은 점차 커져갔다. 1908년에 네덜란드의 라이든에서 개최되었던 학술회의에서 플랑크는 마흐와 그의 주장에 대해서 식렬하게 비판하기 시작했다. 그는 "물리학적 세계관의 통일성"이라는 제목의 강연에서 마흐가 물리학의 통일된 철학을 제시하겠다고 했지만 실제로 그가 한 것은 물리학을 서로 무관한 현상들을 취급하는 영역으로 분할시켜 버렸고, 물리학 전체를 받쳐주거나 포괄하는 이론들을 용납할 수 없도록 만들었을 뿐이라고 주장했다. 그는 사람들에게 "잘못된 예언"을 경계하라고 말하면서 "그 결과를 보면 여러분도 알 수 있을 것"이라고 선언했다.[14] 그가 누구를 비판하고 있었는지는 명백했다. 마흐의 입장을 옹호하려고 했던 물리학자들도 있었고, 플랑크의 입장에 동의하면서도 그의 표현이 너무 지나치다고 생각했던 사람들도 있었다. 실제로 플랑크의 비난에는 거절당한 애인의 불평과 같은 느낌도 없지는 않았다. 어쨌든 그 때는 이미 마흐의 영향력이 약화되고 있었다.

볼츠만에 대한 마흐의 영향력은 10년 전부터, 더욱 직접적인 의미에서, 급작스럽게 변화하고 있었다. 마흐는 1898년 7월에 북부 독일의 예나에 살고 있던 아들 루트비히를 방문하기 위해서 기차를 타고 가던 중에 심각한 심장 발작을 일으켜 신체의 오른쪽이 마비되었고, 한동안 말도 하지 못하게 되었다. 그는 엄청난 의지와 결단으로 병을 이겨내면서 계속 글을 썼다. 그러나 더 이상 빈 대학에서 강의를 할 수는 없었다. 그는

1901년 공식적으로 은퇴했다.

그렇지만 빈에서 마흐의 영향력은 여전히 남아있었다. 훗날 빈 학파로 알려지게 된 미래의 철학자들과 상당수의 작가와 언론가들이 그의 영향을 받았다. 민족주의적이고 정치적인 분쟁으로 점점 더 시끄러워지고 있었지만, 나이든 황제와 왕실의 영향으로 겨우 유지되고 있던 빈에서 사물의 표면만 살펴보고 그 속에 숨겨져 있는 이론적인 설명은 인정하지 않는 마흐의 철학은 사람들에게 어느 정도의 안정감을 주기도 했다.

빈의 마흐주의자 중에서 휴고 폰 호프만슈탈Hugo von Hofmannsthal이라는 조숙한 젊은 시인은 특별하게 남달랐다.[15] 빈의 지식인들은 1891년에 "로리스"라는 필명으로 훌륭한 시를 발표한 사람이 실제로는 학교의 규칙 때문에 실명을 사용할 수 없었던 17살의 남학생이라는 사실에 깜짝 놀랐다. 호프만슈탈은 젊은 빈이라고 알려진 예술가 모임의 핵심 인물이 되었고, 몇몇 친구들과 함께 마흐의 철학 강의에 참석했다. 그는 "세상은 우리의 감각으로만 구성되어 있다"는 마흐의 주장에 매력을 느꼈다. 예민하고 날카로웠던 시인에게 그런 주장은 자신도 과학자들이 원하는 것만큼 세상을 효과적으로 이해할 수 있음을 보장해 주었다.

그러나 호프만슈탈은 자신의 전성기였던 25세에 예술가로서의 위기를 경험하게 된다. 젊고 자의식이 강하지 않았을 때는 순수한 감각적 인상을 화려한 시어(詩語)로 표현할 수 있었지만, 나이가 들면서 자신의 직접적인 느낌을 무엇인가 더 깊은 것으로 표현해서 그의 시적인 영감으로 가득한 세계관을 만들고 싶은 욕구를 억제할 수가 없었던 것이다. 물론 그런 종류의 "이론"은 마흐가 반대하던 것이었기 때문에 결국 그의 철학은 과학뿐만 아니라 시(詩)에서도 적대적인 것이 되어 버렸다.

호프만슈탈은 마흐의 사상에 심취해 있었지만 빈 사람들의 고유한 특성인 흐리멍텅함을 쉽게 버리지 못했다. 결국 그는 시(詩)를 포기하고 그 대신 희곡을 쓰기 시작했고, 유명한 리차드 슈트라우스 Richard Strauss 오페라의 작가로 명성을 날리게 된다. 그러나 볼츠만은 마흐를 벗어나기가 쉽지 않았다. 그에게는 마흐의 철학이 파괴적이거나 바보스럽다고 생각하는 것만으로는 충분하지 못했고, 자신이 반대하는 철학에 집착하는 사람들이 있다는 사실이 계속 마음에 걸렸다. 일단 철학적인 투쟁을 시작한 이상, 싸움에서 설내 이길 수 없다는 사실을 알고 있으면서도 중간에 포기할 수가 없는 것이었다. 볼츠만은 여전히 과학에 대한 보편적인 철학을 인정할 수 없는 진정한 과학적 실용주의자였다. 1890년대 말에 새로 등장하고 있던 새로운 물리학에 대해 관심을 갖지 못했던 그는 물리학보다 철학에 대한 논문을 더 많이 쓰게 되었다. 그는 온갖 비판에 대항해서 자신의 원자론과 기체 운동론을 옹호하려고 노력했다. 빈에서는 다른 어떤 것도 흥미롭지가 않았고, 빈 대학은 여전히 소수의 좋은 학생들을 배출하고 있었지만 물리학 연구의 중심이 되지는 못하고 있었다.

볼츠만이 불안정하고 불편하게 느끼고 있다는 소문은 다시 과학계에 퍼지기 시작했다. 오스트발트는 1898년 12월에 원자론과 에너지론에 대한 뤼벡에서의 논쟁 후 몇 년만에 처음으로 볼츠만에게 편지를 보냈다. 그는 비공식적으로 볼츠만이 라이프치히 대학의 교수직에 관심을 가지고 있는가를 알고 싶었고, 과학 분야에서의 의견 차이가 함께 일하는 데에 걸림돌이 되지 않기를 바란다고 했다.

볼츠만은 오스트발트에게서 연락이 온 사실에 흥분해서 즉시 답장을 보냈다. 그는 "(당신의 편지를 보니) 당신이 나에게 개인적으로 화가 나 있는 것이 아니라는 사실을 알게 되었습니다"라고 하고, "독일과 오스트리아 동료들에게 제가 빈에서 행복하게 지내고 있지 못하고 있다고 말하고 다녔던 것을 숨기지는 않겠습니다…"라고 했다[16](물론 그는 자신이 뮌헨에 있었을 때에 로슈미트에게 "그리운 옛 오스트리아"에 있었을 때보다 절대 행복하지 않다고 했던 사실을 잊어버리고 있었다). 그는 빈에는 순수 과학에 흥미를 가진 훌륭한 학생들이 없다고 불평을 하면서, 라이프치히에서 자신이 뮌헨에서 즐기던 것과 같은 교수직을 준다면 곧바로 자리를 옮기고 싶다고 말했다.

그러나 그런 계획은 곧 무산되어 버렸다. 라이프치히에 교수직이 생길 가능성이 있기는 했지만, 그 자리에는 다른 사람이 임명되었기 때문에 오스트발트는 볼츠만에게 당분간은 어쩔 수가 없다는 사과의 편지를 보내야만 했다. 그러나 1899년 봄에 헨리에테 볼츠만이 오스트발트에게 편지를 보내서 "그분은 뮌헨에서는 행복했지만 이곳에서는 극도로 불행하게 느끼고 있습니다"라면서, 자신의 남편이 빈에서 얼마나 불행하게 살고 있는가를 알려주었다.[17] 그리고 그녀는 그에게 연금을 보장받도록 해주기 위해서 뮌헨에서 빈으로 돌아오도록 만든 것이 바로 자신이었기 때문에 자신이 공범인 것처럼 느낀다고 덧붙였다. 그녀는 남편보다 10살이나 젊었고, 그는 건강 상태도 좋지 않았다. 그녀는 자신들이 뮌헨에 머물렀다면 참담한 생활을 했을 것이라고 생각했었다. 그러나 이제 빈에서의 생활도 그리 좋지 않게 되어버렸다.

볼츠만에게 또 다른 기회가 찾아왔다. 1899년 5월에 오스트발트는 볼츠만에게 라이프치히의 교수직에 빈자리가 생겼는데, 이번에는 폴 드루드*Paul Drude*라는 그 지역 출신의 물리학자가 고려 대상이 되고 있다고 알려주었다. 6월에는 젊은 그가 처음으로 오스트리아 바깥으로 여행했을 때 하이델베르크에서 만났던 쾨니히스베르거로부터 소식이 왔다. 쾨니히스베르거는 하이델베르크의 교수직에 관심을 가질만한 젊고 훌륭한 물리학자가 있는가 알고 싶어했다. 볼츠만은 곧 답장을 보내서 드루드를 추천했다. 그러나 그의 계략은 결실을 맺지 못했고, 볼츠만은 그 해 여름에 미국을 다녀왔다.

오스트발트는 다음 해 3월이 되어서야 볼츠만에게 좋은 소식을 전해 줄 수 있었다. 이번에도 역시 볼츠만은 자신이 빈에서 만족스럽지 못하게 지내고 있다는 점을 강조하면서 즉시 답장을 보냈다. "빈의 일에 점점 더 만족하지 못하고 있다는 사실을 당신에게 감추지 않겠습니다. 더 높은 수준의 공부를 하고 싶어하는 학생들을 전혀 찾을 수가 없습니다…중등학교 교사나 될 수 있는 학생들뿐입니다. 더욱 고약한 것은 높은 수준의 물리학을 이해할 수 있는 학생들은 거의 찾아볼 수가 없다는 것이고, 그나마도 대부분이 크로아티아나 슬로베니아 학교 출신들이랍니다."[18]

"그뿐이 아니라 오스트리아의 정치 상황도 어지럽습니다…정말 내가 이런 모든 것에서 벗어나서, 뮌헨에서 내가 경솔하게 포기해버리기는 했지만, 내 취향에 꼭 맞는 정말 유용한 일을 할 수 있게 된다면 무한히 기쁘게 생각할 겁니다. 그렇게 된다면 모든 것이 당신의 덕택입니다. 또한, 과학적인 의견 차이와 최고의 우정이 결합되는 놀라운 예가 될 것이고, 우리들 사이의 의견 차이도 상당히 해소될 수 있을 것입니다."

정치적인 상황과 무기력한 학생들에 대한 볼츠만의 불평은 서로 관련이 있었다. 1870년대와 1880년대의 오스트리아와 빈을 다스리던 정부는 부유한 사업가, 교회, 그리고 권위주의적인 사람들을 포용하는 자유주의적인 성향을 가지고 있었다. 참정권은 확대되고 있었지만 여전히 제한적이었고, 황제의 개인적·정치적 영향력도 여전했다.

그러나 1890년대에는 새로운 권력이 등장했다. 특히 카를 뤼거*Karl Lueger*라는 진보적인 선동자가 불만에 가득 차 있던 상점 주인들과 공장

노동자들을 중심으로 점차 대중의 지지를 받기 시작했다. 그는 민족주의적인 카톨릭으로 훗날에는 반유대적인 기독교 사회주의 운동으로 발전된 집단의 지도자였다. 뤼거는 1895년에 시의회의 지지를 받아서 빈 시장에 선출되었지만, 그의 지지 세력을 두려워했던 황제는 그의 시장 임명을 거부해 버렸다. 그러나 2년 후에는 뤼거에 대한 지지가 더욱 강해져서 황제도 더 이상 임명을 거부할 수 없게 되었다. (우연히도 볼츠만과 같은 나이였고, 빈의 같은 지역에서 출생했던) 뤼거는 당시의 사회를 더욱 불안하게 만드는 것이 유일한 목표였던 사회주의자, 반유대주의자, 민족주의자들이 연합된 이상한 집단의 중심 인물이었다.

1897년에는 독일 민족주의자들이 보헤미아를 비롯한 지역에 새로 선포된 언어 포고령에 반발해서 빈에서 폭동을 일으켰다. 비독일계 사람들을 진정시키기 위한 지속적인 정책의 일부로 프란츠-요제프의 총리였던 폰 타페가 프라하에서 체코어를 공용어로 인정하는 법안을 공포했다. 교육을 받은 체코인들은 당연히 독일어를 알았지만, 독일인들은 체코어를 배우려고 하지 않았기 때문에 이 법안은 체코인들을 포용하는 대신 독일계 보헤미아인들의 권리를 빼앗아 버린 셈이었다. 빈을 비롯한 여러 지역의 민족주의자들이 거리로 쏟아져 나왔고, 결국 프란츠-요제프는 폰 타페를 사임시켜야만 했다. 이제 정부를 운영할 적임자를 찾지 못하게 된 황제는 직접 나라를 다스려야만 했다.

볼츠만처럼 정치에 관심이 없었던 오스트리아 사람들은 그런 일련의 소동 때문에 빈에서의 생활을 불쾌하고 불안하게 느끼게 되었다. 그라츠의 총장으로 친독일계 학생들이 일으켰던 소요를 경험했던 그는 점차 확산되고 있던 민족주의를 비난했지만, 그가 바라던 것은 오직 자신의 조용한 삶을 유지하는 것뿐이었다.

볼츠만이 "크로아티아와 슬로베니아 학교"에서 제대로 교육받지 못한 학생들에 대해서 불평을 했지만, 그가 오스트리아-헝가리 제국에 살고 있던 다양한 민족들 중에 어느 민족을 특별하게 싫어했다는 기록은 없다. 그가 존경했던 스승 요제프 슈테판은 슬로베니아 출신이었다. 그러나 볼츠만에게도 비독일계 학교가 독일계 학교만큼 우수하지 않다는 사실이 그저 불쾌하게 느껴지기 시작했던 모양이었다. 그는 다른 사람들은 보다 직접적인 방법으로 그런 사실을 인식했다. 베를린을 방문해서 헬름홀츠를 비롯한 여러 사람들에 대한 인상을 기록으로 남겨 두었던 미국의 물리학자 마이클 푸핀은 프란츠-요제프의 치하에서 헝가리로 넘겨진 세르비아에서 태어났다. 오스트리아 제국에 충성했던 푸핀의 아버지는 자신이 황제의 시민이었던 사실을 후회하면서, 아들에게는 다른 나라에서 성공을 하도록 충고했다. 그러나 푸핀은 프라하에 갔을 때 그곳의 독일계와 체코계 사람들이 자신을 멸시한다는 사실을 알아차렸다. 그래서 그는 미국으로 가서 성공을 했고, 오스트리아-헝가리 제국이 국민을 공평하게 취급하지 못한다는 사실을 보여주는 본보기가 되었다. 대부분의 다른 사람들은 그렇게 운이 좋지 못했고, 모험심이 강하지도 못했다. 그런 사람들 중의 일부가 바로 교육을 제대로 받지 못한 채 빈으로 오게 되었고, 볼츠만이 가르쳐 보려고 애썼던 학생들이 바로 그들이었다. 그는 그런 일에 특별한 인내심을 가지고 있지는 않았다. 독일어를 사용하는 중산층에게조차도 세기말의 빈은 더 이상 즐겁고, 번영하고, 정치적으로 안정되었던 비더마이어 시대의 빈이 아니었다.

그들의 편지에서 알 수 있는 것처럼 볼츠만과 오스트발트는 과학적 의견 차이와 개인적인 호감을 구분하려고 적극적으로 노력했다. 오스트발트는 볼츠만에 대한 불쾌한 경험은 모두 볼츠만의 개인적인 성격 탓이고, 그런 성격은 비난하거나 공격해야할 것이 아니라 동정해야할 문제라고 생각했던 것 같다. 볼츠만이 사망한 후에 오스트발트는 "그는 이 세상의 이방인이었다. 언제나 과학문제에만 전념해서 수천 가지의 사소한 일에는 신경을 쓸 여유가 없었던 그는 그저 본능에 따라 행동했을 뿐이었다. 그는 약간의 모순도 용납할 수 없는 수학적 재능을 가지고 있었지만, 일상 생활에서는 어린아이처럼 순결하고 미숙했다"고 회고했다.[19]

어쨌든 볼츠만을 라이프치히로 데려오는 일은 오스트발트에게는 혁명과도 같은 일이었다. 그는 볼츠만에게 "교수들은 당신을 이곳에 모셔오는 일에 많은 관심을 가지고 있습니다… 좋은 결과가 있을 것 같습니다"라고 했다.[20] 그 달 말쯤에 라이프치히의 어느 교수는 "철학과 교수들이 그렇게 일치단결해서 새로운 동료를 모셔오려고 했던 경우는 매우 드물었다"는 편지를 동료 교수에게 보냈다.[21]

그 지역 출신의 후보자였던 드루드는 북부 독일의 기센 대학교의 교수직을 수락함으로써 볼츠만에게 자리를 양보해 주었다. 볼츠만을 데려오기 위해서 여러 사람의 도움을 받았던 오스트발트는 절대 볼츠만을 놓칠 수 없다고 생각했다. 4월에 공식적으로 볼츠만을 임명하기로 결정되자, 오스트발트는 곧바로 볼츠만에게 자신이 지난 12년 동안에 학과를 얼마나 훌륭하게 발전시켰고, 그곳의 학생과 교수들이 볼츠만의 부임을 얼마나 열성적으로 희망하는가를 알려주었다. 그는 "당신이 오시지 않는다면 저에게는 개인적으로 엄청난 일입니다… 이 일에 실패하게 되면 저는 교수진과 정부에 대해서 제 모든 명성을 잃어버리게 됩니다. 만약 당신이 망설이고 있다면 부디 제 편에 서주시기 바랍니다. 절대 후회하지 않을 것입니다"라고 편지를 맺었다.[22]

볼츠만은 자신의 사표를 수리해 줄 것을 오스트리아 정부에 요청하고,

오스트발트에게는 결심을 했다고 알려주었다. 그러나 그것은 잠시뿐이었다. 빈의 신문에 볼츠만이 떠날 것이라는 소식이 보도되자 오스트리아 정부와 볼츠만의 마음에 동요가 일어났다. 그는 오스트발트에게 "내가 신경쇠약이라는 사실을 감춘 적이 없지만 이직(移職)에 대한 병이 재발한 모양입니다…그러나 내가 스스로 추스르게 되기를 바랍니다…아마도 곧 라이프치히에 가게 될 것입니다"라는 편지를 보냈다.[23]

그것이 1900년 4월이었다. 볼츠만은 잠시 라이프치히를 방문한 후에 곧바로 삭수니 주의 수도인 드레스덴으로 가서 새로운 교수직을 수락하기로 합의하고, 계약에 서명을 했다. 라이프치히의 교수들은 모든 문제가 정리되었지만 만약의 경우를 대비해서 그를 안심시키려고 애를 썼다. 당시에는 그의 우유부단함에 대한 이야기는 학계에 널리 알려져 있었다. 그는 베를린의 요청을 받아들인 후에 거절했고, 빈의 초청을 거부하고 뮌헨에 남았지만, 바로 그 다음 해에는 뮌헨을 떠나 빈으로 갔다.

4월 말에 오스트발트의 동료가 볼츠만에게 부임을 축하하는 편지를 보내면서 "당신이 라이프치히에서 행복하게 지내고, 다시는 우리를 떠나지 않기를 바랍니다"라고 했다.[24] 그는 덧붙여서 "승인을 받을 것이 확실한" 새로운 물리학 연구소에 대해서도 자랑스럽게 설명을 했다. 볼츠만은 답장에서 자신이 새 연구소에서 어떤 역할을 맡게 될 것인가에 대해서 걱정하면서, 뮌헨과 빈에서 학생들의 질이 좋지 않았고, 기능원이나 조수들과의 "끊임없는 잡음"과 시력이 너무 나빠져서 실험실의 연구를 감독하기 어렵다는 불평을 늘어놓았다. 라이프치히에서는 볼츠만이 원하는 것이면 무엇이나 좋다는 사실을 보장하는 답장을 보냈다. 강의 부담을 줄여줄 것이고, 새 연구소에 대해서는 지금 당장 어떤 결정을 내려야 할 필요는 없다고 강조했다.

전에도 그랬던 것처럼 그 때도 역시 볼츠만은 자신의 사표가 수리되기도 전에 새 교수직을 맡을 것을 약속해버렸다. 그의 사표를 받은 오스트리아 정부는 볼츠만의 마음을 돌려보려고 노력했다. 그러나 볼츠만의 정신 상태가 너무나도 허약했기 때문에 빈의 교육부 장관이었던 하르텔 Hartel마저도 황제에게 긴 편지를 보내서 볼츠만의 잘못된 행동에 대해서 설명하고, 그렇게 애를 써서 데려왔던 유명한 볼츠만이 다시 빈을 떠나고 싶어하는 것은 그에게 감사하는 마음이나 애국심이 부족해서가 아니라 그의 고약한 성격 탓이라는 사실을 애써 설명했다. 하르텔은 볼츠만이 "거의 병적"으로 자신을 인정받고 싶어한다면서,[25] 볼츠만이 빈에서의 지위에 만족하지 못하고 있다는 사실을 황제에게 솔직하게 말해 버렸다. 그는 볼츠만이 "이곳 빈에서는 자신이 완전히 인정을 받지 못하고 있지만, 다른 곳에 가면 교수와 과학자로서 훨씬 더 큰 성공을 거둘 수 있다고 믿고 있고, 사실이 그렇습니다"라고 했다. 하르텔은 "볼츠만은 유능한 학생을 구할 수 없다고 계속 불평을 하고 있습니다. 그가 뮌헨에 있었을 때는 여러 나라에서 과학적으로 훌륭한 재능을 가진 학생들이 모여들었고, 그런 학생들 덕분에 과학의 코리파이우스로서 그의 영광은 더욱 빛나게 되었습니다"라고 했다(코리파이우스는 그리스 연극에서 합창단의 수석 가수였다).

  곤경에 빠진 유명한 물리학자를 동정했다고 볼 수 없는 그런 보고에 영향을 받았는지, 아니면 화가 나서였는지는 몰라도, 어쨌든 황제는 볼츠만의 사표를 수리해주었다. 언제나 그랬던 것처럼 볼츠만은 이번에도 망설였다. 라이프치히와 처음 접촉했을 때부터 그의 육체적, 정신적 건강 상태는 더욱 악화되었다. 5월에는 의사의 지시에 따라 며칠 동안 빈을 떠났지만 조금도 달라지지 않은 상태로 되돌아왔다. 볼츠만은 라이프치히로 가는 것이 공식화되었고, 그런 소식이 널리 알려졌던 8월에 신경쇠약이 재발해서(19세기에는 모든 종류의 정서 불안과 우울증을 그렇게 불렀다) 시골에 있는 작은 요양소로 내려가게 되었다. 그리고 그의 안과 의사였던 푹스가 그곳을 다녀와서 빌헬름 반 하르텔 장관에게 보고했다.

푹스가 처음 볼츠만을 찾아갔을 때, 볼츠만은 산보를 하고 있었기 때문에 푹스는 요양소의 관리인과 대화를 나누었다. 관리인은 볼츠만이 자살 충동을 느끼고 있는 것 같아서 그를 혼자 두지 않는다고 말했다. 그러나 관리인은 그에게 "진짜 정신병" 증상은 없기 때문에 곧 회복될 것이라고 했다.[26] 산보에서 돌아온 볼츠만은 푹스에게 실험 시설이 좋지 않은 라이프치히로 옮기지 않기로 마음을 바꾸었으므로 자신의 사표 수리를 취소해 줄 수 있는가를 확인하는 편지를 하르텔에게 보낼 것이라고 했다. 이틀 후에 다시 요양소로 볼츠만을 찾아간 푹스는 그들이 만난 직후에 볼츠만이 요양소를 떠나버렸고, 그가 어디로 갔는지 아무도 모른다는 사실을 알게 되었다.

하르텔은 날짜가 적혀있지 않은 볼츠만의 편지를 받았다. 편지에는 그가 푹스에게 직접 요구했던 내용이 적혀 있었지다. 그러나 볼츠만이 빈을 떠나지 않기로 했던 것은 자신의 정신적인 문제 때문이었는데, 자신은 결국 빈을 떠나서 라이프치히로 갈 것이라고 했다. 잠시 머물던 요양소도 볼츠만의 정신 상태를 안정시켜 주지는 못했다. 같은 시기에 역시 신경 쇠약을 앓았던 유명한 마르셀 프루스트는 "신경 쇠약에 걸린 사람들은 편지도 받지 않고, 신문도 읽지 않으면서, 침대에만 누워있으면 점차 마음의 평화를 되찾게 될 것이라는 친구들의 말을 믿을 수 없게 된다. 그들은 그런 치료법이 쇠약해진 신경을 더욱 악화시킬 뿐이라고 생각한다"고 설명했다.[27]

프루스트는 현대 정신과 의사들이 효율적인 적응 메커니즘이라고 부를 정도로 정교한 자각 능력을 가지고 있었지만, 볼츠만은 그렇지 못했다. 그가 요양소에 머무는 동안에 그의 부인에게 보냈던 애처러운 편지를 보면 물리학자의 정확한 정신 상태를 알 수 있다.

> 세상에서 가장 사랑하는 당신!
> 우리가 이렇게 멀리 떨어져 있는 것이 나에게는 엄청난 일입니다.
> 이곳에서는 경비원이 감시하고 있고,… 그와 인정 많은 간호원 이외에는 아무도 대화를 할 상대가 없답니다. 의사는 나에게 전혀 신경을 쓰지 않고 있습니다.
> 거의 잠을 자지도 못하는 나는 정말 비참한 지경에 처해 있습니다.
> 누가 나를 데리러 온다면 즉시 떠나겠습니다. 나 혼자서는 떠나지도 못하게 합니다. 당신이 제발 와주기 바랍니다! 아니면 다른 사람을 보내주세요. 제발 아무에게도 의견을 물어보지 말고 혼자서 결정을 하세요. 모든 것을 용서해주기 바랍니다.
> 당신의 루이로부터

어쨌든 볼츠만은 빈으로 되돌아왔지만, 그것도 잠깐 동안이었다. 1900년 가을에 그와 그의 가족은 동료와 친구들에게 알리지도 않고 조용히 빈을 빠져나와서 라이프치히에 도착했다.

제10장

천국의 베토벤
영혼의 그림자

맥스웰과 마찬가지로 볼츠만도 약간의 운문 실력을 가지고 있어서 기분이 좋을 때는 친구와 동료들이 감탄하는 가벼운 시(詩)를 쓰기도 했다. 언제 쓴 것인지는 알 수 없지만 그의 시적 영감을 보여주는 시 한편이 지금까지 남아있다. 볼츠만이 "천국의 베토벤: 합창 농담"이라는 제목을 붙였던 이 시는 사실 심각한 주제를 담고 있었다. 자신이 죽은 후에 천국에 올라가서 듣게 된 천사들의 음악은 독일 낭만주의 음악의 애호가였던 자신에게는 만족스럽지 못한 것이라는 상상을 담은 시였다.[1]

나는 곧 그곳에 도착했습니다. 오, 순수하고 부드러운 소리여!
그렇지만 천사들에게 감출 수는 없었습니다.
내 귀에는 그들의 노래가 지루하게 들리기만 한다는 사실을 말입니다.

볼츠만의 음악적 재능에 샘이 난 어느 천사가 그에게 "당신은 독일의 영혼을 가지고 계시는군요!"라고 했다. 그리고 천사는 지금 천상에 살고 있는 베토벤이 하느님의 요청으로 천사 합창단을 위한 노래를 지었다고 알려주었다. 그렇지만 볼츠만은 그 노래도 좋아하지 않았고, 베토벤에게 그렇게 말해 버렸다. 작곡가의 영혼도 그의 말에 동의를 하면서 천상의 합창이 지상의 수준을 따라가지 못하는 이유를 설명했다.

무엇이 내 창조적인 불길을 훔쳐갔는지 아세요?
천국의 음악에서는 가장 훌륭한 소리가 없답니다.
인간의 고통이 바로 그 위대한 소리랍니다!
그 소리는 격렬하게 울려나오고, 쇠와 같이 울린답니다.

다시 말해서 고통이나 고난에서 벗어나게 되면 베토벤마저도 평범한 음악을 만들 수밖에 없다는 뜻이었다. 창조성과 고통은 별개일 수가 없다. 사춘기의 감정이라면 흔히 있을 수 있는 생각이지만, 불안하고 불편한 마음으로 빈에서 라이프치히로 떠났던 볼츠만에게는 자신의 불행이 무엇인가 위대한 것을 이루기 위한 연료라고 생각하고 싶었을 것이다.

자신의 동료나 자신을 대상으로 농담이나 풍자를 즐기던 맥스웰은 그렇게 무거운 주제를 시로 남기고 싶어하지는 않았다. 그렇지만 그런 그도 깊은 생각을 담은 시를 몇 편 남겼고, 그 중의 한 편에서는 힘든 하루를 보내고 지친 학생의 모습을 묘사했다.[2]

감긴 눈꺼풀 위로 쏟아지는
갑작스러운 잠이

> 존재가 아무런 느낌이 없는
> 아래 눈꺼풀을 활짝 열어준다.
> 달콤한 고요함과 무력함이 사라지면서
> 세상을 감추어주는 모든 그림자를
> 거두어줄 새벽의 힘을,
> 용감한 탐구자에게 필요한 그런 힘을 내게 준다.

맥스웰은 탐구자의 힘은 잠에 의해서 보충되고, 지혜는 투쟁이 아니라 투쟁에서 벗어나게 해주는 휴식에 의해서 발전하게 된다고 믿었다. 실제로 맥스웰은 일찍 찾아온 죽음을 초연하게 받아들였다. 그러나 천식, 신경 쇠약, 수 없이 다양한 카타르(점막 염증), 쇠약해지는 시력을 비롯한 다양한 질병에 시달리던 볼츠만은 한 번도 진정한 휴식을 취하지 못했다.

라이프치히에 도착한 볼츠만은 직장을 옮기기로 했던 자신의 결정이 얼마나 엄청난 것인가를 깨닫기 시작했다. 독일식의 대학 사회에 익숙했던 어느 교수는 교수와 학생을 구별하지 않는 볼츠만의 친절하고 너그러운 태도에 대해서 이야기를 남겼다. 그러나 오스트발트는 훗날 볼츠만의 일생과 성격을 설명하면서 "라이프치히의 새로운 학생들이 그를 반갑게 맞이했지만, 그는 교수가 경험할 수 있는 가장 큰 두려움인 강의에 대한 공포에 휩싸여 버렸다. 과학에서의 재능이나 명백함에서는 우리 모두를 능가했던 그였지만, 강의 도중에 갑자기 기억과 정신을 잃어버리지 않을까 하는 견딜 수 없는 끔찍한 두려움 때문에 고통을 받았다"고 했다.[3]

그는 불편했고, 불행했다. 다른 동료의 기억에 의하면 "라이프치히에 머무는 동안에 병들고 우울했던 볼츠만을 알게 된 사람들은 누구라도"

그 사람이 건강하던 시절에는 훌륭한 사람이었다는 사실을 믿을 수가 없었다.[4] 볼츠만은 과학적으로도 주목할 만한 성과를 거두지 못했다. 그는 물리학과 철학이 뒤섞인 몇 편의 짧은 글을 제외하면, 논문도 거의 쓰지 않았다. 그리고 다른 사람의 연구에 대해서도 아무런 관심을 쏟지 않았다. 그는 라이프치히로 옮긴 직후에 복사 스펙트럼을 새로운 "양자 가설"로 설명한 막스 플랑크의 유명한 1900년 논문의 사본을 받았던 것이 확실하다. 훗날 플랑크의 주장과는 달리 볼츠만은 그 결과에 관심을 가졌거나, 그 결과가 중요하다고 생각했다는 사실조차도 공개적으로 밝힌 적이 없었다.

얼마 지난 후에는 젊은 알베르트 아인슈타인의 초창기 논문을 받았지만, 그 논문에 대한 볼츠만의 반응도 역시 알려지지 않았다. 그는 예일 대학의 개교 200주년 기념식에 초청을 받았지만, 떨리는 손으로 건강 때문에 참석할 수 없다는 편지를 써서 보내야만 했다. 그의 생활에서 또 하나의 즐거움이었던 피아노 연주도 할 수 없게 되었다. 훗날 오스트발트의 딸은, 토요일 저녁에 그들의 집에서 음악을 들을 때 볼츠만의 기분이 얼마나 좋아졌던가를 기억했다. 그러나 그의 시력이 너무 나빠져서 악보를 읽으려면 두 개 때로는 세 개의 안경을 써야만 했다. 1901년의 어느 날에는 오스트발트의 초청을 받은 그가 "정말 몸이 좋지 않습니다. 내 신경이 너무 약해져서 당분간 토요일 저녁에 음악을 즐기던 모임에 나갈 수가 없을 것 같습니다"라는 편지를 보내기도 했다.[5]

1901년 여름에는 그의 아들 아르투르와 함께 휴식과 회복을 위해서 지중해 여행을 떠났다. 지중해를 서쪽에서 동쪽으로 항해하면서 리스본, 알제리, 말타, 아테네, 콘스탄티노플을 방문한 후에는 흑해의 오데사에 번지기 시작했던 흑사병 때문에 여행을 중단해야만 했다. 배는 격리되어

버렸다. 아버지와 아들은 체스를 두었는데, 당시 날씨는 매우 덥고 불쾌했다. 거의 60세가 된 뚱뚱한 물리학자에게는 더욱 그랬다. 아르투르는 집에 남아있던 가족들에게 "아버님은 언제나 땀을 흘리고 계신다"는 내용의 편지를 보냈다.[6]

볼츠만은 빈을 떠나자마자 다시 되돌아갈 생각에 휩싸여 버렸다. 오스트리아의 장관인 하르텔과도 계속 연락을 주고받았다. 라이프치히에 도착하고 겨우 6개월이 지났던 1901년 2월부터 볼츠만은 하르텔에게 머지 않은 장래에 조국으로 돌아갈 수 있기를 바란다는 편지를 보내기 시작했다. 볼츠만이 돌아가고 싶어하는 만큼 빈에서도 그가 돌아오기를 원하고 있었다. 오스트리아의 대학들은 독일의 대학보다 명성이나 성과가 뒤떨어지기 시작했다고 느끼고 있었고, 볼츠만이 떠나 버린 것 자체도 상당한 모욕이었다. 볼츠만이 과학적으로 성과를 이룩할 수 있는가는 문제가 되지 않았다. 하르텔이 오스트리아로 가져오고 싶었던 것은 볼츠만 자신이 아니라 그의 명성과 과거의 업적이었다.

볼츠만은 1901년 7월에 이미 빈의 교수직을 공식적으로 제안 받은 상태였다. 그는 오스트리아를 떠났던 것이 유감스럽고, 다시 되돌아가고 싶다고 답변했다. 그렇지만 협상이 필요했다. 자신이 라이프치히에서 만족하지 못하고 있다는 사실은 이미 공개되었지만, 그렇다고 봉급을 비롯한 다른 조건을 그냥 포기할 수는 없었다. 학문적인 명성도 잃어버리고, 시설도 열악해진 빈의 물리학과를 재건해야 했던 볼츠만은 더 이상 쓰지 못하게 된 튀르켄가(街)의 옛 관사를 대신할 시설을 보장받아야 했다.

그러나 이번에 빈으로 돌아가면 다시는 다른 곳의 직장을 찾지 않을 것이라고 약속했다. 하르텔은 볼츠만이 갑자기 빈을 떠났던 것은 정신적인 스트레스와 혼란 때문이었고, 설득력이 없기는 하지만 이번에 빈으로 돌아오게 되면 정신적인 문제도 해결될 것이고, 다시는 다른 곳으로 옮기려하지 않을 것이라고 황제를 설득했다. 볼츠만이 왜 빈으로 돌아오고 싶어하는가에 대한 하르텔의 설명은 볼츠만이 떠날 때 그가 사용했던 핑계와 같은 것이었다. "최고의 코리패우스 *choryphaeus*"*로 인정받고 싶어하는 볼츠만의 "거의 병적인 야망"을 만족시켜 주어야 한다는 것이었다.

협상은 1902년까지 계속되었다. 볼츠만의 불만은 더욱 커졌다. 라이프치히의 학생이었던 조지 야페 *George Jaffé*의 회고에 의하면 볼츠만은 "자신이 수세(守勢)에 몰려 있고, 자신이 친구이면서 적이었던 오스트발트의 명성에 뒤지고 있다고 느꼈던 것 같았다. 적어도 에너지론을 믿었던 우리들에게는 그렇게 보였다. 사실 볼츠만은 라이프치히에서의 생활에 만족하지 못하고 있었다. 그는 고향을 그리워했고, 오스트리아의 산을 보고 싶어했다. 라이프치히에 있는 동안에 자살을 시도했던 것을 보면 그의 우울증은 극에 달했던 것이 분명했다."[8]

볼츠만의 자살 시도에 대한 소문은 야페의 말과 가족들에게서 전해지는 이야기로만 확인된다.[9] 그는 라이프치히에서 한동안 정신과 의사의 치료를 받았던 것으로 알려져 있다. 그가 라이프치히에서 얼마나 고통스러워했고, 정신 상태가 얼마나 허약했었는가는 그의 편지에서도 알 수가 있다. 그는 자신의 우울증이 빈의 깨끗한 공기와 언덕과는 너무나도 다른, 습기가 많은 기후나 음식, 아니면 "북부 독일의 신교도적인 생활 방식" 때문일 것이라고 생각했다.[10] 그는 1902년 초의 편지에서 "약간 신경질적이고 혼란스럽다"고 실토했다.[11]

볼츠만은 1902년 6월에 건강상의 이유로 라이프치히 대학에 사표를

---

* 역자 주: 고대 희극에서 코러스 리더 *the chorus leader*

제출했다. 그동안 하르텔은 문제 투성이의 물리학자를 프란츠-요제프의 품으로 데려오기 위해서 황제를 설득했다. 유럽의 여러 대학에서 교수직을 제안 받은 것을 보면 볼츠만의 과학적 명성은 의심할 여지가 없었다. 그대신 하르텔은 볼츠만의 실패와 문제를 심각하게 여기지 않았다. 그는 그라츠에서의 젊은 시절부터 자신의 명성은 물론이고, 그에 걸맞은 지위를 확보하는 일에 관심이 많았다. 그는 볼츠만이 우유부단하다는 사실과 유혹에 쉽게 넘어가서 함정에 빠지기도 한다는 사실을 기억했다. 볼츠만이 신경 쇠약에 시달리고 있어서 가는 곳마다 의사의 도움을 받았다는 사실도 알고 있었다. 그럼에도 불구하고 이번에는 볼츠만이 고향에 오래 머물게 될 것이라고 황제를 설득했다.

사실이 아닐 수도 있는 이야기에 의하면, 하르텔은 황제에게 훌륭한 무용수가 변덕이 심해서 빈에게 도망쳤다가 다시 돌아오고 싶어 한다면 어떻게 할 것인가를 생각해달라고 요청했다고 한다.[12] 카타리나 슈라트 *Katharina Schratt*라는 빈의 유명한 배우와 깊은 관계를 가지고 있던 프란츠-요제프는 크게 웃으면서 볼츠만의 재임용을 허가했다고 한다.

프란츠-요제프 황제는 지식인인 척하지는 않았다. 빈 사람들과 마찬가지로 그는 가벼운 연극과 음악 공연을 좋아했고, 골치 아픈 예술 공연에 꼭 참석해야 하는 경우에는 의례적으로 "훌륭하군요. 아주 즐거웠습니다"라고 칭찬을 하고는 곧 떠나버렸다. 그는 볼츠만이 유명하고 훌륭한 이론 물리학자라는 사실을 확실하게 알고 있었지만, 볼츠만이 무엇 때문에 유명한가는 알지 못했다. 황제는 볼츠만을 빈으로 데려오기 위한 서류에 서명하는 것만으로 그의 할 일을 마친 셈이었다. 결국 볼츠만은 고향으로 돌아왔고, 고향에 머물러있기로 약속한 상태에서 그를 행복하게 해주는 것은 황제의 관심사가 아니었다.

볼츠만이 1902년 후반기에 되돌아갔던 물리학 연구소는 이미 버려져서 쇠퇴한 상태였다. 거의 30년 동안 연구소가 "임시"로 사용해왔던 튀르켄가의 건물도 비좁고 낡아버렸다. 당시에 학생이었고, 훗날 핵분열 현상을 발견해서 유명하게 된 리제 마이트너Lise Meitner는 "이곳에 화재가 발생하면 아무도 살아남지 못할 것"이라고 생각했다고 기억해냈다.[13] 여전히 물리학 강의의 수준은 높았지만, 볼츠만을 제외하면 뛰어난 물리학자는 없었다. 운영비를 확보하고 새 건물을 지으려는 논의가 있었지만, 언제나 그런 것처럼 발전은 놀라울 정도로 느렸다. 빈으로 되돌아온 볼츠만은 행정 업무를 담당하고 있던 젊은 물리학자 프란츠 엑스너와 함께 지원을 서둘러 달라는 편지를 대학 당국에 보냈지만, 1912년이 되어서야 새 물리학 연구소가 완공되었다(프란츠 엑스너는 오래 전에 요제프 로슈미트에게 물리학을 추천해주었던 프란츠 엑스너의 아들이었다).

볼츠만은 물리학과의 주임이나 연구소의 소장이 아니라 물리학과의 평교수로 돌아왔고, 그가 옛날에 사용하던 사무실은 엑스너가 쓰고 있었다. 어쨌든 볼츠만은 새로운 물리학에 더 이상 아무런 관심이 없었다. 그는 가끔씩 강의와 세미나를 하기는 했지만 규칙적인 강의는 담당하지 않았다. 마이트너에 따르면 그의 강의는 "내가 들었던 강의 중에서 가장 아름답고 격려가 되는 강의였다…. 그는 스스로 자신이 가르치는 모든 것에 빠져있어서 우리는 강의를 들을 때마다 완전히 새롭고 멋진 세상이 우리 앞에 열리고 있는 것처럼 느꼈다."[14] 그러나 파울 에렌페스트Paul Ehrenfest라는 젊은 과학자는 자신의 일기에서 볼츠만의 세미나가 취소될까 걱정했고, 볼츠만은 베크렐선 즉 방사선에 대한 새로운 연구에 대해서는 알지도 못했고, 아무런 의견도 가지고 있지 않았다고 적어 두었다.

그러나 물리학의 발전은 계속되었다. 그렇지만 기체 운동론에 대한 논쟁은 활기를 잃어버렸다. 대부분의 젊은 물리학자들은 지난 십여 년 동안 볼츠만, 오스트발트, 마흐의 추종자들이 벌였던 난해한 논란에 빠져들고 싶어하지 않으면서도 원자의 존재를 당연한 것으로 받아들이고 있었다.

더욱이 볼츠만의 위대한 업적은 다른 사람의 이름과 함께 붙여지고 있었다. 1903년에 윌라드 깁스는 예상치 않게 갑자기 사망해 버렸지만, 바로 그 전 해에 『통계역학의 기초 원리 Elementary Principles in Statistical Mechanics』라는 책을 완성함으로써 실제로 볼츠만이 구축했던 물리학의 한 분야의 이름과 형식을 완성시켰다. 깁스는 그의 책에서 자신의 독특한 완벽하고 극도로 논리적인 방법으로 규모가 큰 물리학적 계를 미시적 요소의 "앙상블"로 취급하는 방법을 제시했다. 깁스는 어떤 앙상블의 경우에도 에너지, 온도, 엔트로피를 비롯한 알려진 모든 열역학적인 성질들이 미시적인 구성 요소들의 배열과 통계로부터 얻어진다는 사실을 밝혀냈다. 앙상블을 압축하거나 가열하거나, 얼리는 등의 변화를 시키거나 또는 화학 반응에 의해서 성분들이 서로 섞이게 될 때 일어나는 열역학적 성질의 변화는 미시적인 요소의 거동으로부터 간단하게 계산할 수 있었다.

언제나 그랬던 것처럼 독일 물리학계의 철학적 논쟁에 휩싸이지 않았던 뉴헤이븐의 깁스는 자신의 주장을 완벽하게 논리적이고 쉽게 이해할 수 있을 뿐만 아니라, 앙상블을 구성하는 "성분"의 물리학적인 정체에 대해서 가장 일반적인 가정만으로도 충분하게 만들기 위해서 모든 노력을 기울였다. 다른 연구결과와 마찬가지로 그의 책은 형식상으로는 무미건조하지만, 통계역학은 정확하게 그래야 한다는 사실을 가장 잘 보여준 걸작으로 알려진다.

그러나 깁스의 성과는 크게 볼 때 사반세기 전에 볼츠만이 개략적으로 제시했던 아이디어를 완성한 것이었다. 물리학적인 계를 미시적인 요소들의 배열로 보고, 통계학이나 확률 이론을 적용하면 계가 가진 거시적인 성질이 나타난다는 아이디어를 제시했던 사람이 바로 볼츠만이었다. 깁스가 제시한 앙상블에서 가능한 내부 배열의 수를 W라고 할 때, 엔트로피 S는 $k\log W$로 주어진다는 사실을 확인한 것이 바로 볼츠만이 1877년 논문에서 이룩한 위대한 혁신이었다.

더욱이 1884년에 볼츠만은 더 직접적으로 깁스의 결과로 이어지는 논문을 발표했다. 그 논문에서 그는 기체원자 에너지의 특정한 분포에 해당하는 상태들의 집합에 대해서 설명하고, 여러 조건에서 그런 상태의 집합에 대한 안정성을 분석했다. 그의 접근 방법은 훗날 깁스의 앙상블과 매우 비슷했고, 1884년에 볼츠만이 설명했던 상태들의 집합과 그로부터 20년 후에 깁스가 정의했던 여러 종류의 앙상블 사이에는 아주 밀접한 관계가 있었다.

과학적인 성과가 누구의 공로인가를 결정하는 일은 절대 쉽지않다. 도깨비를 이용해서 열역학 제2법칙에서 확률의 역할을 처음으로 인식한 사람은 맥스웰이었지만, 그런 아이디어를 정량적으로 분석했던 것은 (로슈미트를 비롯한 사람들의 자극을 받았던) 볼츠만이었다. 1870년대에 볼츠만과 깁스는 서로 다른 방법으로 큰 계를 성분으로 나누어 통계적으로 분석함으로써 열적 평형이 가장 가능성이 높은 배열에 해당한다는 사실을 발견했다. 볼츠만의 1884년 논문은 그런 아이디어를 더욱 발전시켜서 깁스가 통계역학이라고 이름 붙였던 분야의 기초가 되었다. 맥스웰도 그런 결과에 어느 정도 기여를 했다. 1878년에 발표했던 기체 운동론에 대한 그의 마지막 논문에서는 훗날 통계적 앙상블이라고 알려진 개념이 처음 도입되었다. 하나의 계가 시간이 지남에 따라 한 상태에서 다른 상태로 끊임없이 변화하는 것으로 생각하는 대신에 맥스웰은 무수히 많은 수의 동등한 계를 나란히 늘어놓고, 각각의 계가 가능한 상태 중의 하나에 들어있는 경우를 생각했다. 난해한 기술적인 문제라고 생각할 수도 있는 이런 시각의 변화는 가장 넓은 의미에서 통계역학을 정립하는 핵심이었다.

그러나 맥스웰은 자신의 마지막 논문을 발표한 다음 해에 사망했고, 실제로 그의 아이니어를 발선시켰던 것은 볼츠만과 그 후의 깁스였다. 과학의 역사에서 깁스의 "통계역학"이 기념비적이라는 평가를 받는 것은 당연하지만, 그보다 앞서 발표되었던 볼츠만의 업적이 비록 완전하지는 않았지만 제대로 평가받지 못하고 있는 것도 사실이다.

볼츠만 자신이 그런 문제에 대해서 어떻게 생각하고 있었는지는 알 수가 없다. 깁스의 책은 볼츠만이 마지막으로 빈에 돌아왔던 1902년에 발간되었고, 1905년에 독일어로 번역되었다. 그가 깁스의 책에 대해서 알고 있었던 것은 틀림없지만, 물리학의 강의 부담에서 벗어나 있었던 볼츠만은 자신의 『기체이론에 대한 강의』에서 제시했던 방법에 집착해서 다른 분석 방법에는 거의 또는 전혀 신경을 쓰지 않았다. 그가 깁스에 대해서 남긴 몇 안 되는 기록에서는 깁스를 에너지론자로 여기고 싶어 했던 오스트발트를 비롯한 사람들과는 달리 그를 약삭빠른 원자론자로 취급했다. 평생을 바쳐서 한 분야를 정립하려고 노력했던 볼츠만이 깁스의 관점에서 열역학을 이해하려고 노력하지 않았다는 사실은 그리 놀라운 일이 아니다.

과학과 관련된 부분을 제외하면 볼츠만은 라이프치히보다는 빈에서의 생활을 더 즐겼던 것이 확실하다. 볼츠만 부부는 도심에서 떨어진 곳에 오두막을 구입했다. 그는 1902년 설날 전야에 아레니우스에게 보낸 편지에서 "우리가 마련한 빈의 작은 집은 우리 가족에게 아주 좋습니다. 우리가 정원에 나가 앉아 있을 수 있는 봄과 여름이 되면 우리를 더욱 즐겁게 해줄 것이라고 생각합니다"라고 했다.[15]

그는 새로 채용한 조수였던 슈테판 마이어Stefan Meyer라는 젊은 물리학자와 잘 어울렸다. 마이어는 볼츠만 탄생 100주년이었던 1944년에 그에 대한 회고록을 발간했고, 그가 남겼던 몇몇 일화를 보면 그 때까지도 볼츠만은 유머 감각을 가지고 있었다. 언젠가 마이어가 자주 보지 않는 학술지를 도서관 위층으로 옮기고 있을 때 볼츠만이 들어와서 무엇을 하고 있는지를 물어보았다. 마이어가 설명을 하자, 볼츠만은 그의 손에 들고 있는 학술지가 무엇인가를 물었다. 마이어는 《딩글러 저널》이라고 대답했다.[16] 볼츠만은 "그렇군. 사실 《딩글러 저널》을 보는 경우는 아주 드물었지"라고 했다. 마이어는 바로 그런 이유 때문에 학술지를 옮기는 중이라고 설명했다. 볼츠만은 "이제 정말 《딩글러 저널》을 보기 힘들게 되겠군"이라고 대답했다.

볼츠만의 비사교성은 시간이 흘러도 고쳐지지 않았다. 마이어에 따르면, 그가 방문자를 맞이할 때 곧바로 "무엇을 원하십니까?"라고 물어보는 것은 사실 다른 사람들이 "무엇을 도와드릴까요?" 또는 "자리에 앉으십시오"라는 것과 같은 뜻이었다고 한다. 언젠가 볼츠만 부부가 몇 사람들을 오두막으로 초청했다. 손님들이 도착했을 때, 그와 부인 헨리에테는 아무에게도 말을 건네지 않고 가만히 서있었다. 고약한 침묵에 불편해진 어느 손님이 자신을 소개하기 시작하자, 볼츠만은 갑자기 "이제 제 집사람이 어디 있는지 찾아봐야겠습니다"라고 하면서 사라져 버렸다.

학교를 마치기 위해 라이프치히에 남아있던 둘째딸 이다에게 헨리에테가 보냈던 편지를 보면 볼츠만의 상태가 얼마나 심각하게 변하고 있었는지 알 수 있다. 헨리에테는 볼츠만에게 산보가 도움이 되기 때문에 물리학 연구소의 관사에서 오두막으로 이사한 것을 좋아했다. 1903년 초에 볼츠만은 신장 때문에 건강이 다시 나빠졌으나 곧 상태가 회복되었다. 그러나 당시에 헨리에테는 "아버지는 강의를 하기 전날 밤에 신경 쇠약이 재발했다"고 이다에게 편지를 보냈다.[17] "의사가 체중을 줄여야 한다고 했다"는 내용도 있었다. 볼츠만은 헨리에테가 가져다준 약도 먹지 않았다. 그녀는 "내 미래에 대한 희망이 형편없이 사라져 버렸다. 사정이 나아질 것이라고 생각했었는데"라고 한탄했다.

새 일을 맡게 되면서 잠시 동안 볼츠만의 학술적인 에너지가 되살아났다. 에른스트 마흐는 심장마비에 의한 장애를 극복하려고 열심히 노력하고 있었지만, 1901년에 공식적으로 은퇴를 하고 뮌헨 근처에서 살고 있었다. 한동안 그의 철학 강의는 공석이었다. 많은 교수들이 "진짜" 철학자가 그 강의를 맡게 되기를 바랐지만, 볼츠만은 과학적 사고방식에 대한 강의가 필요하다는 생각으로 그 강의를 맡겠다고 자원했다. 그는 공식적으로 철학 교수가 아니었지만, 1903년 5월부터 마흐가 가르치던 강의를 맡기 시작했다. 그런 사태에 대해서 사람들은 생색을 내거나 신기하다고 느끼거나, 거부감을 표시하는 등의 다양한 반응을 보였다. 볼츠만 자신은 첫 과학 철학 강의에서 높고 큰 목소리로 "내가 어떻게 철학을 가르치게 되었을까?"라고 즐거워했다.[18]

몇 년 전 마흐가 "원자가 존재한다는 사실을 믿을 수가 없습니다!"라고 소리쳐서 토론을 중단시켰던 일에 대한 이야기를 했던 것도 바로 이 강의에서였다. 그는 바로 그 사건 때문에 철학 문제에 관심을 갖게 되었고, 마흐의 관점은 물론이고 수백 년 동안 다른 철학자들의 다양한 주장을 이해하려고 노력하게 되었다고 설명했다. 그러나 그런 노력은 결국 그를 좌절시켜 버렸다. 그는 헤겔을 이해하려고 애써 보았지만 "그의 주장은 불확실하고 무의미한 말들의 연속이라는 사실을 알게 되었다."[19] 쇼펜하우어도 마찬가지였고, 칸트의 경우에도 "내가 도무지 이해할 수 없는 것들이 너무 많았고, 다른 문제의 경우에는 그의 생각이 명백했던 것으로 보아서 그가 독자들을 우롱하거나, 심지어는 자신을 속이고 있는 것이라는 생각도 들었다."

볼츠만의 첫 번째 철학 강의는 웃음거리가 되기도 했고, 논쟁의 대상이 되기도 했다. 그는 모든 위대한 철학자들의 생각을 이해하려고 노력하는 순진한 사람처럼 행동함으로써 청중들을 즐겁게 해주었다. 그렇지만 그 밑바탕에는 도대체 이 철학자들이 무엇을 왜 주장하려고 했는가에 대한 극도의 불만이 깔려 있었다.

볼츠만이 처음으로 철학을 가르치기 시작했을 때는 자신의 경험을 바탕으로 일반적인 의견을 도출해서 과학자라면 누구에게나 필요한 실용적인 철학을 정립할 수 있을 것이라고 생각했었다. 그러나 그는 곧 좌절하고 말았다. 그는 자신이 근본적으로 쓸모없다고 생각하는 문제에 대해서 합리적인 설명을 하려고 노력했다. 그는 빈의 철학 교수에서 은퇴한 후 피렌체에 살고 있던 프란츠 브렌타노 *Franz Brentano*와 편지를 주고받기 시작했다. 1895년에 마흐가 프라하에서 돌아올 수 있었던 것은 브렌타노 교수의 은퇴로 철학 교수직에 공석이 생겼기 때문이었다. 볼츠만은 철학 분야에서 자신의 노력을 심각하게 여겨서 포용해주고 때로는 용기를 주기도 했던 브렌타노에게 자신의 생각을 설명해보려고 노력했다. 그러나 볼츠만은 근본적으로 회의적인 자신의 생각을 깊이 감출 수가 없었다. 그는 1905년에 브렌타노에게 "도대체 그런 문제로 골치를 썩일 가치가 있는 것입니까?"라고 물었다.[20] "모든 것을 철학적으로 설명하고 싶어 하는 참을 수 없는 욕망은 속이 빈 것을 알면서도 뒤집어보고 싶어 한다는 뜻에서 편두통 때문에 생기는 구토와 비슷한 것이 아닐까요?"

처음 두세 번의 철학 강의에는 수백 명의 청중들이 몰려들었고, 그의 강의 내용은 빈의 신문에도 보도가 되었다. 그의 성공 소식은 황제의 귀에도 들어갔고, 볼츠만이 초청된 만찬에서 프란츠-요제프 황제는 그가 빈으로 돌아온 것을 매우 반갑게 생각한다고 개인적으로 말해주기도 했다. 헨리에테는 1903년 말에 볼츠만이 "기운을 되찾아서 활기가 넘치고…마술처럼 완전히 바뀌어 버렸다"고 딸에게 전했다.[21]

그러나 강의에서의 성공이나 강의에 대한 볼츠만의 관심은 오래가지 못했다. 한두 달 사이에 우울증과 불안감을 비롯한 건강 문제가 다시 심각해졌고, 철학적인 생각을 정리해야 한다는 부담에 짓눌려 버렸다.

볼츠만의 동료들은 1904년 2월에 60세가 된 그를 위해서 전 세계 125명의 과학자들이 쓴 논문을 담은 "기념 논문집 *Festschrift*"을 발간했다. 어떤 과학자는 자신의 참여가 "우리의 볼츠만에게 작은 행복이 되기를 바란다"고 했다.[22] 다른 참석자는 볼츠만이 생일날 저녁에 추억에 잠겨서 자신이 참회의 화요일*과 재의 수요일**사이의 밤에 태어났기 때문에 일생 동안 즐거움과 고난을 번갈아 경험하게 되었다는 말을 했다고 기억했다.[23] 볼츠만을 노벨 물리학상의 후보로 추천하려는 움직임이 은밀하게 진행되었고, 특히 그에 대해서 비판적이었던 막스 플랑크도 그런 움직임에 동참했다. 그러나 생일잔치의 즐거움은 오래 가지 않았다. 4월이

---

* 역자 주: 재의 수요일 전날로 부활절을 준비하기 위한 고해의 날.
* 역자 주: 사순절의 첫날.

되면서 그는 "심각한 신경성 우울증"을 핑계로 강의를 그만두려고 했다.

볼츠만은 황제에게 명예를 걸고 빈 이외의 대학으로 옮기지 않겠다고 약속을 했지만, 다른 이유로 빈을 떠나는 것이 금지되지는 않았다. 1904년 여름에는 세인트루이스의 세계 박람회와 함께 개최되었던 학술회의에 참석하기 위해 배를 타고 두 번째 미국 방문 길에 올랐다. 그는 아들 아르투르와 함께, "매우 열악하고 불편하다"고 가족들에게 편지로 설명했던 벨그라비아 호를 타고 여행을 했다.[25] 그는 미국을 방문하기로 결정한 후에도 끊임없이 불평을 했다. 워싱턴에서 쓴 편지에서 그는 "새로운 것은 아무 것도 보지 못했다…. 최근 며칠은 전혀 즐겁지 못했다"라고 썼다. 돌아오기 위해서 뉴욕을 떠나면서 그는 "몸이 아프고, 지금 이 순간에 나를 감싸고 있는 고약한 우울증이 빈에 도착한 후에도 가시지 않는다면 강의를 할 수 없을 것"이라고 했다.

볼츠만의 1904년 여행에서 가장 극적이었던 일은 다시 한 번 오스트발트와 맞서서 원자론에 대한 과학적 논쟁을 벌였던 것이었다. 훗날 실험으로 전자의 전하의 크기를 알아내어 노벨상을 수상했던 로버트 A. 밀리칸Robert A. Millikan이라는 미국의 젊은 물리학자도 그 논쟁을 지켜보았다. 그는 자서전에서 "놀라웠던 사실은 바로 그때에 그런 문제에 대한 논쟁이 가능했다는 것과, 오스트발트와 헬름스*는 물론이고 훌륭한 철학자였던 에른스트 마크**가 (원자 이론을 반대하는) 중심에 있을 수 있었다는 사실이다"라고 했다.[26] 그런 논쟁을 보았던 신대륙의 젊은 과학자들은 대륙의 다락방에서 풍겨 나오는 퀴퀴한 냄새가 신선한 세계로 번져오는 것처럼 느꼈던 것이 틀림없다.

＊역자 주: 원문대로 표기

볼츠만은 1904년 가을, 빈에서의 철학 강의를 다시 시작했지만, 자신이 처음 예상했던 즐거움이나 정열은 찾아볼 수 없는 형편없는 강의였다. 다음 해 1월에 그는 빈 철학회에서 개최했던 강연에서 다시 한 번 공격을 퍼부었다. 그의 원래 강연 제목은 "쇼펜하우어는 말도 안 되는 이야기나 휘갈겨 쓰고, 사람들의 머리에 단단하고 영원히 뿌리를 내리게 될 의미 없는 말이나 퍼트리는 어리석고 무식한 철학자라는 증거"라는 놀라운 제목이었다.[27] 그는 그 제목을 헤겔을 비판하기 위해서 쇼펜하우어가 썼던 말에서 빌린 것이라고 주장했지만 도움이 되지 않았다. 그는 철학자들이 어떻게 학술적인 논쟁을 하는가를 보여주고 싶었다. 그렇지만 다른 사람들의 설득으로 결국 "쇼펜하우어의 논제에 대하여"라는 보다 완곡한 제목으로 바꾸게 되었다. 그러나 실제 강연에서 볼츠만은 자신이 처음 붙였던 강연 제목과 같은 내용을 발표했고, 쇼펜하우어가 자신의 생각을 표현했던 방법은 "과거에는 입이 거친 여자들의 것이라고 하겠지만, 오늘날의 기준으로는 공손하다고 할 수 있는 것"이라고 덧붙였다.

볼츠만은 자신의 공격이 허술하더라도 사람들이 심각하게 받아들이기를 바랐다. 그는 쇼펜하우어에 대한 강연의 사본을 피렌체의 브렌타노에게 보내면서 그의 솔직한 의견을 듣고 싶다고 했다. 브렌타노는 볼츠만의 공격은 그가 생각하는 것만큼 훌륭하지 않다는 사실을 설득하려는 방어적인 답변을 보냈다. 그의 강연은 "여러 문제를 성급하게 다루고 있다. 당신이 제기한 비판의 대부분은 신중한 판단이 부족한 것으로 보인다"고 했다.[28]

볼츠만은 자청해서 피렌체의 브렌타노를 찾아가 한동안 함께 머무르면서 자신의 안내자이며 상담역이라고 여겼던 그와 철학적인 이야기를 나누었다. 볼츠만의 철학에 대해서 어떻게 생각하고 있었는가와는 상관없이 볼츠만에 대해서 대단한 호감을 가지고 있었던 브렌타노는 1905년 4월의 처음 세 주 동안 볼츠만을 손님으로 맞이하여 피렌체에서 함께 지냈다. 볼츠만의 의도는 브렌타노와 이야기를 나눈 후에 자신의 생각을 정리한 중요한 철학책을 집필하는 것이었다. 그러나 책은 끝내 완성되지 못했다. 그가 빈으로 돌아온 후에 보냈던 짧은 감사의 편지에 의하면, 볼츠만은 그의 이야기를 듣기는 했지만 자신의 생각을 크게 바꾸지는 않았던 것 같다. 그 대신 그는 피렌체에서 돌아오던 길에 들렀던 베니스에서 호텔을 찾기가 얼마나 힘들었는가에 대한 재미있는 이야기를 들려줬다. 그는 안내자를 따라 좁은 골목을 걷다가 골목 사이에 끼어버려서 옆 걸음으로 겨우 빠져나왔다고 했다. 볼츠만은 체중을 줄여야 한다는 의사의 말을 무시했던 것처럼 철학 문제에 대한 브렌타노의 가르침도 따르지 않았다.

볼츠만은 빈으로 돌아오자마자 세 번째 미국 방문을 추진했다. 버클리의 캘리포니아 대학에서 유명한 유럽 과학자를 객원 강사로 초청하는 여름 강좌를 개설했다. 볼츠만의 이름이 거론되었고, 1904년의 미국 방문에 대해서 불평했던 볼츠만도 그 초청을 받아들였다. 볼츠만은 1905년 6월 8일에 기차로 라이프치히로 가서 며칠 동안 친구와 함께 지낸 후에 북부 독일 해안의 브레멘을 출발해서 6월 21일에 뉴욕에 도착하였고, 다시 기차로 대륙을 횡단했다.

그 전과는 달리 이번에는 혼자 여행을 했고, 훗날 그의 여행담과 캘리포니아에 대한 인상은 『독일 교수의 엘도라도 여행』이라는 책으로 발간되었다. 물론 그의 책에는 신세계의 풍경과 함께 사람들에 대한 열광적인 묘사와 부족한 부분에 대한 불평이 모두 포함되어 있다. 그는 항해에서 낭만적인 기쁨을 맛보았다. "저쪽의 배를 보아라! 지금은 파도에 묻혀

버렸다! 아니다! 순식간에 용골이 솟아오른다… 며칠을 빼면 바다는 우윳빛의 거품이 레이스처럼 달린 훌륭하게 짙고 빛나는 군청색 옷을 자랑하고 있다. 나는 그 색을 보고 눈물을 흘렸다. 어떻게 색깔만으로 우리를 울게 만들 수 있을까? 칠흙 같은 어둠 속에 비치는 달빛과 바다의 반짝임도 더없이 훌륭하다."[29] 그와는 달리 뉴욕에서 캘리포니아로 가던 중에 보았던 육지의 풍경은 인상적이지 못했던 것 같다. 다만 오스트리아의 알프스만큼 아름답지는 못했지만, 높이와 규모는 더 웅장했던 시에라 네바다가 어느 정도 괜찮았을 뿐이었다.

불평이 많은 여행자들처럼 볼츠만도 음식과 마실 것에 대해서 유난히 많은 기록을 남겼다. 그는 빈을 떠나기 전에 기차역의 식당에서 구운 돼지고기와 감자로 든든한 식사를 했고, 맥주는 몇 잔을 마셨는지 기억도 하지 못했다. 독일 배에 타고 있는 동안에도 익숙한 독일 음식만을 즐겼던 그에게 미국, 특히 캘리포니아의 음식은 전혀 새로운 것이었다. 그에게 버클리는 정말 건조한 도시였고, 빗물을 받은 것 같다고 불평했던 그곳의 물을 마시고 심한 배탈이 나기도 했다. 동료에게 맥주나 포도주를 구할 수 있는 방법을 물어보았지만, 사람들은 그가 무엇을 원하는가를 이해하지 못했다. 결국 그는 오클랜드에 있는 포도주 가게를 소개받았고, 포도주를 몰래 숨겨서 버클리로 가져오는 방법도 배우게 되었다. 그 후부터 볼츠만은 "오클랜드로 가는 길에 익숙하게 되었다"고 했다. 그렇지만 자신이 머물고 있던 방으로 포도주를 숨겨와서, 저녁 식사를 마치고 혼자 있을 때 마시는 자신이 "타락한 사람의 종"처럼 느껴졌다.

윌리엄 랜돌프 허스트William Randolph Hearst의 어머니이고, 버클리 대학에 많은 기여를 했던 허스트 부인의 농장에서의 만찬에 초대되었을 때, 볼츠만은 신선한 블랙 베리는 물론이고 멜론조차도 입에 대지 않았다. 그는 "빈에서라면 거위를 강제로 살찌우는데 쓸 수 있을지는 모르겠지만, 진짜 빈의 거위라면 건드리지도 않을 것 같고 말로 설명할 수도 없는 오트밀 반죽"에도 손을 대지 않았다. 결국 그는 닭고기와 몇 가지 익힌 음식만 겨우 먹을 수 있었다.

그러나 미국이 전부 쓸데없고 어려웠던 것은 아니었다. 버클리 교정은 아름다웠고, 독립 기념일에 샌프란시스코에서 펼쳐지는 불꽃놀이와 그 요란함은 미국인들에게 자신들의 국가와 그 꿈에 대한 굳은 믿음을 심어주었다. 그는 자신이 이상주의적인 백만장자라고 불렀던 금융가 제임스 릭James Lick의 지원으로, 1888년 산호세 부근에 건립된 릭 천문대의 거대한 망원경을 보고, "백만장자가 꿈을 가지고 있고, 그런 이상주의자가 백만장자가 될 수 있는 행복한 나라!"라고 감탄했다. 그는 결과적으로 "미국은 앞으로 위대한 업적을 이룩할 것이다. 나는 미국 시민을 신뢰한다"고 말했다.

이론 물리학에 대한 강의를 하기 위해 버클리에 머물게 된 것에 대해서는 별 말이 없었다. 당시 대부분의 학자들은 독일어를 알고 있었기 때문에 볼츠만이 독일어로 강의를 해도 괜찮았지만, 빈을 출발하기 전에 영어회화 교육을 받았던 볼츠만은 자신의 영어 실력이 충분하다고 믿었다. 그러나 기차에서 점심식사를 주문하는 과정에서 자신감을 잃어버리고 말았다. "런치"라는 말을 기억해내기 위해서 "레른치, 란치, 론치, 라운치…" 등을 더듬거려야만 했던 그는 "이런 실력으로 30회에 걸친 강의를 해야 한다는 말인가?"하고 후회를 하게 되었다.

그러나 강의를 시작하고부터는 자신의 영어 실력에 만족하게 되었다. 그는 "blackboard"나 "chalk"처럼 발음하기 어려운 단어들도 극복을 했고, "algebra"나 "differential calculus"와 같은 단어도 유연하게 말할 수 있게 되었다.

그러나 청중들은 다른 인상을 받았다. 그의 영어는 형편이 없었다. 필요한 단어가 떠오르지 않으면 영어와 독일어를 섞어서 "Dass ist the truth"라고 말해 버리기도 했다.[30] 그의 서투름은 캘빈 경에게 보냈던 영문 편지에서도 알아볼 수 있다. 그는 몇 가지 기술적인 문제에 대해 설명을 한 후에 엉터리 영어로 "제게 답장을 주신다면, 제 짧은 영어 실력으로 아이디어를 확실하게 설명했다면, 매우 고맙겠습니다."라는 말로 끝을 맺었다.[31] 버클리에서 그를 만났던 사람은 그의 영어가 "좋게 말해서 조금 모자란다"고 평가했다.[32] 볼츠만은 무의식중에 버클리에서의 생활을 즐겼던 모양이지만, 버클리의 교수들과 학생들에게는 약간은 실망스러웠다.

집으로 돌아오는 여행은 훌륭했다. 볼츠만은 건조한 노스 다코다를 지나는 동안 철도 승무원을 매수해서 상당한 비용으로 포도주를 구하기도 했다. 볼츠만은 전신국 직원들의 파업으로 여행이 지연되자 불같이 화를 냈고, 미국인들이 그런 문제를 냉정하게 받아들이는 것에 더욱 흥분했다. 마침내 뉴욕에 도착해서 독일 배를 타게 된 것은 그에게 너무나도 즐거운 일이었다. 음식도 그의 입맛에 맞았고, "물은 한 방울도 마시지 않았고 맥주도 조금만 마셨고, 훌륭한 뤼데샤이머(포도주)만 마셨다"고 기록해 두었다. 그는 "조금 비틀거리더라도 모든 것이 흔들리는 배 때문이라고 할 수 있었기" 때문에 대양을 건너는 항해는 그런 즐거움을 만끽하기에 더욱 좋았다.

제11장

기적의 해, 운명의 해
아인슈타인의 비상과 추락하는 사람

 "이제 브레멘에서 빈으로 가는 짧은 기차여행만 남았다. 빈의 멋진 마차를 타면 집에 도착하게 된다… 여행에서 가장 멋진 순간은 집에 돌아오는 순간이다."[1]

 볼츠만은 캘리포니아 모험에 대한 기록을 그렇게 끝맺었지만, 실제로 그가 빈으로 돌아온 것을 축하할 이유는 따로 있었다. 1905년은 물리학에서 기적의 해 $annus\ mirabilis$라고 불러도 좋은 해였다. 그 해에 알베르트 아인슈타인이라는 26세에 불과했던 젊은 물리학자가 20세기 물리학의 기틀이 된 네 편의 논문을 발표했다. 마지막 두 편의 논문은 오늘날 아인슈타인의 이름이 붙여진 가장 유명한 이론인 특수 상대성 이론에 대한 것이었다. 논란의 여지가 있기는 하지만, 처음 두 편의 논문은 더 혁신적인 것이었다. 아인슈타인은 그 중 한 편의 논문에서 5년 전에 막스 플랑크에 의한 복사 스펙트럼의 설명에 담긴 의미를 명백하게 밝혀냈고,

당시의 플랑크는 모르고 있었지만 오늘날 광자(光子)라고 부르게 된 빛의 양자 입자에 대한 물리학적 존재를 정립했다. 다른 한 편의 논문에서는 백년에 가깝도록 과학자들에게 수수께끼로 남아있던 현상을 설명하면서 거의 직접적으로 원자의 존재를 증명했다. 첫 번째 논문에서는 볼츠만이 수십 년 전에 개발했던 방법을 그대로 사용했고, 두 번째 논문에서는 볼츠만의 평생에 걸친 원자에 대한 확신이 분명한 근거를 가지고 있다는 사실을 증명했다. 그러니까 아인슈타인은 볼츠만에게 빚을 진 후에 즉시 그 빚을 되갚았던 셈이었다.

1905년에 아인슈타인은 널리 알려져 있지는 않았지만, 그렇다고 아주 낯선 이름은 아니었다. 그는 년부터 논문을 발표했다. 1879년에 태어난 아인슈타인은 통계학과 확률을 이용한 볼츠만의 물리학을 주저 없이 받아들였다. 그는 앞 세대의 물리학자들처럼 선입견에 빠져있지는 않았다. 아인슈타인은 대학을 마친 후에 결혼을 했던 물리학과의 동료 학생 밀레바 마릭Mileva Maric에게 "볼츠만은 정말 훌륭하다… 나는 그의 이론이 옳다는 사실을 확신하고 있다. 진짜 문제는 주어진 조건에서 (원자들이) 어떻게 움직이는가 하는 것이다"라는 편지를 보내기도 했다.[2] 그는 볼츠만이 평생을 바쳐서 이룩한 과학 업적을 스스로 정리한 『기체이론 강의』를 읽고 있었다. 빽빽하고 자세하게 설명한 두 권의 책은 발간된 후 몇 년이 지났지만, 너무 복잡해서 여전히 과학자들을 질리게 만들 정도였기 때문에 평범한 대학생들이 읽을 수 있는 책은 아니었다.

아인슈타인의 첫 연구 성과는 볼츠만의 통계적인 시각에 대한 관심에서 비롯되었다. 아인슈타인은 1905년까지 3년 동안 발표했던 세 편의 논문을 통해서 당시 깁스가 『통계역학』에서 밝혔던 것과 똑같은 주장을 제기했다. 그의 연구결과는 볼츠만과 깁스의 가장 뛰어난 점들을 결합시킨 것이었다. 깁스와 마찬가지로 아인슈타인도 뛰어난 논리력, 문제의 핵심을 파악하는 능력, 그리고 불필요한 것을 모두 벗겨내고 유용하면서도 단순한 골격만을 남기는 능력을 가지고 있었다. 그러나 그는 물리학 자체에 대해서 본능적인 느낌을 가지고 있었고, 만물이 작동하는 이유를 수학적인 방법으로 표현하지 않고도 파악할 수 있는 신과 같은 능력을 가지고 있다는 점에서 볼츠만과 비슷했고, 그것이 깁스와 다른 점이었다.

아인슈타인에게 볼츠만의 사고방식을 근거로 했던 초기의 노력은 1905년의 혁명을 위한 준비에 큰 도움이 되었다. 3월에 발표했던 첫 번째 논문은 복사 스펙트럼에 대한 플랑크의 설명을 명백하게 증명해 주었다. 막스 플랑크는 1900년에 볼츠만의 아이디어와 비슷한 방법으로 통 속에 들어있는 전자기 파동의 에너지를 작은 부분으로 나누어서 일정한 온도에 있는 물체에서 방출되는 복사 스펙트럼을 나타내는 이론적인 식을 얻을 수 있었다. 그러나 에너지를 작은 부분으로 나누는 의미는 정확하게 이해할 수가 없었다. 볼츠만도 역시 기체의 에너지를 부분으로 나누어서 엔트로피를 나타내는 식을 얻었다. 그러나 이 경우에 부분으로 나누는 것은 수학적인 방법에 불과했지, 실제로 에너지가 불연속적인 덩어리로 존재한다는 것을 의미하지는 않았다. 에너지를 구분하는 단위가 수학적인 조건에 맞을 정도로 작기만 하면 계산의 결과는 구분하는 단위의 크기와는 상관이 없다는 것이 볼츠만 이론의 강점이었다.

복사에 대한 플랑크의 분석의 경우에는 확실히 그렇지 않다는 점이 수수께끼였다. 플랑크가 유도한 복사에 대한 식에는 에너지 단위의 크기가 분명하게 포함되어 있었고, 그 식이 실험 결과와 일치하려면 그 단위가 특정한 값이 되어야만 했다. 처음부터 한동안 플랑크는 그것이 단순히 자신의 계산 방법에서 나타나는 이상한 점일 뿐이고, 근본적으로 물리적인 의미가 있는 것은 아니라고 생각했다. 1900년에 플랑크는 복사 에너지가 작은 단위에 해당하는 에너지의 원자로 존재할 것이라고 믿지 않았던 것은 확실하다.

그 후 몇 년 동안 플랑크를 비롯한 사람들은 그런 겉보기의 "양자"가 잘 확립된 물리학적인 원리에 의해서 자연스럽게 설명될 것이라고 생각했다. "양자"라는 말이 현재의 과학적 의미로 쓰이게 되기까지는 오랜 시간이 걸렸다. 독일어에서 이 말은 "양"을 나타내는 평범한 단어였고, 볼츠만도 이 단어를 1883년에 발표한 논문의 제목에 쓰기도 했다.

20세기 초의 몇몇 물리학자들은 맥스웰의 전자기 파동에 대한 이론과 열역학 법칙을 이용해서 복사 스펙트럼을 설명하면, 실험에서 얻은 결과는 물론이고 플랑크의 식과도 전혀 다른 결과가 얻어진다는 사실을 인식하게 되었다. 따라서 플랑크가 얻은 결과에는 무엇인가 정말 새로운 의미가 담겨있는 것이 확실했다.

볼츠만의 책을 완전히 읽어낸 아인슈타인은 그 새로운 것이 무엇인지 밝힐 수 있는 방법을 알게 되었다. 아인슈타인도 플랑크와 마찬가지로 볼츠만의 방법을 활용했지만, 그는 한 걸음 더 나아갔다. 1905년에 그가 이룩했던 최초의 위대한 업적은 복사 에너지의 "양자" 하나하나를 물리적으로 독립된 존재로 취급하면, 전통적인 열역학적 방법으로 유도한 식(이 식에도 볼츠만의 이름이 붙어있어서, 슈테판-볼츠만의 법칙*이라고 부른다)과 일치하는 복사광의 에너지와 엔트로피를 얻을 수 있음을 증명한 것이다. 물리적인 기체가 독립된 원자로 이루어진 것과 마찬가지로,

---

*역자 주: 일정한 온도의 흑체에서 방출되는 복사 에너지는 온도의 4제곱에 비례한다는 법칙으로 1879년 슈테판이 실험적으로 발견하고, 1884년에 볼츠만이 이론적으로 설명했다.

전자기파의 "기체"도 명백한 양자로 구성되어 있는 것처럼 보인다는 그의 주장은 그 의미가 명백하면서도 놀라운 것이었다. 에너지를 작은 부분으로 나누는 것은 단순히 수학적인 요령이 아니라 실제로 전자기 복사의 물리적인 본질에 대한 새롭고 놀라운 발견을 뜻하는 것이었다. 양자는 정말 에너지의 원자였다.

아인슈타인은 또한 양자의 존재를 가정하고 나면 광전효과라는 현상도 쉽게 설명할 수 있다는 사실을 증명했다. 어떤 금속에 빛을 쪼여주면 전류가 발생하는데, 맥스웰의 이론에 따라서 금속에 도달하는 파동 에너지의 흐름이 해안에 부딪히는 파도와 같다고 생각해서는 금속으로부터 발생하는 전류의 세기를 비롯한 몇 가지 특징을 도저히 설명할 수가 없었다. 그러나 빛의 양자가 충돌하는 것이라고 생각했던 아인슈타인은 몇 줄의 수식을 이용해서 광전효과를 설명을 할 수가 있었다. 아인슈타인은 바로 그 업적으로 1921년에 노벨상을 수상했다. 아인슈타인의 위대한 업적들 중에서 기술적인 혜택을 가져다 준 업적에 상을 주라는 알프레드 노벨의 유언에 잘 맞는 가장 실용적인 결과는 바로 그것이었다.

그러니까 1905년의 첫 번째 논문으로 아인슈타인은 복사광의 양자가 존재한다고 믿을 수 있는 이론적이고 실질적인 근거를 제시했다. 이 업적 때문에 볼츠만은 두 가지 이유에서 양자론의 시조가 되었다. 플랑크가 먼저 그의 방법을 이용해서 복사식을 유도했고, 이제 아인슈타인이 볼츠만의 방법을 이용해서 그 식이 정말 무엇을 뜻하는가를 밝혔기 때문이다.

같은 해의 5월에 발표된 두 번째 논문은 물리학에 대한 볼츠만의 관점을 더욱 명백하게 밝혀주었다. 그 논문에서 아인슈타인은 브라운 운동이라고 부르는 이상한 현상에 대한 훌륭한 설명을 제시했다. 1828년에 스코틀랜드의 식물학자 로버트 브라운Robert Brown은 현미경을 이용해서 꽃가루가 마치 생명력을 가지고 있는 것처럼 불규칙적으로 끊임없이 이리저리 움직인다는 사실을 관찰했다. 과학자들은 거의 한 세기 동안 꽃가루가 끊임없이 움직이는 이유에 대해서 궁금해 했다. 유기체가 일종의 "생명력"을 가지고 있다는 사실을 보여주는 것이라고 주장하는 사람도 있었지만, 그런 현상을 무기적(無機的)인 물리학으로는 설명할 수가 없었다.

꽃가루는 그것을 둘러싸고 있는 공기나 액체의 원자들에 의해서 이리저리 밀려다니는 것이라는 아인슈타인의 설명은 놀라울 정도로 단순하기는 했지만, 물리학적인 논리로 뒷받침하기에는 쉽지 않은 설명이었다. 거대하고 육중한 꽃가루에 충돌하는 원자는 나뭇잎에 떨어지는 꽃가루보다 더 큰 효과를 나타낼 수는 없을 것이다. 그러나 아인슈타인은 꽃가루의 수많은 원자들이 동시에 충돌하고, 그런 충돌이 끊임없이 계속된다는 사실을 밝혀냈다. 일반적으로 원자들은 무작위적으로 움직이기 때문에, 많은 원자들이 꽃가루에 충돌하게 되면 그 효과들이 서로 상쇄될 가능성이 크다. 그러나 무작위적인 운동에서도 요동(搖動)의 가능성은 있다. 특정한 시점에 우연히 한쪽에 충돌하는 원자의 수가 다른 쪽에 충돌하는 원자의 수보다 많을 수도 있다. 아인슈타인은 그런 물리학을 처음으로 인식했고, 그 결과를 계산하는 방법을 찾아냈다. 그는 원자 속도의 분포를 나타내는 맥스웰-볼츠만의 식을 이용해서 원자들의 집단적인 충돌에 의해서 꽃가루 입자의 움직임이 변화될 수 있는 빈도와 크기를 계산했다. 그의 계산은 원자들의 충돌에 의해서 나타나는 직접적인 역학적 효과로부터 원자의 크기와 수를 알아낼 수 있는 방법이 되기도 했다.

브라운 운동에 대한 아인슈타인의 설명은 원자의 존재에 대한 오랜 논쟁에서 획기적인 전환점이 되었다. 브라운 운동은 원자운동을 직접 관찰하고 계산할 수 있는 효과일 뿐만 아니라, 진정으로 미시적인 원인에 의해서 나타나는 효과이기도 했다. 더욱이 브라운 운동을 다른 방법으로 설명할 수도 없었다. 마흐 자신은 언제나 기본적인 관찰과 직접 확인할 수 있는 효과의 중요성을 강조했다. 그런데 브라운 운동이 바로 그런 현상이었고, 이제 아인슈타인은 원자론적으로 그 현상을 설명하는데 성공했다. 삼 년 후인 1908년에 프랑스의 물리학자 장 바티스트 페랭*Jean Baptiste Perrin*은 다양한 조건에서 브라운 운동에 대한 아인슈타인의 식이 정확하다는 사실을 밝히는 실험에 성공했다. 회의적인 입장에 있었던 사람들에게도 패랭의 실험으로 뒷받침된 아인슈타인의 분석은 작고 단단한 원자들이 뉴턴의 법칙에 따라 움직이고 있다는 사실을 명백하게 보여줌으로써 원자가 실제로 존재한다는 사실에 대한 확실한 증명이 되었다.

아인슈타인의 그런 두 가지 업적은 볼츠만이 캘리포니아에서 여름을 보내려고 출발하기 전이었던 1905년 초에 발표되었다. 그 두 편의 논문은 새로운 영역에서 볼츠만의 통계적인 방법이 유용하다는 사실과 원자의 존재를 실질적으로 증명해주었다. 그러나 볼츠만이 아인슈타인의 성과를 알고 있었다는 증거는 없다. 1905년 초에 그는 자신의 철학적인 생각을 모아서 책을 발간하려던 계획을 포기하면서 곤경에 빠지고 있었다. 브렌타노와 주고받았던 편지에 의하면 볼츠만은 그 계획에 매우 집착했던 것 같다. 그 후 여름에는 미국을 여행하면서 음식과 마실 것에 대해 불평하면서 보냈다. 그가 빈으로 돌아왔던 9월에는 아인슈타인의 성과에 대한 소문이 널리 퍼져있었을 것이 분명했다. 그 때는 이미 오늘날 특수 상대성 이론이라고 부르는 결과를 담은 세 번째와 네 번째 논문이 발표된 후였다. 마지막 논문에는 $E = mc^2$이라는 유명한 식이 들어있었다. 그러나 그 중의 어느 것도 볼츠만의 관심을 끌지는 못했다.

1905년에 무슨 일이 일어났는가를 제대로 이해하려면, 겉으로 드러나지 않았던 사실을 눈여겨봐야 한다. 당시에는 아무도 그 해를 기적의 해라고 부르지 않았다. 오랫동안 많은 물리학자들은 상대성 이론과 양자론에 대해서 의심스러운 입장이었다. 그로부터 거의 5년 동안 플랑크 자신도 양자의 아이디어를 진정으로 인정하지는 못했던 것으로 보인다. 1905년에는 아인슈타인의 성과를 알고 있었더라도 자신들의 관심과는 상당한 거리가 있는 고도의 이론적 추측에 불과하다고 생각하던 물리학자들이 많았다. 그 성과의 중요성을 전혀 알아채지 못한 사람들도 많았다.

더욱이 볼츠만이 양자에 대한 아인슈타인의 첫 번째 논문에 관심을 갖지 않았던 것도 이유가 있었다. 아인슈타인의 결과는 플랑크의 업적을 발전시키거나 확대한 것이었지만, 볼츠만은 플랑크의 업적을 이해할 시간이 없었다.

훨씬 더 의아하고, 놀랍기까지 한 사실은 볼츠만이 브라운 운동에 대한 아인슈타인의 분석에 대해서도 관심이 없었다는 것이다. 10년 전 제르멜로에 대한 답변에서 그는 아인슈타인이 그렇게 성공적으로 설명했던 바로 그 부분을 언급했었다. 볼츠만에 따르면, 제르멜로는 순간적으로 엔트로피가 감소하는 변화가 가끔씩이라도 일어날 수 있다는 기체 운동론은 열역학 제2법칙의 절대성을 부정하기 때문에 옳지 않다고 주장했었다. 그러나 볼츠만의 답변은 명백했다. 그런 종류의 우연한 사건은 결점이 아니라 이론의 불가피한 요소이고, 오히려 이론이 옳다는 사실을 입증해주는 것이라고 했다. 그러면서 그는 "기체에서 아주 작은 입자의 움직임이 관찰되는 것은 기체가 입자의 표면에 작용하는 압력이 때로는 조금 더 크고, 때로는 조금 더 작기 때문이다"라는 예를 제시했었다.[3] 다시 말해서 원자나 분자가 불규칙적으로 충돌하기 때문에 발생하는 압력의 작은 변화에 의해서 아주 작은 입자가 이리저리 흔들리게 된다는 것이다. 1896년의 볼츠만은 브라운 운동이 기체 운동론의 기본적인 결과라는 사실을 확실하게 이해하고 있었다.

그러나 그는 그 문제를 옆으로 던져버렸고, 어떤 물리학자도 읽고 싶어하지 않는 기체 운동론의 정확성에 대한 난해한 수학적인 논쟁에 빠져드는 과정에서 핵심을 놓쳐버렸다. 볼츠만은 기체의 원자운동에서 브라운 운동을 설명할 수 있는 적당한 정도의 요동이 일어나는가를 정량적으로 알아보려는 노력도 포기해버렸다. 그는 분명히 그런 계산을 할 수 있는 능력을 가지고 있었지만, 그런 결론이 얼마나 설득력이 있을 것인가를 인식하지는 못했었다. 볼츠만은 기체 운동론을 인정하지 않는 당시의 물리학자들이 브라운 운동에 대한 기체 운동론적 설명에도 관심이 없을 것이라고 미리부터 짐작했을 것이다.

볼츠만이 그 문제를 더이상 추구하지 않았던 데는 심리적인 이유도 작용했을 것이다. 제르멜로와 논쟁을 벌이는 과정에서, 볼츠만은 전에도 여러 차례 주장했던 것처럼 열역학 제2법칙에 어긋나는 경우는 매우 드물기 때문에 근본적으로 중요하지 않다고 다시 한 번 강조하게 되었다. 그런 경우가 있다는 사실은 부정할 수 없지만, 그런 경우가 중요한가는 확실하지 않았다. 이제 그는 그런 문제에 흥미를 잃었고, 지쳐버렸다. 그는 요동이 나타나는 것을 기체 운동론의 결함이 아니라 직접적인 증거라고 생각했고, 제르멜로처럼 그런 사실을 이해하지 못하는 사람들을 설득시키려고 노력할 필요도 없다고 생각했다. 그래서 그는 그 문제에 대해서 더 이상 노력하지 않았다.

그러나 1905년 아인슈타인이 설명함으로써 유명하게 된 핵심적인 문제를 볼츠만이 1896년에 이미 알고 있었다는 것은 여전한 사실이었다. 볼츠만이 그런 생각을 큰 의미가 없다고 여기지 않고, 브라운 운동에 대한 대략적인 계산만이라도 논문으로 발표하려고 애를 썼더라면 볼츠만의 말년이 어떻게 달라졌을까를 짐작하기란 쉽지 않다.

그렇다면 이제 때가 되었던 것일까? 1905년의 물리학자들은 십여 년 전의 물리학자들보다 새로운 아이디어를 더 잘 받아들이게 되었을까? 반세기 전에는 기체 운동론을 처음 제안했던 존 워터스톤의 주장에 아무도 귀를 기울이지 않았지만, 그로부터 12년 후에 발표된 루돌프 클라우지우스의 주장은 전 세계의 관심을 끌었다. 난해한 음악이나 초현실적인 연극처럼 과학적인 아이디어도 창조자와 준비된 청중이 필요하다.

더욱 슬픈 사실은 절망적인 상태에서 라이프치히를 벗어나 고향인 빈으로 돌아와서 환멸을 느끼고 있던 볼츠만 자신이 당시에 등장하고 있었던 새로운 물리학을 이해하지 못하는 청중의 일부가 되어가고 있었다는 것이다. 볼츠만이 마침내 그 모습을 드러낸 아인슈타인의 혁명적인 계산에 대해서 관심을 갖지 않았던 것은 평범한 이유 때문이었다. 그는 다른 일로 바빴고, 그의 건강과 정신 상태는 계속 악화되고 있었다. 그는 캘리포니아에서 돌아온 직후부터 일에 빠져들었다. 친구였던 펠릭스 클라인이 편집하던 수학 백과사전에 기체 운동론에 대해서 긴 글을 싣기로 하고 계속 미뤄왔던 오래 전의 약속을 지켜야만 했다. 클라인은 볼츠만이 그 일에 적임자라는 사실을 알고 있었고, 실제로 당시에 그 일에 자신감을 가지고 있었던 사람은 그 뿐이었다.

자신의 백과사전에 볼츠만의 글을 몹시 싣고 싶어했던 클라인은 볼츠만에게 글을 써주지 않으면 제르멜로에게 부탁하겠다고 농담처럼 위협을 하기도 했다. 볼츠만은 마침내 집필에 착수했다. 그는 클라인에게 "그 페스탈루츠가 하기 전에 내가 해주겠다"고 했다. 페스탈루츠는 쉴러의 희곡 "발렌슈타인의 죽음The Death of Wallenstein"에 등장하는 대사도 없는 단역 인물이다. 희곡의 후반부에서 음모자들이 누가 발렌슈타인 백작을 살해할 것인가에 대해서 말싸움을 벌이던 중에 한 사람이 "나라면 페스탈루츠에게는 맡기지는 않겠다"고 말한다. 결국 페스탈루츠는 예비대로 파견되었는데, 볼츠만은 제르멜로를 생각하면서 이 장면이 떠올랐던 모양이었다.

뉴욕에서 출발한 배를 타고 독일 북부의 브레멘에 도착한 볼츠만은 즉시 빈에 있던 조수 슈테판 마이어에게 편지를 보내서 그 글을 쓰기 위해서 논문을 찾아서 읽어줄 사람을 알아보아 달라고 부탁했다. 몇 년 전부터 그는 시력이 너무 나빠져서 젊은 물리학과 학생이나 부인이나 또는 아들이 논문을 큰 소리로 읽어주어야만 했다.

결국 그 해 말에 글은 완성되었다. 한편 그는 1905년 말에 『일반 수필 *Populäre Schriften*』이라는 제목으로 발간된 수필집을 출판하기 위한 작업도 시작했다. 대부분은 과거에 발표했던 글이나 강연 내용이었지만, 캘리포니아 여행기도 넣을 수 있었다. 1905년 말에는 수필집을 준비하고, 백과사전에 수록될 글을 쓰느라고 시간적인 여유가 없었다. 그러나 일을 모두 마치고 난 다음에는 다시 우울증과 질병에 시달리기 시작했다. 크리스마스와 설날까지도 침대에 누워있어야만 했고, 육체적인 질병이 호전된 뒤에도 기분이 여전히 회복되지 않고 있다는 편지를 브렌타노에게 보내면서, "언제나 즐겁고 만족스러워하는 당신이 부럽습니다. 당신이야말로 진정한 철학자입니다. 저는 62살이나 되었지만 마음의 평정을 찾지 못하고 있습니다"라고 했다.[5] 한 주일 후에 옛 친구 아레니우스에게 보낸 편지에서는 "불행하게도 모든 것이 순조롭지 않습니다. 오래 전부터 나를 괴롭히던 신경 쇠약에 몹시 시달리고 있습니다. 캘리포니아에서 과로를 했던 것이 틀림이 없습니다"라고 했다.[6]

2월에는 마이어에게 자신이 더 이상 강의를 할 수 없다는 사실을 통보하고, 모든 학생들의 기록을 보내주었다. 지난 3년 동안 자신이 그렇게 좋아했던 작은 오두막을 언젠가부터 "비위생적"이라고 생각하기 시작했던 그는 튀르켄가의 물리학과 건물에 임시 숙소를 마련했다.[7] 부인과 딸들은 계속 오두막에 머물렀던 것 같다. 1906년 초에는 그의 학생 중의 하나였고, 훗날 자신의 막내딸과 결혼하게 된 루트비히 플람Ludwig Flamm의 학위 구두시험을 치를 수 있었다. 플람은 시험을 마치고 나오던 중에 "가슴을 찢는 듯한 신음소리"를 들었다고 했다.[8] 그 해 부활절쯤에 볼츠만을 찾아갔던 다른 물리학자는 그가 큰 소리로 "이런 종말을 맞이할 것이라고는 짐작도 하지 못했다"고 한탄했다고 했다.[9]

1906년 5월에는 대학 당국도 볼츠만이 더 이상 강의를 할 수 없다는 사실을 인정하게 되었다. 물리학과는 마이어가 운영하고 있었다. 가끔씩 있었던 철학 강의가 열리지 않게 된 것을 제외하면 "교육적으로 아무런 문제가 없다"는 신랄한 의견이 지배적이었다.[10] 물리학자이면서 철학자이기도 했던 그는 캘리포니아에서 돌아온 뒤로는 자신의 평생에 샘물이 되었던 학술적인 문제에 대한 관심을 잃어버리기 시작했다.

1906년 9월 7일 금요일 아침에 빈의 《신자유신문Neue Freie Presse》 기자가 트리에스테Trieste에서 멀지 않은 아드리아해 연안의 휴양지인 두이노Duino에서 20분 정도의 거리에 있는 작은 성당을 찾았다.[11] 도중에 그는 "비통한 광경"을 목격했다. 슬픔에 빠진 사람들을 태운 두 대의 마차가 아름답기는 하지만 사람들이 거의 살지 않는 지역을 달려가고 있었다. 첫 번째 마차에는 노부인과 세 딸이 타고 있었고, 두 번째 마차에는 군복을 입은 젊은이와 성직자가 타고 있었다. 마차는 빈으로 가는 기차를 놓치지 않으려고 트리에스테로 덜컹거리며 달려가고 있었다. 자그마한 산지오바니 성당으로 달려간 기자는 키가 작고 뚱뚱한 남자의 시신이 검은 천으로 덮인 채 안치되어 있는 모습을 보았다. 방금 보았던 마차에 타고 있던 사람들이 슬픔에 빠져있었던 것은 바로 그 남자 때문이었다. 마차를 타고 있던 부인의 남편이자 세 딸과 장교의 아버지였으며, 성직자가 지난밤에 추모미사를 집전해 주었던 사람이었다. 시신을 성당으로 옮겨서 미사를 올리게 되기까지는 시간이 좀 걸렸다. 사망의 정황을 조사하기 위해서 트리에스테에서 온 검찰관이 호텔의 주인과 직원들, 충격을 받고 슬퍼하는 가족과 급히 불러와서 사망 진단을 했던 의사를 면담한 후에야 남자는 호텔 방의 창틀에 목을 매어 자살을 한 것으로 공식 확인되었다. 죽은 아버지를 처음 발견한 사람은 그의 딸이었다. 그러나 공식적인 절차를 마친 후에야 시신은 평화롭고 조용한 산지오바니 성당으로 안치될 수가 있었다. 기자가 자살의 정황에 대한 정보를 취재하고 있는 동안 시신을 빈으로 가는 저녁 급행 열차로 옮길 준비가 끝났다. 이 비극적인 사건에 대한 소식은 금요일 저녁 《신자유신문》에 처음 전해졌다.

신문에는 외딴 마을에서 쓸쓸하게 죽어간 남자의 이야기 이상의 소식이 담겨 있었다. 자살한 사람은 빈 출신으로 62세였으며, 국제적으로 명성을 얻은 물리학자이면서 수학자였던 루트비히 에두아르트 볼츠만이었다. 그는 "그의 시대와 나라를 빛낸" 사람이었지만, 그가 병과 신경쇠약에 시달리고 있었다는 사실은 친구와 동료들에게 잘 알려져 있었다.

볼츠만은 새 학기를 시작하기 전에 부인과 딸들과 함께 휴식을 취하기 위해서 약 3주전에 두이노라는 해변 마을로 여행을 떠났다. 바닷가의 휴양지는 볼츠만의 기분을 안정시켜 주는 것 같았다. 그는 시골길을 산책하기도 했고, 빈에 있는 친구와 동료들에게 엽서를 보내기도 했다. 그런데 집으로 되돌아가려고 가족들의 짐을 빈으로 보내려던 9월 초부터 갑자기 볼츠만의 기분이 바뀌어 버렸다. 걱정스러웠던 부인은 자원 입대하여 군사 훈련을 받은 후에 빈으로 돌아가 있던 아들에게 전보를 보내서 즉시 두이노로 오도록 했다.

9월 5일 수요일 저녁 6시경에 헨리에테 볼츠만과 딸들은 볼츠만을 호텔 방에 남겨두고 수영을 하러 바다로 내려갔다. 그는 가족들에게 잠시 후에 가겠다고 했지만, 시간이 지나도 나타나지 않았다. 헨리에테는 걱정하기는 했지만, 크게 염려되지는 않았던 모양으로 15살의 딸 엘사를 호텔로 보내서 아버지를 데려오도록 했다. 튼튼한 창틀에 목을 맨 아버지를 발견하고 "말을 할 수 없을 정도로 놀란" 사람이 바로 그녀였다. 그녀는 평생 동안 이 무시무시한 장면에 대해서 한 번도 이야기를 하지 않았다. 아들 아르투르 볼츠만은 아버지가 죽은 후에야 도착을 했다.[12]

《신자유신문》에 의하면 볼츠만의 사망 소식으로 빈 대학은 "애도"의 물결에 휩싸여 버렸다. 신문에는 두이노에서 직접 취재를 했던 기자의 기사와 빈의 집안 모습에 대한 기사와 그를 따르던 동료와 제자들이 쓴 두 편의 조사도 함께 실었다. 다음날 아침 신문에도 두 편의 조사가 더 실렸다.

품위 있고 예의바르면서 익살스럽기도 했던 조사에서는 볼츠만의 정신 상태가 정상이 아니었다는 이야기도 들어 있었다. 신경쇠약에 시달리던 이야기도 있었다. 그의 동료 프란츠 엑스너는 볼츠만의 과학적인 업적, 수학적인 재능, 젊었을 때의 성공과 엄청난 명성에 대해서 설명한 후에 그렇게 재능이 많은 사람이 반드시 행복했을까라는 수사학적인 질문을 던졌다. 엑스너는 자신의 질문에 대해서 그렇지 않았다고 스스로 답변하면서 볼츠만의 비상한 재능과 긴 안목의 지혜를 시샘하듯이 "행운은 그에게 마음의 평화를 허락하지 않았다"고 했다.

에른스트 마흐 역시 볼츠만의 일생과 업적을 높이 평가하면서, 그의 "섬세하고도 민감한 신경"이 실험실과 강의실의 딱딱한 분위기에 맞지 않았을 것이라고 했다. 20세기가 시작되면서 벌써 마흐는 과학자들과 과학 학술지의 성공이 연구 생활을 지나치게 경쟁적인 분위기로 바꾸어놓았다고 불평하기 시작했다. 그러나 볼츠만이 그렇게 부담을 느꼈던 논란이 적어도 상당한 부분 마흐 자신의 반대에서 비롯되었다는 사실은 언급하지 않았다. 사실 마흐는 볼츠만의 죽음과 같은 불행한 일이 더 자주 일어나지 않는 것이 놀랍다고 말하기도 했다.

헨리에테 볼츠만은 일요일 신문에 남편의 죽음을 함께 애도해주고 위로를 해주었던 친구, 동료, 학생들에게 감사하는 글을 실었다. 며칠 후에 거행되었던 볼츠만의 장례식에는 물리학자로는 구스타프 재거*Gustav Jäger*와 슈테판 마이어만이 참석했다. 두 사람이 모두 볼츠만을 잃어버린 사실을 슬퍼했다. 여름 방학의 끝나갈 무렵으로 새학기가 시작되기 전의 일이었다.

볼츠만이 사망한 다음 해부터 물리학은 엄청나게 변모하기 시작했다. 원자의 존재에 대한 논란도 곧 해결되었다. 볼츠만의 평생 친구였으면서도 반대편에 있었던 빌헬름 오스트발트는 원자론을 계속 반대하기에는 너무 훌륭한 과학자였고, 명예를 아는 사람이었다. 그의 유명한 교과서 『일반화학 개요*Outline of General Chemistry*』의 서론을 새로 쓰던 1908년부터 그는 원자의 존재에 대한 자신의 믿음을 확실하게 밝히기 시작했다. 에너지론에 대한 철학적인 관심이나 적어도 에너지를 자연 과학의 근본적인 요소로 여기고 싶어하는 마음을 완전히 포기하지는 않았지만, 당시에 확실하게 밝혀졌던 원자의 존재와 에너지론으로부터 유용하고 정량적인 이론을 이끌어내지 못했다는 사실 때문에 에너지론에 대한 흥미를 포기할 수밖에 없었다. 에너지론은 과학적인 논의의 대상에서 완전히 사라져 버렸다.

마흐는 더 어려운 경우였다. 과학계의 사람들은 거의 없고 대부분 다른 분야의 사람들이었지만 여전히 그의 철학을 따르는 사람들이 있었다. 1908년에 플랑크는 마흐를 "잘못된 예언자"라고 심하게 비난했다. 한때 마흐의 엄격한 원칙이 물리학적인 이론을 구축하는 옳은 방법이라고 관심을 갖기도 했던 아인슈타인은 결국 그의 관점에 문제가 많다는 사실을 인식하고 그의 가르침에 등을 돌려버렸다. 특수 상대성 이론은 어떤 면에서는 마흐의 엄격함 덕택에 완성되었다고 할 수도 있다. 관찰자가 먼 곳에서 일어나는 일의 동시성을 어떻게 인식하고 확인하는가를 엄밀하고 정확하게 고려하는 과정에서 관찰의 자세한 내용에 특별히 관심을 갖게 되었고, 그 결과 왜 시간이 모든 사람에게 똑같은 것이 아니라 "상대적"인가를 이해하게 되었다. 아인슈타인은 시간이라는 것이 마흐의 처방처럼 관찰자가 측정할 때 의도했던 것을 뜻하게 된다는 사실을 인식하게 되었다.

그럼에도 불구하고 마흐는 상대성 이론을 싫어했고, 심하게 비판했다. 결국 마흐에게는 상대성 이론도 그저 또 하나의 이론에 불과했지만, 자신의 새로운 아이디어에 대해서 깊이 생각해본 아인슈타인은 역시 단순한 관찰의 범위를 벗어나는 것이 불가피하다는 사실을 인식하게 되었다.

사실에 근거한 과학적 세계의 벽돌을 이용해서 일관성을 가진 구조물을 만들기 위해서는 반드시 이론이 필요했다. 아인슈타인은 그때까지도 마흐의 주장에 빠져있었던 다른 물리학자들은 "불쌍한 마흐의 말을 지칠 때까지 타고 있으며," 그 말은 "살아있는 것은 아무 것도 생산하지 못하고, 오로지 해충을 박멸할 수 있을 뿐"이라고 했다.[13] 더 훗날 아인슈타인은 "마흐는 훌륭한 실험 물리학자였지만 형편없는 철학자"였고, 그는 "과학적 체계 대신에 단순한 목록을 만들었을 뿐"이라고 단정적으로 말해 버렸다.[14] 1915년까지도 마흐는 원자론에 반대하는 글을 쓰고 있었다. 그리고 그는 다음 해에 78세의 나이로 사망했다.

볼츠만이 죽은 후 몇 년만에 그의 물리학은 명예를 회복하게 되었다. 원자의 존재는 의심할 여지가 없어졌고, 기체 운동론에 대해서도 논쟁의 여지가 없어졌다. 그렇게 오랫동안 그를 괴롭혀 왔던 열역학 제2법칙의 확률론적인 성격에 대한 문제의 경우에도 그의 주장이 옳았고, 그를 비판했던 사람들의 주장이 틀렸던 것으로 판정이 나버렸다. 실제로 열역학 제2법칙은 열이 거의 언제나 뜨거운 곳에서 차가운 곳으로 흐르고, 엔트로피도 거의 언제나 증가한다는 근사적인 법칙이었다. 열역학 법칙이 절대적이 아니라는 사실은 몇몇 고전 물리학자들에게는 놀라운 일이었겠지만, 젊은 물리학자들은 그런 충격을 극복해버렸다.

그렇지만 볼츠만이 사망할 무렵에 남겼던 가역성의 문제에 대한 그의 글을 자세히 살펴보면 서로 모순되는 내용들이 담겨있기도 했다. H-정리가 엔트로피는 반드시 증가해야 한다는 뜻이라고 주장하기도 하면서도, 엔트로피가 언제나 증가하려는 경향은 불가피한 것이 아니라 그럴 가능성이 높을 뿐이라고 주장하기도 했다.

그의 업적을 명백하게 만들어준 것은 볼츠만의 훌륭한 제자였던 파울 에렌페스트였다. 그는 기체 운동론과 확률론적이고 통계적인 이론을 깊이 연구해서, 1911년에 러시아 출생의 물리학자였던 부인 타티아나와 함께 펠릭스 클라인의 수학 백과사전에 완벽하고 본격적인 분석을 담은 긴 글을 발표했다. 에렌페스트 부부는 문제를 처음부터 끝까지 완벽하게 살펴보면서, 완벽하게 일관성 있는 방법으로 결과를 제시했다. 아마 볼츠만 자신도 그런 일을 할 능력은 없었을 것이다. 에렌페스트의 성과는 볼츠만의 독창적인 아이디어와 방법의 핵심적인 부분들을 확실하게 설명해주었다.

볼츠만이 자신이 정립했던 H-정리의 의미에 대해서 혼란을 겪었던 이유는 결국 그의 유도 과정에 숨겨진 기술적인 문제 때문이었던 것으로 밝혀졌다. 볼츠만은 획기적인 방법으로 원자들 사이의 충돌이 원자들의 속도분포에 어떤 영향을 미치는가를 분석하는 과정에서 문제를 해결할 수 있도록 만들기 위해 대표적 또는 평균적인 충돌의 특성에 대한 가정을 도입할 수밖에 없었다. 그러나 열역학 제2법칙과는 반대로 H가 증가하거나 또는 엔트로피가 감소하는 것은 정확하게 그런 대표적이거나 평균적이라고 할 수는 없는 충돌 때문에 나타나는 결과였다. 따라서 H-정리에 대한 볼츠만의 증명에는 처음부터 그의 법칙을 만족하지 않는 이상하고 비정상적인 원자의 운동이 배제되는 미묘한 가정이 포함되어 있었던 것이다. 볼츠만이 H가 감소하지 않고 증가할 수도 있다는 사실을 인정한 것은 물리학적으로는 옳은 결론이었지만, 그런 사실이 자신의 수학과 어떻게 양립할 수 있는가를 되짚어서 살펴보지는 못했다.

제르멜로와의 논쟁은 몇 년에 걸쳐서 계속 영향을 미쳤다. 제르멜로가 기체 운동론을 반박하는 근거로 여겼던 푸앵카레의 이론은 원자들의 집단과 같은 동역학적인 계는 언젠가는 반드시 처음의 상태로 되돌아올 수밖에 없다는 뜻이었다. 그런 결과를 얻는 과정에서 푸앵카레는 널리 인정을 받게 된 동역학에 대한 새로운 인식을 이용했다. 기체를 한 상태에서 다른 상태로 끊임없이 옮겨다니는 것으로 생각했던 맥스웰이나 볼츠만과 마찬가지로 푸앵카레도 더 일반적인 의미에서 동력계의 상태를 추상적인 수학적 공간*에서 하나의 점으로 나타냈다. 계가 표준 역학 법칙에 따라 진화하는 과정에서 그런 점들도 옮겨 다니면서 가상적인 공간에 경로 또는 궤적을 남기게 된다. 그의 법칙은 그런 궤적이 닫힌 고리를 만들어야만 한다는 뜻으로, 충분한 시간이 지나면 계는 궤적 전체를 지나서 결국은 시작한 곳으로 되돌아오게 된다는 것이었다.

수학자들은 그런 관점에 따라서 아무리 복잡한 계의 변화도 적당하게 정의된 공간에서의 궤적으로 나타낼 수가 있었다. 혼돈과 복잡성을 주장하는 현대 이론들도 정확하게 그런 분석에 의존하고 있다. 혼돈계에서는 그런 동역학적 공간에서 매우 가까이 위치하고 있는 곳에서 시작한 궤적들이 지수함수적으로 빠르게 멀어지기 때문에 처음에 거의 같은 상태에서 출발한 계들도 곧 서로 크게 다른 상태로 진화하게 된다. 서로 멀어지는 속도가 엄청나게 빠르기 때문에 계의 진화는 예측이 불가능하고, 그래서 혼돈의 상태라고 부른다. 사실은 계의 진화를 정확하게 예측할 수 있을 정도로 출발점을 정확하게 밝히는 것이 불가능하다.

극히 최근에 이루어진 이런 이해가 푸앵카레의 회귀 이론과 볼츠만의 H-정리 사이에 존재하는 모순을 해결해주는 근거가 된다. 현실적으로 엄청난 수의 원자들로 구성된 계의 경우에는 정확한 동역학적인 진화를

---

* 역자 주: 입자의 움직임을 궤적으로 나타낼 수 있는 위치와 모멘텀을 축으로 하는 위상 공간을 말한다.

예측하는 것은 실질적으로 불가능하다. 그런 계의 모든 상태가 정확한 역학적인 방정식에 따라서 다른 상태로 바뀌게 된다는 뜻에서 계가 완전히 결정론을 따른다고 하더라도, 그런 계의 진화는 계의 상태를 충분한 정확성으로 표현할 수 없기 때문에 모든 의미와 목적에서 볼 때에는 예측이 불가능하거나 무작위적일 수밖에 없다.

따라서 그런 사실이 맥스웰과 볼츠만이 고민했던 수수께끼에 대한 해답이었다. 그들은 '원자들이 완전히 결정론적인 역학 법칙에 따라 움직이기는 하지만 계 전체의 움직임은 근본적으로 무작위적이다' 라는 가정을 사용했지만, 왜 그래야 하는가를 증명하지는 못했다. 맥스웰은 볼츠만보다 그 문제를 더 심각하게 생각했기 때문에 기체 운동론을 끝까지 추구하지 못하고 포기해버렸다. 그러나 볼츠만은 엄격한 수학적 일관성보다 자신의 생각이 물리적으로 옳다는 자신의 직관을 더 중요하게 생각했고, 훗날 그의 그런 믿음은 근거가 있는 것으로 밝혀졌다. 그런 사실이 이론을 정립하는 과정에는, 언제나 증명이 되지 않는 가정이나 곧바로 해결하지 못하는 기술적인 문제가 있기 마련이지만, 중요한 것은 앞으로 전진하는 것이라는 볼츠만이 가지고 있었던 철학의 가치를 보여주는 예가 된다. 모든 단계를 논란의 여지가 없도록 분명하게 밝혀야 한다고 주장하면 어떤 발전도 불가능하다. 볼츠만은 "바보스러운 일관성은 소인배의 도깨비"라는 에머슨Emerson*의 말을 좋아했을 것이다.

볼츠만은 양자론의 기초가 되었고, 혼돈 동역학의 실마리가 되었던 과학적 업적을 이룩하였지만, 그가 사망하기 직전의 몇 년 동안은 철학적

---

*역자 주: 19세기 미국 뉴잉글랜드 출신의 초절주의자로 모든 피조물은 본질적으로 하나이고, 심오한 진리를 밝히는데는 논리나 경험보다 통찰력이 더 낫다는 관념론적인 사상 체계를 전파했다.

인 면에서 곤경에 처해 있었다. 그런 과정에서 그는 물리학에 대한 흥미를 잃어버렸고, 자신은 능력이 없다고 믿었던 깨달음이나 확실성을 확보하려고 애를 써야만 했다.

마지막 순간에는 그런 절망을 공공연하게 표현했다. 그는 마이어에게 "내가 더 이상 할 수 있는 것은 아무 것도 없다"고 고백하기도 했다.[15] 그는 평생 물리학에 관심을 가지고 있었지만, 더 이상 그 발전을 따라가지 못하고 있었다. 그는 자신이 일생을 바쳐 이룩한 것을 『기체이론에 대한 강의』에 모두 정리했고, 제2권의 서론에서 자신은 미래를 위해 글을 쓰고 있다는 사실을 명백하게 밝혔다. 그는 당시의 사람들이 자신에 대한 적대감을 버리고 열린 마음에서 자신의 책을 읽어줄 것이라는 희망은 이미 포기했었다. 그가 자신의 주장을 정리하는 것은 구세대가 가지고 있던 철학적 부담에서 자유롭게 될 새로운 세대의 물리학자들을 위해서였다. 그가 물리학에서 이룩한 업적은 적절한 시기에 새롭게 관심을 끌게 될 때까지 도서관에 영원히 남아있게 될 것이었다. 스스로 당시의 철학자들을 설득해보려던 짧은 노력은 헛된 것이었다. 그와 같은 수준의 능력을 가진 사람에게는 쓸데없는 투쟁이었다. 그리고 이제는 그의 시력이 너무 나빠져서 스스로는 아무 것도 읽을 수가 없게 되었다. 피아노를 연주하는 것조차도 힘들었다.

세기말에 빈에 살았던 사람들에게 자살에 대한 생각은 새로운 것이 아니었다. 사람들은 자살에 대해서 열광하기도 했다. 1889년에는 프란츠-요제프 황제의 아들이었던 황태자 루돌프가 십대의 연인을 총으로 죽인 후에 자살을 해버렸다. 그 사고로 합스부르크 왕가는 왕위 계승권자를 잃어버렸고, 프란츠-요제프의 조카였던 프란츠 페르디난트를 중심으로 정치적인 권력이 모여들기 시작했다. 그는 제국의 동부를 차지했지만,

그 지역의 사람들은 대부분 그를 반기지 않았다. 1914년 사라예보에서 그가 암살되면서 세계 제1차 대전이 시작되었고, 정치적으로는 오스트리아-헝가리 제국과 합스부르크 왕가도 무너져 버렸다.

빈에서 자살은 흔한 일이었다.[16] 어느 줄타기 곡예사는 목에 건 밧줄을 창틀에 매어두고 뛰어내렸다. 무대에 서기 직전에 부인과 말싸움을 벌였던 서커스 곡예사는 높은 곳의 그네에서 멋지게 뛰어내려 버렸다. 에른스트 마흐의 아들은 박사 학위를 받은 후 며칠만에 약물 과용으로 죽었다. 빈의 링가(街)에 새로 오페라 하우스를 세운 건축가는 황제가 건물에 대해서 약간의 유감을 표현하는 것을 보고 자살을 해버렸다.[17] 바로 그 사건 때문에 프란츠-요제프 황제는 미학적인 평가를 요청 받으면 언제나 "아주 멋지군요. 내게는 아주 좋습니다"라는 조심스러운 대답을 하게 되었다고 한다. 국가 경제에 문제가 생겼을 때는 재무 장관이 자살을 해버렸다.[18] 세기말이 다가오면서 빈의 사람들은 신분의 차별 없이 강에 뛰어들거나, 기차에서 뛰어내리거나, 창에서 뛰어내리기 시작했다. 과학에서 스승의 업적을 제대로 정립하기 위해서 많은 노력을 했던 볼츠만의 제자 파울 에렌페스트도 1933년에 53세의 나이로 자살했다.

빈 사람들은 흐리멍텅한 것이 특징이었지만, 상황이 너무 나빠져서 그렇게 할 수가 없었던 때도 있었다. 그렇게 되면 사람들은 원칙이나 믿음을 따를 정신력을 잃어버리게 된다. 그리고 그런 원칙이나 믿음을 잃어버리고 나면 죽음이 유일한 대안처럼 보이게 된다.

어떤 특정한 사람이 자살하는 이유를 그런 식으로 설명할 수는 없지만, 볼츠만은 자살이 낭만적이고 존엄한 것이라고 여기던 시기에 그런 도시에 살고 있었다. 그의 친구와 동료들은 오랫동안 그가 기분이 좋지 않을 때 자살을 하지 않을까 걱정을 했었다. 그의 기분이 좋지 않게 되는 경우가 점차 늘어났고, 그 정도도 심각해졌다. 볼츠만은 평생토록 논란에 직면하게 되면 자신의 적에게 강하게 반격을 했었다. 그 적이 친구였던 경우도 있었지만, 그런 공격이 상대방을 해치는 것만큼 스스로에게도 피해를 주었다. 그는 강한 정신력을 가지고 있지 못했고, 자신에 대한 비판을 개인적인 것으로 받아들였으며, 잘못된 주장은 절대 그냥 받아들이지 않았다. 마흐는 자신의 관점이 사람들을 놀라게 하고, 자극하고, 논쟁을 일으키게 된다는 사실을 아는 것만으로도 상당한 만족을 얻었던 것 같다. 그는 학생이었을 때부터 논쟁을 좋아했고, 언제나 스스로 할 말이 있다는 사실을 분명하게 밝혔다. 볼츠만은 마음 속으로 자신이 옳다는 믿음을 가지고 있었고, 다른 사람들도 그런 사실을 인정해 주기를 바랐다. 결국 오스트발트가 자신의 자서전에서 그런 설명을 제시했다. 볼츠만이 과도하게 민감하게 된 것은 자신에 대한 모든 비판과 모순을 스스로 해결하고 싶어했기 때문이었다. 그는 칼에 맞은 상처와 벼룩에게 물린 상처를 구분하지 못했다. 리제 마이트너도 "그는 마음이 강한 사람이라면 느끼지도 못했을 많은 것들 때문에 상처를 받았다… 그는 바로 자신의 그런 드문 인간성 때문에 훌륭한 스승이 되었다고 생각한다"면서 비슷한 주장을 했다.[19]

볼츠만의 상처 난 마음은 슈테판과 로슈미트를 위해 남겼던 조사(弔辭)에서도 일부 확인할 수가 있다. 그는 "자신의 훌륭한 업적에 대해서 다른 사람들의 인정을 받으려고 노력했던 사람들이 더 완전하고 뛰어나게 보인다"라고 하면서 그들이 빈 바깥으로 여행을 하면서 동료들에게 자신의 업적을 널리 알리지 못했던 점을 아쉬워했다.[20] 그리고 오스트리아가 프로이센에게 권력과 영토를 빼앗기게 된 것은 오스트리아 사람들이 "너무 뛰어났기" 때문이라고 했던 영국 동료의 이야기를 회고했다.

사실 그 말은 볼츠만이 듣기 좋게 해주려던 것이었다. 볼츠만은 "우리는 그런 뛰어남과 자만감을 버려야만 한다"고 날카롭게 지적했다.

그는 로슈미트가 칭찬하는 것은 물론이고 칭찬 받기도 꺼려하는 오스트리아 사람의 대표적인 경우라고 하면서, 그런 이상한 특성이 어디에서 비롯된 것인지 의아해했다. 그는 "분석적인 생각과 실험에서 가장 큰 어려움을 쉽게 극복하는 사람들은, 평범한 사람이라면 누구도 어려워하지 않는 자신의 가치를 평가하는 능력을 갖출 수 없는 것일까? 아니면 다른 사람들의 인식에 무관심한 것이 정신적으로 위대한 것일까? 알 수가 없다."고 했다. 볼츠만은 슈테판과 로슈미트가 다른 사람들의 박수갈채에는 아무 관심이 없었고, 자신들의 가치를 어느 정도 인정받은 것으로 만족하고 있었다는 사실을 몰랐던 것 같다. 볼츠만 자신도 일생동안 끊임없이 여행하면서 자신의 업적을 제대로 평가받으려고 노력했다고 볼 수는 없다.

볼츠만은 학술적으로 다윈의 새로운 아이디어에 대해서도 열광하고 열심히 전파하는 역할을 했다. 그는 일찍부터 살아있는 생명체는 주위의 세계로부터 에너지를 흡수해야만 하는 물리적인 기관이라고 생각했고, 그래서 생명 자체가 열역학적인 현상이라고 인식했다. 그러나 그런 주장에 미묘한 문제가 있다는 사실도 인식하고 있었다. "따라서 살아있는 생명체의 존재를 위한 전체적인 투쟁은 공기, 물, 땅에 과량으로 존재하면서 모든 유기체가 필요로 하는 원료 물질이나 모든 생명체의 몸 속에 열의 형태로 충분히 존재하는 에너지를 얻기 위한 노력이 아니라, 뜨거운 태양에서 차가운 땅으로 에너지가 흘러가는 과정에서 발생하는 엔트로피를 얻기 위한 것"이라고 주장하기도 했다.[21]

그는 생명을 유지하는 과정이 환경과의 끊임없는 생산적인 열역학적 변환의 연속이라는 사실을 깨달았기 때문에 다윈의 아이디어를 곧바로 받아들일 수 있었다. 진화는 일종의 통계역학적인 것이라고 말할 수 있었다. 각각의 생명체가 서로 상호작용을 하고, 살고, 죽고, 번성하고, 고통을 겪는 과정에서 종의 전체적인 성질이 나타난다. 적자 생존이라는 단순한 법칙의 적용을 통한 진화는 모든 형태의 생명체에서 볼 수 있는 복잡성을 설명할 수 있는 힘을 갖는다.

그는 다윈 사상이 생명체의 물리적인 형태뿐만 아니라 생명체의 지적인 능력은 물론이고, 윤리적인 느낌이나 정신적인 욕구에도 적용될 수 있을 것이라고 생각했다. 세계를 이해할 수 있는 능력은 진화적인 장점을 뜻한다. 볼츠만은 라이프치히의 교수로 취임했을 때의 취임 강의에서 그런 문제를 집중적으로 설명했다.

"우리는 어떤 감각적인 느낌은 좋아해서 계속 추구하게 되고, 어떤 것은 우리에게 거부감을 준다는 사실이 왜 우리 인간에게 유용하고 중요한가를 이해합니다. 우리는 우리의 경험과 일치하지 않는 잘못된 모습은 버리고, 우리의 경험과 일치하는 것들만으로 우리가 살고 있는 환경을 만들어 가는 것이 얼마나 큰 도움이 되는가를 알고 있습니다. 따라서 우리는 아름다움과 진리에 대한 욕구의 기원도 역학(力學)으로 설명할 수 있습니다."[22]

다시 말해서 진리는 아름다움이고, 영속적인 가치를 가지고 있다. 따라서 진화는 아름다움을 인정하는 방향으로 일어나게 된다. 볼츠만은 인간의 미학적 또는 도덕적 특성에 대한 "역학적"인 설명에 큰 관심을 가졌다. 그렇게 해서 얻게 되는 설명은 경박스럽고 인위적인 것처럼 보일 수도 있지만, 그런 일반적인 아이디어는 최근에 진화 생물학자들이 인간의 행동, 감정, 심리 등이 어떻게 나타나게 되는가를 이해하려는 다윈적인 노력의 과정에서 다시 유행하고 있다.

볼츠만은 자신의 주장이 양날을 가진 칼이라는 사실도 인식하고 있었다. 어떤 특성이 생존에 도움이 된다면 그런 특성을 가지고 있지 못한 특성은 치명적이어야만 하기 때문이다.

"우리는 자신이 가지고 있는 모든 정신적 에너지를 이용해서 독성이 강한 영향을 배격하고… 자신이나 자신이 속한 종의 보존에 중요한 다른 영향들은 같은 정도의 노력으로 추구하는 개체들이 계속 생존할 수 있는 이유를 알고 있습니다. 우리는 총체적으로 감정을 가진 생명체의 강도와 힘이 어떻게 등장하게 되는가를 이런 식으로 이해할 수 있습니다. 바로 기쁨과 고통, 미움과 사랑, 행복감과 절망감이 바로 그 원동력입니다. 우리가 육체적인 질병을 완전히 제거하지 못하는 것과 마찬가지로 우리의 모든 열정도 완전히 제거할 수는 없지만, 다른 한 편으로는 그런 열정을 어떻게 이해하고 견디게 되는가를 배우게 됩니다."

볼츠만은 1900년에 이런 말을 남겼다. 그리고 몇 년 후에 그는 자신의 생명체가 가진 열정을 이해하고 견뎌내는 스스로의 능력을 포기해버렸다.

후기

막스 플랑크가 세상에 양자론을 제시했던 1900년은 우연하게도 과학 혁명이 시작된 해였다. 볼츠만이 훨씬 이전에 제시했던 기체 운동론에 뿌리를 두었던 흑체복사에 대한 플랑크의 설명이 본격적으로 인정을 받게 된 것은 새 세기가 시작되고 몇 년이 지난 후부터였다. 그렇지만 결국 혁명은 일어나고 말았다. 20세기는 양자론과 상대성 이론으로부터 핵물리학과 입자물리학, 그리고 대폭발 우주론에 이르는 현대 물리의 세기가 되고 말았다. 그런 혁명이 일어나기 전까지는 열, 빛, 소리, 역학, 열역학에 대한 보다 냉정하고 확실했던 고전 물리학의 시대가 이어져왔다.

흔히 물리학의 역사는 그렇게 설명되어 왔다. 월등한 입장에 있는 21세기 초의 시각에서 보면 그렇게 간단한 설명은 지나치게 단순화한 것이다. 현대 물리학은 이제 겨우 한 세기가 지났으므로, 고전 역학의 황금기가 있었다면 그보다 대략 두 배 정도의 역사를 가지고 있었을 뿐이다. 루트비히 볼츠만이 태어나고 몇 년이 지났던 1847년에 헬름홀쯔는 가장 고전적인 법칙이라고 할 수 있는 에너지 보존 법칙을 완벽하게 증명하는 논문을 발표한다. 열역학 제2법칙은 그 후에 클라우지우스에 의해서 제시되었다. 그리고 나서 맥스웰의 전자기학 이론, 맥스웰과 볼츠만에 의한 기체 운동론, 그리고 1903년에 깁스에 의해서 완성된 통계역학의 기초에 대한 정교한 연구가 이어졌다. 뉴턴 역학을 제외한 고전 물리학의 핵심 요소들은 모두 19세기 후반의 약 50년 사이에 탄생했던 셈이다.

그렇게 짧은 기간 동안에 안정과 합의가 이루어진 적은 없었다. 느닷없이 양자론이 등장한 20세기 초까지 기체 운동론과 그에 담긴 통계적 의미, 그리고 맥스웰이 제시한 전자기장의 본성에 대한 논란이 계속되었다. 볼츠만의 일생은 우연찮게도 끊임없는 논쟁과 진화와 논란의 시기였던 고전 물리학의 시대와 일치했다.

고전 물리학에서 현대 물리학으로의 전환이 처음에 생각했던 것처럼 총체적인 개념적 변화를 가져왔던 것도 아니었다. 1926년 베르너 하이젠베르크Werner Heisenberg의 불확정성의 원리를 비롯한 양자역학의 출현은 기체 운동론에서 생각했던 것보다 더 많은 확률적인 특성이 자연에 담겨 있음을 뜻했고, 열역학 제2법칙에 대한 초기의 논란이 그런 통계적인 해석이 받아들여질 수 있는 토양을 마련해 주었던 셈이었다.

그러나 무엇보다 더 중요한 사실은, 양자론과 상대성 이론이 등장했을 때는 볼츠만의 노력 덕분에 이론 물리학의 현대적인 개념이 이미 정착되어 있었다는 것이었다. 20세기의 물리학자들은 중성미자, 양전자, 쿼크와 같은 입자들의 존재를 이론적으로 예측했고, 실험적인 증거를 찾아낸 것은 상당한 시간이 흐른 후였다. 그런 제안이 논란의 대상이 되었던 적은 있었지만, 마흐가 볼츠만에게 했던 것처럼 그런 제안 자체가 학술적으로 성립되지 않는다고 반박하는 사람은 없었다. 오늘날 천체물리학자들은 우주가 탄생하여 10~12초가 지난 후에 그 크기가 원자보다도 더 작았을 때의 우주가 어떤 모양이었던가에 대해서 논란을 벌이고 있다. 그런 종류의 이론은 터무니없는 것 같기는 해도 일반적으로 비과학적이라고 비판을 받지는 않는다.

넓은 의미로 보면 바로 그것이 볼츠만이 마흐와 벌였던 힘든 싸움에서 승리한 결과이다. 어떤 면에서 보면 그런 논쟁은 오늘날까지도 계속되고 있다. 우주가 11차원 세계의 조각으로 만들어진 것이라는 주장을 연구하고 있는 물리학자들과 천체물리학자들도 절대 확인할 수 없을 정도의 거창한 추측을 이론화하고 있는 것은 아닐까? 그럴 수도 있다. 그러나 지금의 논란은 그런 종류의 이론이 철학적으로 정당한 것인가가 아니라, 그런 이론이 유용하고, 혼란이 아니라 새로운 빛을 가져다 줄 것인가에 대한 것이다. 볼츠만이 반대론자들의 비웃음에도 불구하고 평생을 바쳐 얻으려고 했던 것이 바로 그런 이론을 추구할 수 있는 권리였다. 이론의 가치는 과도하게 단순화된 상식에 맞는가가 아니라, 그 이론이 과연 무엇이고, 그것으로부터 더 깊은 생각을 이끌어낼 수 있는가에 의해서 평가되어야만 한다.

마흐의 영향은 한동안 논리적 실증주의라고 부르는 사고방식을 신봉했던 빈 학파로 알려진 철학 운동으로 계속되었다. 그들의 목적을 간단하게 표현하면, 논란의 여지가 없는 경험적 사실에 이미 확립된 논리를 적용해서 납득할 수 있는 과학적 아이디어를 구축하는 것이다. 그러나 엄청나게 논리적인 수학에서조차 실증주의의 엄격함은 너무 지나친 것이다. 버틀란드 러셀Bertrand Russell에 이어서 쿠르트 괴델Kurt Gödel도 유한한 수학의 체계에서는 언제나 명백하게 분류할 수 없는 대상과 옳고 그름을 증명할 수 없는 법칙이 있기 마련이란 것을 밝힌 바 있다.

결국 과학에 대한 볼츠만의 사고방식이 훨씬 더 유용한 것으로 밝혀졌다. 그는 완전한 일관성과 완벽한 논리를 갖춘 완벽한 과학철학을 정립하지는 못했지만, 오늘날의 입장에서 보면 창의적이고 순응할 수밖에 없는 과학의 고유한 특성 때문에 어쩔 수 없는 일이었다. 과학적 발전을 위한 공식은 절대 만들 수가 없다. 이제는 아무도 과학에 적용되는 보편적인 철학을 정립하려고 노력하지 않는다.

불확실하고 불분명하게 보일 수도 있는 볼츠만의 정교한 실용주의는 두 사람의 위대한 20세기 철학자에게로 이어졌는데, 우연히도 두 사람은 모두 빈 출신이었다. 카를 포퍼Karl Popper는 어떤 이론이 틀리다는 사실은 증명할 수 있지만 옳다는 사실은 절대 증명할 수 없으며, 이론은 점점 더 철저한 시험 과정을 거치면서 신뢰를 얻게 되고 더 좋은 이론으로 발전하게 된다고 주장했다. 그런 과정에서 진리 또는 존재에 대한 추상적인 정의는 아무런 도움이 되지 않는다. 포퍼의 주장은 이론이란 도달할 수 없는 진리에 점점 더 가까이 다가가는 노력이라고 보았던 볼츠만의 관점과 비슷하다. 과학자들이 자신의 노력을 철학적으로 정당화시킬 필요가 있다면 일반적으로 그런 정도의 입장으로 충분하다.

볼츠만과 마흐의 논쟁에 숨겨져 있던 또 하나의 주장은 새로운 개념을 도입함으로써 전에는 드러나지 않던 새로운 사실을 이해할 수 있게 된다는 것이다. 예를 들어서 열역학 제2법칙을 알아내게 된 것은 클라우지우스가 엔트로피라고 하는 새로운 개념을 도입했기 때문이었다. 과학자들은 이론의 렌즈를 통해서 자연계를 보아야만 한다.

이런 인식은 볼츠만의 문하에서 공부하고 싶어했던 젊은 루트비히 비트겐슈타인Ludwig Wittgenstein의 관심을 끌었다.[1] 그러나 볼츠만이 사망했을 때 겨우 17살이었던 비트겐슈타인은 수학과 공학을 공부하기 위해 빈을 떠나버렸다. 그렇지만 훗날 그가 정립했던 철학에는 볼츠만의 영향이 남아있다. 비트겐슈타인은 많은 철학 문제들이 사실은 언어와 정의(定義)에 대한 혼란의 결과일 뿐이고, 용어들을 일관성 있게 정의하고 나면 문제가 논란의 여지없이 스스로 해결되어 버리거나, 아무런 의미가 없어지거나, 아니면 자기 모순적이라는 사실이 밝혀지게 된다고 주장했다. 원자의 존재에 대한 마흐와 볼츠만 사이의 논쟁에서는 두 사람이 원자에 대해서 서로 다른 기준을 적용했기 때문에 철학적으로는 결코 해결될 수가 없었다. 비트겐슈타인에 따르면 철학 문제의 핵심은 과연 질문 자체가 의미가 있는 것인가를 가려내는 것이다. 그의 유명한 표현에 의하면 "말할 수 없는 것에 대해서는 침묵해야만 한다."

볼츠만은 현대 이론 물리학 자체에 자신의 흔적을 남겼다. 그러나 그의 개인적인 흔적은 희미했다. 그는 학파를 구성하지도 않았고, 가끔씩 네른스트와 아레니우스를 비롯한 몇몇 젊은 학자들을 지도했을 뿐이었다. 그 젊은이들은 훗날 스스로 위대한 업적을 이룩했다. 리제 마이트너와 파울 에렌페스트는 빈에서 볼츠만의 말년을 함께 보냈으며, 훗날 명성을 얻은 물리학자들이었다. 자신의 이름이 붙여진 양자역학의 파동 방정식을 고안해냈던 에르빈 슈뢰딩거*Erwin Schrödinger*도 볼츠만의 강의를 듣기 위해 1906년 가을에 빈 대학에 등록을 했지만, 비트겐슈타인과 마찬가지로 너무 늦어버렸다.[2]

볼츠만이 사망한 지 얼마 지나지 않아 빈 자체도 분열되어 버렸다. 오스트리아-헝가리 제국을 유지시켜 주었던 실용주의, 충성심, 흐리멍텅함이 결국 제1차 세계대전으로 폭발한 것이다. 86세의 병약한 늙은이였던 프란츠-요제프 황제는 1916년에 사망했다. 그의 조카 카를이 새 황제가 되었지만, 1918년 종전과 함께 오스트리아-헝가리 제국이 분열되면서 황제의 지위도 잃어버리게 되었다. 오스트리아 자체는 작고 가난한 나라로 남겨지게 되었다.

헨리에테는 격변의 시기를 이겨냈지만, 그녀에게는 다행스럽게도 다음 전쟁이 일어나기 전에 사망했다. 헨리에테 볼츠만은 1938년 84세의 나이로 사망했다.

20세기 초가 혼란에 빠지면서 볼츠만의 무덤은 아무도 돌보지 않게 되었다. 20년의 사용료만 지불했던 무덤에는 훗날 다른 사람의 관이 함께 매장되었다. 1929년이 되어서야 과학자들을 비롯한 여러 사람들의 노력으로 볼츠만의 관을 꺼내서(그의 관 위에 매장되었던 사람의 가족들이 자신들의 관을 훼손하는 것을 허락하지 않았기 때문에 볼츠만의 관을 꺼내기 위해서 비스듬히 구멍을 뚫는 어려운 작업이 필요했다)[3] 빈 중앙 묘지의 새 무덤에 안장할 수 있었다. 1933년에는 이곳이 볼츠만의 반신상으로 치장되고, 고전 물리학의 가장 위대한 업적을 나타내는 믿기 어려울 정도로 간단하고 한 시대의 마감과 새 시대의 시작을 알리는 식이었던

$$S = k \log W$$

라는 식이 새겨진 기념비가 세워졌다.

감사의 글

 메릴랜드의 칼리지 파크에 위치한 미국 물리학 연구소에 있는 닐스 보어 도서관의 역사적인 수집물을 연구하면서 며칠을 즐겁고 생산적으로 보낼 수 있도록 도움을 주었던 그곳의 직원들에게 감사드린다. 자주 활용했던 칼리지 파크에 있는 메릴랜드 대학과 의회 도서관의 직원들의 도움에도 감사드린다.
 뮌헨의 랄프 칸은 여러 권의 독일과 오스트리아 서적과 문서를 찾아주었고, 독일어 번역을 도와준 토니 페더와 볼프강 프레이에게도 고마움을 전한다. 프리 프레스의 편집자인 스테펜 모로우는 초고에 대한 훌륭한 조언과 제안을 해주었다.

참고문헌과 주석

아직까지 루트비히 볼츠만에 대한 완전한 전기는 출판되지 않았지만, 그런 전기를 만들 목적으로 이 책을 쓰지는 않았다. 그의 일생에 대한 자세한 이야기와 특히 그의 어린 시절에 대한 이야기는 많이 남아있지 않기 때문에 정확하지 않을 수도 있지만, 개인적으로 그를 알고 있던 사람들의 기억이나 비화를 바탕으로 묘사할 수밖에 없었다. 볼츠만은 자서전을 남기지 않았고, 그의 일상적인 글에서도 자신의 삶에 대한 이야기를 남긴 경우는 매우 드물었다.

볼츠만의 일생에 대한 대략적인 이야기는 1955년에 독일에서 처음 출판되었던 엥겔비르트 브로다의 짧은 『루트비히 볼츠만 *Ludwig Boltzmann*』에 소개되어 있다. 브로다가 수집했던 참고 문헌들은 훗날 많이 인용되었다. 나는 최근에 발터 회플레크너가 편집해서 3권으로 발간되었던 『루트비히 볼츠만: 일생과 글 *Ludwig Boltzmann: Leben und Briefe*』에서 볼츠만의 일생에 대한 세부적인 사실에 대한 많은 정보를 얻었다. 회플레크너의 제2권에는 헨리에테 폰 아이겐틀러와의 개인적인 편지를 제외하면 볼츠만이 다른 사람들과 주고받은 거의 모든 편지들이 실려있다. 헨리에테와의 편지는 볼츠만의 손자인 디에테르 플람 *Dieter Flamm*이 수집해서 편집했던 책에 실려있다.

다른 사람들에 대한 참고 자료는 찰스 길리스피가 편집했던 『과학 전기 사전 *Dictionary of Scientific Biography* (Scribners', New York, 1970)』을 활용했다.

볼츠만의 일생과 업적을 분석해서 문서로 남긴 많은 학자들과 연구자들의 도움이 컸다. 볼츠만의 물리학과 그 당시의 물리학에 대해서는 H-정리와 그 의미에 대해서 놀라울 정도로 자세하게 분석했던 토마스 쿤의 『흑체 이론과 양자 불연속성 *Black-Body Theory and the Quantum Discontinuity*』이 큰 도움이 되었다. 스테펜 브러쉬의 「통계물리학 *Statistical Physics*」을 비롯한 볼츠만의 학술 논문 번역도 크게 도움이 되었다.

참고문헌

Barea, Ilsa, *Vienna: Legend and Reality*, Pimlico, London, 1993.

Blackmore, John, *Ernst Mach: His Life, Work, and Inlfuence*, Univerity of California Press, Berkeley, 1972.

Blackmore, John(ed.), *Ludwig Blotzmann: His Later Life and Philosophy, 1900-1906*, Kluwer Academic Publishers, Dordrecht/Boston/London, 1995.

Boltzmann, Ludwig, *Lectures on Gas Theory*, University of California Press, Berkeley, 1964. Reprinted by Dover, New York, 1995 (translation by Stephen G. Brush of Vorlesungen uber Gastheorie, J. A. Barth, Leipzig, 1896 and 1898).

Boltzmann, Ludwig, *Populäre Schriften*, J. A. Barth, Leipzig, 1905.

Broda, Engelbert, *Ludwig Boltzmann: Man-Physicist-Philosopher*, Ox Bow Press, Woodbridge, Cann., 1983 (translation of *Ludwig Boltzmann: Mensch, Physiker, Philosoph*, Deutricke, Vienna, 1955).

Brown, Sanford C., *Count Rumford: Physicist Extraordinary*, Doubleday, New York, 1962.

Browne, Janet, *Charles Darwin*: Voyaging, Princeton University Press, Princeton, N.J., 1995.

Brush, Stephen G., *Statistical Physics and the Atomic Theory of Matter*, Princeton University Press, Princeton, N.J., 1983.

Bumstead, H. A., and R. G. van Name (eds.), *The Collected Works of Josiah Willard Gibbs*, Longmans, New York, 1928.

Cahan, David, *An Institute for an Empire*, Cambridge University Press, New York, 1989.

Campbell, Lewis, and William Garnett, *The Life of James Clerk Maxwell* (2nd ed.), Macmillan, London, 1884.

Cercignani, Carlo, *Ludwig Boltzmann: The Man Who Trusted Atoms*, Oxford University Press, New York, 1998.

Cohen, E. G. D., and W. Thirring (eds.), *The Boltzmann Equation: Theory and Application*, Springer-Verlag, Vienna, 1973.

Crankshaw, Edward, *The Fall of the House of Habsburg*, Viking, New York, 1963.

Fasol-Boltzmann, Ilse (ed.), *Principien der Naturfilosofi*, Springer-Verlag, Berlin, 1990.

Flamm, Dieter (ed.), *Hochgeehrter Herr Professor! Inning geliebter Louis! Ludwig Boltzmann, Henriette von Aigentler Briefwechsel*, Böhlau-Verlag, Vienna, 1995.

Hasenöhrl, Fritz (ed.), *Wissenschaftliche Abhandlung von Ludwig Boltzmann* (3 vols.), Chelsea Publishing, New York, 1968 (originally published by J. A. Barth, Leipzig, 1909).

Hawking, Stephen, *A Brief History of Time*, Bantam, New York, 1988.

Hoffmann, Paul, *The Viennese: Splendor, Twilight and Exile*, Doubleday, New York, 1988.

Höflechner, *Walter (ed.), Ludwig Boltzmann: Leben und Briefe, Akademische Druck- und Verlagsanstalt*, Graz, Austria, 1994.

Hörz, Herbert, and Andreas Laass, *Ludwig Boltzmanns Wege nach Berlin, Akademie-Verlag*, Berlin (DDR), 1989.

Janik, Allan, and Stephen Toulmin, *Wittgenstein's Vienna*, Simon & Schuster, New York, 1973.

Knott, C. G., *Life and Work of Peter Guthrie Tait*, Cambridge University Press, New York, 1911.

Kuhn, Thomas S., *Black-Body Theory and the Quantum Discontinuity*, 1894-1912, University of Chicago Press, Chicago, 1978.

Lucretius, *De Rerum Natura*, edited and translated by Anthony M. Esolen, Johns Hopkins University Press, Baltimore, 1995.

Malcolm, Norman, *Ludwig Wittenstein: A Memoir*, Oxford University Press, New York, 1958.

McGuinness, Brian (ed.), *Theoretical Physics and Philosophical Problems*, D. Reidel, Dordrecht/Boston, 1974 (translation of a selection of Boltzmann's writings, including some but not all of the Populäre Schriflen).

Millikan, Robert A., *The Autobiography of Robert A. Millikan*, Arno Press, New York, 1980.

Moore, *Water, Schrödinger: Life and Thought*, Cambridge University Press, New York, 1989.

Morton, Frederic, *A Nervous Splender: Vienna 1888/1889*, Penguin, New York, 1980.

Niven, W. D., *The Scientific Papers of James Clerk Maxwell*(2 vols.), Cambridge University Press, Cambridge, 1890.

Ostwald, W., *Grosse Männer*, Akademische Verlagsgesellschaft, Leipzig, 1909.

Palmer, Alan, *Twilight of the Habsburgs: The Life and Times of Emperor Francis Joseph*, Grove Press, New York, 1994.

Planck, Max, *The Origin and Development of the Quantum Theory* (Nobel Prize address, translated by H. T. Clarke and L. Silberstein), Clarendon, Oxford, 1922.

Planck, Max, *Scientific Autobiography*, Philosophical Library, New York, 1949 (translation of *Wissenschftliche Selbstbiographie* and other essays).

Popper, Karl, *Unended Quest*, Open Court, Chicago, 1974.

Proust, Marcel, *In Search of Lost Times* (vol. 2), Modern Library, New York, 1992.

Pupin, Michael, *From Immigrant to Inventor*, Scribners, New York, 1924.

Roller, Duane H. D. (ed.), *Perspectives In the History of Science and Technology*, University of Oklahoma, Norman, 1971.

Rolt, L. T. G., *Victorian Engineering*, Penguin, London, 1970.

Russell, Bertland, *History of Western Philosophy*, Allen & Unwin, London, 1946.

Schorske, Carl E., *Fin-de-Siecle Vienna: Politics and Culture*, Vintage, New York, 1981.

Schuster, Arthur, *Biogrphical Fragments*, Macmillan, London, 1932.

Segrè, Emilio, *From X-Rays to Quarks*, W. H. Freeman, San Francisco, 1980.

Sexl, Roman, and John Blackmore (eds.), *Ausgewählte Abhandlung der Internationale Tagung über Ludwig Boltzmann*, Akademische Druck- und Verlagsanstalt, Graz, Austria, 1981.

Sime, Ruth Lewin, *Lise Meitner: A Life in Physics*, University of California Press, Berkeley, 1996.

Stiller, Wolfgang, *Ludwig Boltzmann: Altmeister der klassischen Physik, Wegbereiter der Quantenphysik und Evolutionstheorie*, J. A. Barth, Leipzig, 1988.

Tennyson, Alfred Lord, "Lucretius", *Complete Works*, Houghton Mifflin, Boston, 1928.

Tolstoy, Ivan, *James Clerk Maxwell*, Canongate, Edinburgh, 1981.

Weaver, Jefferson H. (ed.), *The World of Physics*, Simon & Schuster, New York, 1987.

Wheeler, Lynde Phelps, *Josiah Williard Gibbs: The History of a Great Mind*, Yale University Press, New Haven, Conn., 1952.

Zweig, Stefan, *The World of Yesterday*, University of Nebraska Press, Lincoln, 1964.

각주해설

Leben = Hoflechner, volume 1.
Briefe = Hoflechner, volume 2.
Meyer = Hoflechner, volume 3 에 소개된 슈테판 마이어의 회고.
Briefwechsel = 플랑크의 편지 모음.
PopSchrift = 볼츠만의 『일반 수필Populare Schriften』
LLP = Blackmore, Ludwig Blotzmann: His Later Life and Philosophy. 볼츠만 자신의 글, 그의 편지에서 발췌한 글, 볼츠만에 대한 편지와 회고 등이 담겨 있음. 특별히 표시하지 않은 독일어 번역은 저자가 직접 번역한 것임.

서론

1. 볼츠만은 1903년의 철학 교수 취임 강연에서 마흐의 이 말을 소개했지만(PopSchrift, p. 338), 언제 그런 말을 했었는가는 정확하게 밝혀지지 않았다. 회플레크너(Leben, p. 183)는 볼츠만이 처음으로 "무생물적인 자연에서 사상(事象)의 객관적 존재에 대한 의문에 대하여"라는 철학 강의(PopSchrift, p. 162)를 했던 1897년 1월이었을 가능성이 가장 높다고 주장했다. 그때는 마흐가 빈으로 돌아와서 심장마비를 일으키기 전이었다.
2. PopSchrift, p. 338.

제1장. 봄베이에서 온 편지

1. 평가자의 의견은 워터스톤의 논문을 「왕립학회 철학회보」 vol. 5, 193, 1892, p. 1에 발표했을 때, 레일리의 서문에서 발췌한 것이다.
2. Lucretius, book 1, 1. 305.
3. Lucretius, book 1, 1. 1018.
4. Tennyson, "Lucretius", *Complete Works*, p. 275.
5. Russell, footnote, p. 249. 이 말은 에픽테토스의 말이다.
6. Lucretius, book 2, 1. 220.
7. Cercignani, p. 51에 *Newton's Optikcs*에서 인용한 것.
8. Lucretius, book 2, 1. 400.
9. Russell, p. 85.

10. *Dictionary of Scientific Biography*에 실린 워터스톤에 대한 글.

11. 워터스톤의 논문에 대한 레일리의 소개.

제2장. 보이지 않는 세계

1. PopSchrift, p. 102.
2. PopSchrift, p. 238.
3. PopSchrift, p. 96.
4. PopSchrift, p. 102.
5. PopSchrift, p. 102.
6. Leben, p. 1.
7. Meyer, p. 3.
8. PopSchrift, p. 162. 마흐가 원자에 대한 자신의 불신을 공개적으로 이야기했다고 생각되는 1897년 1월의 강연에서 볼츠만이 이 일에 대해서 이야기했다.
9. Briefwechsel no. 7.
10. Crankshaw, p. 11.
11. Crankshaw, p. 14.
12. Barea, p. 132, 오스트리아 정치가였고 외교관이었던 메테르니히의 보좌관이었던 프리드리히 폰 켄츠*Priedrich von Gentz*가 했던 말이다.
13. PopSchrift, p. 100. 맥스웰의 편지 원본은 전해지지 않는다. 이 말은 볼츠만이 독일어로 기억하고 있던 것을 맥스웰이 영어로 재구성한 것이다.

제3장. 빈의 볼츠만 박사

1. Leben, p. 21에 발췌된 쾨니히스베르거의 자서전.
2. Cohen and Thirring, p. 9의 D. Flamm.
3. Schuster, p. 221. 이 일이 있었던 직후에 키르히호프가 쾨니히스베르거에게 했던 말을 쾨니히스베르거에게 전해들은 것이라고 주장했다.
4. PopSchrift, p. 53.
5. Briofe no. 3과 주석.
6. Leben, p. 16.
7. Leben, p. 18.
8. Cahan, p. 59.
9. Pupin, p. 231.

10. Briefe no. 5.
11. PopSchrift, p. 102.
12. 이와 비슷한 말은 그라츠에 있었을 때 볼츠만의 동료였던 프란츠 슈트라인츠를 비롯한 여러 사람들이 기억했다. Leben, p. 64; Arnold Sommerfeld, *Wiener Chemiker-Zeitung*, February 1944, p. 25; Clemens Shaefer, Stiller, p. 135.
13. Leben, p. 45.
14. Briefwechsel no. 7.
15. Briefwechsel no. 8.
16. Briefwechsel no. 15.
17. Briefwechsel no. 33.
18. Briefwechsel no. 19.
19. Stiller, p. 16에 인용된 키엔츨의 회고.
20. Briefwechsel no. 94.
21. Briefwechsel no. 124.
22. Briefwechsel no. 123.
23. Briefwechsel no. 125.
24. Meyer, p. 3.
25. Leben, p. 71.
26. Leben, p. 89,
27. Stiller, p. 16.

제4장. 비가역 변화

1. Campbell and Garnett, p. 97에 소개된 맥스웰이 캠프벨에게 보낸 편지.
2. PopSchrift, p. 73.
3. Knott, p. 115.
4. Stiller, p. 134에 인용된 클레멘스 쉐퍼의 논평.
5. Knott, p. 214.
6. Knott, p. 116.
7. Tolstoy, p. 14.
8. Campbell and Garnett, p. 16.
9. Campbell and Garnett, p. 3. 백파이프를 타고 해안까지 떠밀려 왔음.
10. Campbell and Garnett, p. 39.

11. Campbell and Garnett, p. 384.
12. Campbell and Garnett, p. 87.
13. Tolstoy, p. 76.
14. Broda, p. 33.
15. Tolstoy, p. 100.
16. Knott, p. 114.

제5장. 적응을 못하시겠군요
1. 하나의 식민을 히용한다. 호킹의 감사의 글을 참고하라.
2. Briefe no. 146.
3. Leben, p. 63. 그라츠의 물리학과 학생이었던 프란츠 슈트라인츠로부터.
4. Leben, p. 99.
5. LLP, p. 202.
6. Briefe no. 225.
7. Leben, p. 99에 발췌된 오스트발트의 자서전에서 인용.
8. Briefe no. 238.
9. Hortz and Laass, p. 111에 소개된 헨리에테가 슐체에게 보냈던 편지.
10. Leben, p. 111에 소개된 슐체의 편지.
11. Breife no. 242.
12. Briefe no. 251.
13. PopSchrift, p. 408
14. PopSchrift, p. 76.

제6장. 영국의 참여
1. Browne, chap. 5.
2. Cercignani, p. 55에 소개된 라플라스의 말. 전문은 Weaver (ed.), 1권, p. 582에 소개되어 있음.
3. Cercignani, p. 55에 보슈코비치의 말.
4. E. P. Culverwell, *Philosophical Magazine*, vol. 30, 1890, p. 95.
5. S. H, Burbury, *Philosophical Magazine*, vol. 30, 1890, p. 298.
6. G, H. Bryan, *Nature*, vol. 74, 1906, p. 569.
7. LLP, p. 5, H, 나가오카의 논평을 영어로 번역한 것.

8. 플랑크의 인용문은 그의 『과학적 자서전Scientific Autobiography』에서 인용한 것임.

9. Kuhn, p. 23.

10. Kuhn, p. 22.

11. Kuhn, p. 27.

12. Culverwell, Nature, vol. 50, 1894, p. 617.

13. Burbury, Nature, vol. 51, 1894, p. 78.

14. Nature, vol. 51, 1894, p. 413.

15. Briefe no. 316.

16. Breife no. 320.

17. Briefe no. 328.

18. Briefe no. 338.

제7장. 엄청난 실수를 대단한 발견으로 여기기는 쉽다

1. Briefe no. 399.

2. Briefe no. 301.

3. Briefe no. 309.

4. Briefe no. 305.

5. PopSchrift, p. 105.

6. LLP, p. 49에 소개된 햄의 편지 번역문.

7. E. N. Heibert, Roller (ed.), p. 68에 인용된 오스트발트의 자서전.

8. Leben, p. 169.

9. A. Sommerfeld, *Wiener Chemiker-Zeitung*, February 1944, p. 25.

10. Blackmore, Ernst Mach, p. 38.

11. Leben, p. 121. 마흐의 이름이 등장한다.

12. Crankshaw, p. 271.

13. Balckmore, Ernst Mach, p. 9.

14. Blackmore, p. 11.

15. Blackmore, p. 13.

16. Blackmore, p. 85에 인용된 마흐의 말.

17. Blackmore, p. 86에 인용된 마흐의 말.

18. PopSchrift, p. 93.

19. Cercignani, p. 100에 인용된 푸앵카레의 논평.
20. Hasenohrl, vol. 3, p. 568.
21. Hasenohrl, vol. 3, p. 576.
22. Briefe no. 403.
23. A. Hofler, M. Smoluchowski, and G. Jaffé, LLP, pp. 75~76.
24. Briefe no. 427.
25. Briefe no. 428.

제8장. 미국의 빌명

1. 자세한 이야기는 Rolt, chap. 3.
2. Leben, p. 187.
3. Fasol-Boltzmann, pp. 27~39.
4. Wheeler, p. 53.
5. Niven, vol. 2, p. 426.
6. Wheeler, p. 138.
7. Wheeler, p. 100에 인용된 오스트발트의 말.
8. McGuinness (ed.), p. 39에 번역된 "에너지론에 대하여".
9. McGuinness (ed.), p. 98에 번역된 "최근의 이론 물리학 방법론의 발전에 대하여".
10. Gibbs의 1876년 논문; Bumstead and van Name (eds.), p. 167.
11. Wheeler, p. 150에 인용된 깁스의 *Elementary Principles in Statistical Mechanics*.
12. Brush, p. 406에 번역된 볼츠만의 *Lectures on Gas Theory*, vol. 2.
13. Knott, p. 215.
14. Briefe no. 462.
15. Brush가 번역한 볼츠만의 *Lectures on Gas Theory*, vol. 2의 서문.
16. McGuinness (ed.), p. 82에 번역된 "최근의 이론 물리학 방법론의 발전에 대하여".

제9장 새로움의 충격

1. Blackmore, Ernst March, p. 86에 인용된 마흐의 *Conservation of Energy*.
2. Roller (ed.), p. 89에 소개된 L. Badash의 인용.

3. Boltzmann, Nature, vol. 51, 1895, p 413.

4. McGuinness (ed.), p. 16에 번역된 "열역학 제2법칙에 대하여".

5. Fasol-Boltmann, p. 84가 소개했던 볼츠만의 철학 강의 노트에서 재구성.

6. McGuinness (ed.), p. 97에 번역된 "최근의 이론 물리학 방법론의 발전에 대하여".

7. 볼츠만의 반박을 무시하는 마흐의 말은 Blackmore, Ernst Mach, pp. 36 and 206에 소개되어 있음.

8. Briefe no. 447.

9. Blackmore, Ernst Mach, p. 141에 인용.

10. Blackmore, p. 118에 인용된 오스트발트의 자서전.

11. *Planck, Scientific Autobiography*, pp. 30 and 32.

12. Kuhn, p. 28에 인용된 플랑크가 레오 그래츠에게 보낸 편지.

13. 플랑크의 노벨상 강연.

14. Blackmore, Ernst Mach, p. 220에 인용된 플랑크의 말.

15. Janik and Toulmin, p. 113, Barea, p. 295 참조.

16. Briefe no. 483.

17. Leben, p. 204.

18. Briefe no. 540.

19. Ostwald, p. 404.

20. Briefe no. 541.

21. LLP, p. 62에 번역된 편지.

22. Briefe no. 543.

23. Briefe no. 546.

24. Briefe no. 547.

25. 하르텔이 황제에게 보낸 문서는 Leben, p. 210에 소개되어 있음.

26. Leben, p. 212.

27. Proust, p. 253.

28. Briefe no. 557.

제10장. 천국의 베토벤

1. Leben, p. 221에 시 전체가 소개되어 있음.

2. Campbell and Garnett, p. 387.

3. Ostwald, p. 405.
4. Stiller, p. 36에 소개된 Theodor des Coudres의 회고.
5. Briefe no. 569.
6. Fasol-Boltzmann의 서문.
7. 하르텔의 문서는 Leben, p. 234에 소개되어 있음.
8. LLP, p. 89.
9. Briefwhchsel, 서문.
10. Briefe no. 611.
11. Briefe no. 579.
12. Schuster, p. 221.
13. Sime, p. 11.
14. Broda, p. 11에 소개된 마이트너의 말.
15. Briefe no. 610.
16. 이 일화들은 Meyer, pp. 6 and 7.
17. Fasol-Boltzmann의 서문.
18. LLP. p. 106 (영어 표현을 조금 수정했음.)
19. PopSchrift, p. 341.
20. Briefe no. 642.
21. 헨리에테의 말은 Briefwechsel의 서문에 소개되어 있음.
22. LLP, p. 111.
23. Meyer, p. 8.
24. Briefe no. 630.
25. Fasol-Boltzmann 서문.
26. Millikan, p. 85.
27. PopSchrift, p. 385.
28. Briefe no. 649.
29. PopSchrift, p. 403. Cercignani와 LLP에 전문이 실려 있지만 영어 번역에 문제가 있음. Bertram Schwarzschild가 부분적이기는 하지만 잘 번역된 글을 *Physics Today*, January 1992, p. 44에 실었음.
30. LLP, p. 203.
31. Briefe no. 323.
32. Leben, p. 280에서 인용.

제11장 기적의 해, 운명의 해

1. PopSchrift, p. 435.
2. LLP, p. 32.
3. Hasenohrl (ed.), p. 572.
4. PopSchrift, p. 406
5. Briefe no. 684.
6. Briefe no. 685.
7. Meyer, p. 8.
8. Ludwig Flamm (볼츠만의 사위), *Wiener Chemiker-Zeitung*, February 1944, p. 28.
9. LLP, p. 208에 인용된 A. Hofler.
10. Leben, p. 287.
11. 볼츠만의 사망과 관련된 내용은 1906년 9월 7일과 9월 8일자 빈 《신자유신문》에서 인용한 것임.
12. D. Flamm(그녀의 아들), Briefwechsel 서문.
13. Blackmore, Ernst Mach, p. 256.
14. Blackmore, p. 258.
15. Meyer, p. 8.
16. Morton, p. 133.
17. Barea, p. 240.
18. Crankshaw, p. 173.
19. Sime, p. 15.
20. 슈테판과 로슈미트에 대한 조사, PopSchrift, pp. 92 and 228.
21. PopSchrift, p. 40.
22. PopSchrift, p. 314.

후기

1. Malcolm, p. 3.
2. Moore, p. 39.
3. Meyer, p. 8.

평형 열역학: 에너지와 엔트로피

이덕환 교수
(서강대학교 자연과학부 화학과)

　열역학은 고전 역학, 양자론 및 상대성 이론과 함께 현대 물리학의 핵심적인 이론으로 물리학과 화학을 비롯한 모든 과학 분야에서 널리 활용되고 있고, 정보 과학이나 사회학 분야에까지 응용되고 있다. 계의 상태 변화에서 나타나는 "일"과 "열"을 근거로 에너지의 이동과 자발적 변화의 방향을 예측하는 이론적인 도구인 열역학은 산업이나 실생활과도 밀접하게 관련되어 있다. 그러나 "에너지 보존 법칙(열역학 제1법칙)"과 "엔트로피 증가의 법칙(열역학 제2법칙)"으로 구성된 열역학이 현대 과학의 모든 문제를 해결해주는 만능의 이론은 아니다. 모든 과학 이론이 그러하듯이 열역학도 분명한 목적과 한계를 가지고 있기 때문에 열역학의 논리를 본래의 목적이나 한계에서 벗어난 영역에서 활용하는 것은 매우 조심스러운 일이다. 여기서는 평형 열역학을 정확하게 이해하기 위해서 필요한 중요한 개념들을 소개한다.

1. 계와 평형 상태

19세기에 정립된 열역학에서는 우리가 살고 있는 우주를 "계(系, system)"와 "주위(周圍, surroundings)"로 구분한다. 계는 우리가 관심을 가지고 있는 우주의 일부분이고, 계를 제외한 우주의 나머지 모두가 주위에 포함된다. 우리가 통 속에 담긴 기체의 열역학적 특성에 관심을 가지고 있으면, 통 속에 담긴 기체가 바로 열역학적인 계에 해당되고, 통의 벽은 계와 주위를 구분하는 "경계(境界, boundary)"가 되며, 통의 바깥에 있는 모든 것이 주위에 해당한다.

열역학적인 계는 세 종류로 구분된다. 계와 주위가 완전히 단절되어 있어서 어떠한 상호 작용도 불가능한 경우를 "고립계isolated system"라고 한다. 그래서 우리가 상상할 수 있는 모든 것을 포함하고 있는 "우주"는 열역학적으로 가장 큰 고립계다. 한편, 물질의 출입은 불가능하지만 계와 주위 사이에 열이나 일을 비롯한 에너지의 교환이 가능한 계를 "닫힌 계closed system"라고 한다. 압축, 팽창, 냉각, 또는 가열할 수 있는 통에 담긴 기체가 그런 닫힌 계에 해당한다. 그리고, 만약 닫힌 계의 벽에 구멍이 뚫려 있어서 기체가 새어나올 수 있게 되면 "열린 계open system"가 된다. 열역학적인 고립계는 주위와 완전히 단절되어 있기 때문에 열역학의 이론을 정립하기 위한 이론적인 목적에만 유용할 뿐이고, 실용적으로는 그렇게 흥미로운 계라고 할 수 없다.

우리가 살고 있는 지구는 태양으로부터 많은 양의 빛 에너지를 받고, 같은 양의 복사 에너지를 방출함으로써 생명체가 살아갈 수 있는 환경을 유지하고 있다. 또한 지구를 둘러싸고 있는 대기권에는 뚜렷한 경계가 없을 뿐만 아니라, 실제로 대기 중의 일부는 우주로 퍼져나가기도 한다.

그러므로 대기권을 포함한 지구의 생태계는 열역학적으로 열린 계에 해당한다. 그러나 우주로 빠져나가는 대기의 양을 무시한다면 근사적으로 닫힌 계라고 생각할 수 있다. 그러므로 지구상의 생태계는 열역학 법칙들이 뜻하는 것처럼 에너지가 일정하게 유지되지도 않고, 엔트로피가 끊임없이 증가하지도 않는다.

한편, 밀폐된 통 속에 담긴 기체의 온도를 일정하게 유지시켜주면, 기체가 통의 벽에 미치는 압력도 일정하게 유지된다. 이처럼 계의 거시적 (또는 겉보기) 성질이 일정하게 유지되는 상태를 "평형(平衡, equilibrium)"의 상태라고 한다. 19세기에 볼츠만 등에 의해서 정립된 열역학은 그런 평형 상태의 열적 특성을 분석하는 것이기 때문에 정확하게는 "평형 열역학 $equilibrium\ thermodynamics$"이라고 불러야 한다. 평형의 상태는 원칙적으로 변하지 않고 무한히 유지되기 때문에, 평형 열역학에서는 "시간"이라는 개념이 필요하지 않다. 볼츠만이 분자 하나하나의 운동을 무시하고도 열역학을 완성할 수 있었던 것은 평형 상태에 있는 계의 바로 그런 특성 덕분이었다.

물론 자연에서 그런 평형의 상태는 매우 드문 예외적인 경우이다. 자연에서 볼 수 있는 계의 거시적 성질은 시간에 따라 변화하고 있는 경우가 더 일반적이다. 우리가 살고 있는 우주는 빠른 속도로 팽창하면서 그 온도가 낮아지고 있고, 지구의 평균 온도도 태양 주위를 공전하는 지구와 태양 사이의 거리에 따라서 끊임없이 변하고 있다. 우리 몸의 체온도 비교적 일정하게 유지되고 있기는 하지만, 건강이나 감정 상태에 따라 변하기도 하고, 몸 속에서는 영양분의 섭취와 연소 반응이 끊임없이 진행되고 있다. 그릇에 담긴 물이나 통에 담긴 기체의 온도와 압력을 일정하게 유지시키려면 특별한 장치를 마련해야만 한다. 이처럼 계의 거시적 성질이 일정하게 유지되지 않고 시간에 따라 변화하고 있는 상태를 "비평형non-equilibrium"의 상태라고 한다. 변화가 진행 중인 비평형의 상태를 설명하기 위해서는 변화가 얼마나 빨리 진행되는가를 비교하기 위한 시간의 개념이 반드시 필요하다.

자연에서 더 일반적으로 관찰되는 비평형 상태의 중요성을 가장 먼저 인식한 것은 벨기에의 화학자 일리야 프리고진Iliya Prigogine이었다. 그는 평형에서 조금 벗어난 비평형의 상태에 대한 분석을 통해서 주위에서 에너지를 공급받아 엔트로피가 감소되면서 새로운 질서가 출현하는 무산구조(霧散構造, dissipative structure)의 개념을 정립한 공로로 1977년 노벨 화학상을 수상하였다. 프리고진에 의해서 시작된 "비평형 통계열역학"은 오늘날 "복잡계의 과학science of complex systems"*으로 발전하고 있다.

아직 완성되지는 않았지만 카오스(혼돈) 현상, 자기 조직화, 가지치기와 같은 독특한 개념들로 구성된 복잡계의 과학에서는 고전역학에서 당연하게 여겨지던 확실성마저도 보장받지 못하게 된다.

한편, 변화가 진행되고 있는 비평형 상태는 계의 열열학적 특성이 아니라 분자들 사이에 작용하는 힘을 근거로 하는 동역학적 시각에서의 분석도 가능하다. 높은 압력의 기체를 작은 구멍을 통해서 분출시켜서 만들어지는 분자살과 레이저를 이용하여 화학 반응의 경로와 속도를 분석하는 반응 동역학reaction dynamics이 바로 그런 노력이다. 1980년대부터 본격적으로 시작된 이 분야의 연구에 대해서 1986년, 1992년, 1999년의

---

* 복잡계의 과학에 대해서는 "확실성의 종말"(일리야 프리고진 지음, 이덕환 옮김, 사이언스북스, 1997) 참고.

노벨 화학상이 주어졌다.

예외의 경우에 해당하는 평형 상태에 대한 열역학이 먼저 완성이 된 것은 그런 상태가 이론적으로 더 쉽게 이해할 수 있었기 때문이었다. 즉, 평형의 상태에서는 고전역학이나 양자역학을 적용할 수 있는 부분의 합이 전체가 되기 때문에 비교적 쉽게 이해할 수 있는 환원적 해석이 가능하지만, 비평형의 상태에서는 그런 해석이 불가능하기 때문이다. 그럼에도 불구하고 평형 열역학은 자연에 대한 우리의 이해를 증진시키고, 산업과 생활에 유용하게 활용되어 왔던 것은 분명한 사실이다.

2. 동적 평형 : 온도와 압력

열역학의 대상이 되는 계는 우리의 눈으로는 확인할 수 없는 미시적 구조를 가지고 있다. 즉, 열역학적인 계는 아보가드로수(6×10^{23})에 해당하는 수의 분자들로 구성되어 있고, 그 크기가 나노미터(10^{-9}미터) 정도에 불과한 분자들은 우리의 눈으로는 도저히 그 존재를 확인할 수가 없다. 물론 열역학적인 계를 구성하는 분자들은 당연히 고전역학 또는 양자역학의 법칙을 따라 움직이고 있지만, 그 숫자가 너무 많기 때문에 입자들의 상태를 자세하게 기술하는 것은 현실적으로 불가능하다. 그럼에도 불구하고 계의 거시적인 성질이 일정하게 유지되는 평형의 상태에서는 확률의 법칙을 사용해서 계의 통계적 성질을 설명할 수 있다는 것이 바로 평형통계 열역학이다. 열역학적 계가 겉으로는 평형의 상태를 유지하더라도 계를 구성하는 분자들은 끊임없이 움직이기 때문에 그런 평형을 특별히 "동적(動的) 평형"이라고 부른다.

일정한 부피의 통에 담긴 기체의 압력과 온도가 일정하게 유지되는 경우가 대표적인 동적 평형의 예가 된다. 통 속에 담긴 분자들은 끊임없이 움직이면서 서로 부딪히고, 통의 벽에 충돌하기도 한다. 그런 과정에서 분자들이 움직이는 속도는 끊임없이 바뀌게 됨에도 불구하고 기체의 온도와 압력은 일정하게 유지되는 것은 기체를 구성하는 분자들이 영국의 맥스웰이 처음 제안했고, 볼츠만에 의해서 이론적인 근거가 확립되었던 기체분자 운동론을 따르기 때문이다. 즉, 동적 평형 상태에 있는 기체분자들의 속도는 맥스웰-볼츠만 분포를 이루게 되고, 그런 상태에 있는 기체의 온도는 분자들의 평균 운동 에너지에 비례하게 되고, 기체분자가 벽에 미치는 힘에 비례하는 압력도 이론적으로 예측이 가능하다. 즉, 통에 담겨있는 기체의 온도와 압력과 같은 열역학적인 성질은 기체를 구성하는 분자들 하나하나의 성질이 아니라 아보가드로수에 해당하는 많은 수의 분자들이 일정한 분포를 이루고 있을 때 나타나는 통계적인 성질이다. 액체나 고체로 존재하는 열역학적인 계의 경우에도 계를 구성하는 분자들의 에너지는 볼츠만 분포를 이루게 되고, 이 경우에도 역시 계의 온도는 분자들의 평균 운동 에너지에 비례한다. 따라서 같은 온도에 있는 기체, 액체, 고체를 구성하는 분자들은 동일한 에너지 분포를 가질 뿐만 아니라, 분자들의 평균 운동 에너지도 똑같게 된다. 다만, 기체의 경우에는 분자들이 통 전체를 돌아다니는 병진 운동을 하고, 액체나 고체의 분자들은 다른 분자들에 둘러싸여 갇혀있는 상태에서 진동과 회전 운동을 하는 것이 다를 뿐이다.

한편, 한 개 또는 몇 개의 분자들로 이루어진 계의 경우에는 온도나 압력을 비롯한 열역학적인 양은 정의할 수가 없다. 그런 경우에는 분자들 각각의 특성을 고전역학 또는 양자역학의 법칙에 따라 자세하게 설명할 수 있기 때문에 굳이 온도나 압력과 같은 열역학적인 개념이 필요하지도 않다. 온도나 압력을 측정하기 위한 온도계나 압력계를 사용하더라도, 그런 측정기기와의 상호작용에 의해서 입자들의 운동 특성이 크게 바뀌기 때문에 물리적으로 의미있는 결과를 얻을 수도 없다. 또한, 통에 담긴 기체를 압축 또는 팽창시키거나, 가열 또는 냉각시키는 경우처럼 동적 평형이 깨어진 비평형의 상태에서는 온도와 압력을 비롯한 열역학적 성질을 정의할 수 없다.

즉, 열역학 제1법칙과 제2법칙에서 정의되는 에너지와 엔트로피를 비롯해서 엔탈피와 자유 에너지와 같은 열역학적인 성질들도 모두 많은 수의 분자들로 구성되어 있고, 동적 평형의 상태에 있는 열역학적인 계의 경우에만 정의된다.

3. 에너지

열역학 제1법칙에서 정의되는 "에너지"는 "계가 할 수 있는 일의 양"에 해당한다. 평형에 있는 계의 상태가 다른 평형의 상태로 변화할 때, 계의 에너지가 변하면 그 결과는 주위에 "일" 또는 "열"의 형태로 나타나게 된다. 계의 부피가 늘어날 때 주위에 나타나는 기계적인 일을 이용하는 것이 바로 증기기관이나 자동차 엔진과 같은 열기관이고, 계를 구성하는 물질이 연소되면서 에너지가 감소할 때 발생하는 열은 난방이나 음식물을 익힐 때 유용하게 활용된다. 중력장 속에서 물체를 들어올리는 일과 주위의 온도를 높여주는 열은 근본적으로 다른 것으로 짐작했었지만, 사실은 동등한 것이고, 서로 교환이 가능하다는 사실을 밝힌 것이 바로 열역학 제1법칙이다.

계와 주위가 완전히 단절되어 있는 고립계의 경우에는 계의 상태가 변하더라도 주위에 일이나 열이 발생할 수가 없다. 그런 고립계의 경우에는 에너지가 일정하게 유지되기 때문에 열역학 제1법칙을 "에너지 보존 법칙"이라고 부르기도 하고, 열역학에서 우주는 가장 큰 고립계이기 때문에 열역학 제1법칙이 "우주의 에너지는 일정하다"는 뜻이라고 표현하기도 한다. 그런 고립계의 경우에는 에너지의 변화가 불가능하기 때문에 계의 상태가 평형에서 벗어나는 경우에도 에너지가 일정하게 보존될 것이라고 볼 수가 있다.

그러나 에너지의 출입이 가능한 닫힌 계나 열린 계의 경우에는 앞에서 설명한 것처럼 평형의 상태에서만 에너지를 정의할 수가 있고, 그 에너지는 상태의 변화에 따라 증가하기도 하고, 감소하기도 한다. 일정한 온도에 있는 기체가 팽창해서 주위에 일을 하게 되면 계의 에너지는 감소하게 되고, 일정한 부피의 통에 담긴 기체에 열을 가해주면 계의 에너지는 오히려 증가하게 된다. 즉, 에너지 보존 법칙은 고립계에서만 적용되는 법칙일 뿐이고, 고립계가 아닌 경우에 에너지는 상태 변화에 따라 감소하거나 증가할 수도 있으며, 그런 변화가 진행되는 비평형의 상태에서는 계의 에너지를 정확하게 알아낼 수가 없다.

운동 에너지나 위치 에너지와 같이 하나의 물체가 가지고 있는 "에너지"와 열역학 제1법칙에서 정의되는 "에너지"는 다음과 같은 점에서 분명하게 구별이 된다. 즉, 움직이는 물체의 운동 에너지는 물체가 움직이는 동안에도 정의할 수가 있지만, 그런 물체들이 모여서 구성되는 열역학적인 계의 에너지는 평형의 상태에서만 정의된다. 열역학적인 계의 에너지는 단순히 계를 구성하는 분자들의 에너지를 합한 것이 아니라, 끊임없이 변화하고 있는 분자들의 에너지를 통계적으로 평균한 것으로, 평형의 상태에서만 일정하게 유지되는 에너지의 분포에 의해서 결정되는 것이기 때문이다.

물론 닫힌 계나 열린 계의 경우에도 "계"와 계를 제외한 주위의 모든 것을 합친 열역학적인 "우주"의 에너지는 일정하게 유지된다. 즉, 계의 에너지가 증가하는 경우에는 주위에서 같은 양의 에너지가 감소하기 때문에 우주의 에너지는 일정하게 유지되어야만 한다.

4. 자발적 변화와 엔트로피

자연에서 일어나는 변화에는 일정한 방향성이 있는 경우가 많다. 물은 영하 5도에서는 저절로 얼어서 얼음이 되지만, 얼음은 같은 온도에서 절대로 녹지 않는다. 그러나 영상 5도가 되면 얼음은 저절로 녹지만, 물이 어는 현상은 관찰할 수가 없다. 이처럼 자연에서 관찰되는 자발적인 변화는 방향성을 가지고 있지만, 그 방향을 미리 예측하는 일은 결코 쉬운 일이 아니다. "엔트로피"라는 새로운 개념을 도입한 열역학 제2법칙은 바로 그런 자발적인 변화의 방향을 예측하기 위한 것이다.

주위와 완전히 단절되어 에너지가 일정하게 유지될 수밖에 없는 고립계의 경우에는 엔트로피가 증가하는 방향으로 자발적인 변화가 일어나게 된다는 것이 바로 열역학 제2법칙이다. "우주의 엔트로피는 끊임없이 증가한다"는 표현에서 "우주"는 바로 그런 고립계를 뜻한다. 클라우지우스에 의해서 도입된 엔트로피는 증기기관과 같은 열기관에서 얻을 수 있는 최대 효율을 예측하는 데에도 유용하게 활용된다.

고립계에 적용되는 "엔트로피 증가의 법칙"이 우리의 앞날에 대해서 암울한 예언을 해주는 것처럼 보이기도 한다. 우리가 살고 있는 "우주"의 엔트로피도 끊임없이 증가할 것이기 때문에 우리의 우주는 결국 더 이상의 자발적인 변화가 불가능한 "열적 죽음thermal death"의 상태에 이르게 될 것이라는 해석이다. 그러나 우리가 살고 있는 실제의 우주는 계속 팽창하면서 온도가 낮아지고 있는 비평형의 상태에 있기 때문에 통계적인 의미의 엔트로피를 정의할 수가 없다. 따라서 열역학 제2법칙이 비

평형 상태에 있는 우주의 열적 죽음이라는 암울한 예언을 담고 있다고 볼 수는 없다.

계와 주위 사이에 에너지의 교환이 가능한 닫힌 계와 열린 계에서 일어나는 자발적인 변화의 방향은 열역학 제1법칙에서 정의되는 에너지와 열역학 제2법칙에서 정의되는 엔트로피를 모두 고려해야만 예측이 가능하다. 실제로 그런 경우에는 에너지가 저절로 증가하거나, 엔트로피가 저절로 감소하는 방향으로 변화가 일어나기도 한다. 예를 들어서 영상의 온도에서 얼음이 녹는 경우에는 엔트로피가 증가하지만, 주위에서 열을 흡수해서 물의 에너지도 함께 증가하게 된다. 거꾸로 영하의 온도에서 물이 어는 경우에는 무질서한 배열을 가진 물 분자들 사이에 규칙성이 나타나기 때문에 엔트로피가 오히려 감소하고, 계의 에너지도 함께 감소하게 된다. 즉, 닫힌 계 또는 열린 계에서는 자발적인 변화에 의해서 계의 에너지가 감소하거나 엔트로피가 증가하는 것이 모두 가능하다.

실제로 닫힌 계나 열린 계에서 일어날 수 있는 자발적인 변화의 방향은 깁스에 의해서 도입된 "자유 에너지"에 의해서 결정된다. 낮은 온도에서는 에너지*의 감소가 더 중요한 결정 요인이 되지만, 온도가 높아지

---

*일정한 온도와 부피에서의 변화에서는 에너지와 엔트로피에 의해서 자발적 변화의 방향이 결정되지만, 일정한 온도와 압력에서의 변화에서는 부피 변화에 의한 일의 영향을 포함하는 "엔탈피enthalpy"와 엔트로피에 의해서 그 방향이 결정된다.

면 엔트로피의 증가가 더 중요한 요인이 된다. 그래서 영하의 온도에서는 계의 에너지가 감소하는 얼음이 만들어지고, 영상의 온도에서는 얼음이 녹아서 엔트로피가 증가하게 된다. 에너지 감소와 엔트로피 증가가 서로 상쇄되는 온도가 바로 물질의 녹는점(1기압, 섭씨 0도) 또는 끓는점(1기압, 섭씨 100도)에 해당한다.

5. 통계 열역학: 앙상블 이론

열역학적인 계를 구성하는 분자들은 끊임없이 움직이고 있으며, 그런 움직임은 고전역학이나 양자역학을 통해서 예측이 가능하다. 실제로 온도계나 압력계와 같은 측정 도구들은 계를 구성하는 분자들과 상당한 시간 동안 상호작용을 통해서 계의 거시적 특성을 결정한다. 예를 들어 압력계의 경우에는 분자들이 충돌할 때마다 기록되는 힘을 상당한 시간 동안 측정한 후에 그 결과를 시간에 대해 평균함으로써 압력을 결정하게 된다. 이처럼 실제로 측정되는 계의 거시적 특성은 계를 구성하는 분자들의 동역학적 정보의 시간 평균에 해당한다. 그러나 수없이 많은 분자들로 구성되는 열역학적 계의 경우에는 분자의 수가 너무 많기 때문에 그런 동역학적 성질의 시간 평균을 이론적으로 계산하는 일은 현실적으로 전혀 불가능하다.

맥스웰과 볼츠만에 의해서 완성되었던 기체 운동론은 바로 그런 현실적인 어려움을 극복하는 대안이었으며, 훗날 깁스에 의해서 "앙상블 이론"으로 완성되었다. 앙상블은 거시적인 특성이 동일한 평형 상태에 있는 가상적인 계들의 집합을 뜻한다. 분자의 수, 부피, 온도, 압력과 같은 거시적인 성질이 동일하더라도 그런 거시적 성질을 가진 열역학적인 계를 구성하는 분자들의 미시적인 동역학적 상태는 매우 다양하다. 깁스는 볼츠만의 기체 운동론에서와 마찬가지로 서로 다른 미시적 상태에 해당하는 계들의 집합이 바로 동역학적 진화를 나타내는 것이라고 보았다. 그래서 실제 측정 장치를 통해서 얻어지는 동역학 계의 시간 평균이 앙상블로부터 얻어지는 "앙상블 평균"과 동일하다는 "에르고드 정리ergodic theorem"를 근거로 하는 "통계 열역학"을 완성하였다.

볼츠만이 제안한 엔트로피가 "무질서의 척도"에 해당한다는 해석도 바로 깁스의 앙상블 이론으로부터 유래된 것이다. 앙상블을 구성하는 가상적인 계들을 살펴보면, 계를 구성하는 분자들의 미시적 성질은 모두 다르지만, 그 분포가 동일한 계들이 존재할 수가 있다. 볼츠만의 유명한 식($S = k \log W$)에서 W는 앙상블에서 가장 흔하게 볼 수 있는 분포를 가진 가상적인 계의 수를 뜻한다. 그런 분포는 통계학의 법칙에 따라서 분자들이 가능한 미시적 상태에 가장 넓게 분포하는 경우에 해당한다. 즉, 앙상블을 구성하는 가상적인 계들이 모두 하나의 미시적 상태에 있는 경우보다는 모든 가능한 미시적 상태를 고르게 차지하고 있을 확률이 언제나 더 크며, 그런 상태가 바로 통계역학적으로 "무질서한 상태"에 해당한다. 그러므로 통계 열역학에서 사용하는 "무질서"의 의미는 일반적인 뜻과는 구별되어야만 한다.

6. 열역학 개념의 활용

지금까지 살펴 본 것처럼, 19세기에 정립되었던 평형 열역학은 열역학적인 계가 어떤 평형의 상태에서 다른 평형의 상태로 변화될 때 일어나는 에너지의 변화와 그 변화의 자발성 여부를 판단하는 이론적 도구이다. 열역학은 논리적으로 완벽한 구조를 갖추고 있기는 하지만 분명한 목적과 한계를 가지고 있기 때문에 자연에서 관찰되는 모든 변화를 설명하는 이론이라고 할 수는 없다. 즉, 통계적 해석이 불필요하거나 불가능한 계의 경우에는 열역학을 적용할 수 없으며, 그래서 동적 평형의 상태에서 벗어나 있는 비평형의 계에 적용해서는 안 된다.

실제로 프리고진 등에 의해서 밝혀진 것처럼 평형의 상태에서 크게 벗어난 경우에는 주위에서 에너지를 흡수함으로써 엔트로피를 오히려 흘 트려 버림으로써 고도의 규칙성을 가진 구조가 출현할 수도 있다. 또한 비평형 상태에 있는 계는 하나 이상의 상태로 진화할 수 있기 때문에 평형 열역학의 경우에서 보는 것과 같은 분명한 자발적 변화의 방향도 확실하게 예측할 수 없게 된다. 열역학적인 의미에서의 "우주"가 아니라 우리가 살고 있는 우주가 바로 그와 같은 극도의 비평형 상태에 있는 계이고, 그런 우주에서는 새로운 생명이나 별의 탄생과 같은 뜻밖의 변화가 자발적으로 진행되고 있다. 즉, 비평형 상태에 있는 우주의 미래는 단순한 평형 열역학만으로는 예측할 수가 없다.

열역학의 개념을 활용하는 과정에서 가장 흔히 볼 수 있는 오류가 바로 계의 종류와 변화가 일어나는 조건에 대한 것이다. 엔트로피가 극대를 향해서 끊임없이 증가한다는 것은 주위와 완전히 단절된 고립계에서 그렇다는 뜻일 뿐이다. 앞에서 살펴 본 것처럼, 주위와 에너지의 교환이 가능한 계의 경우에는 자발적인 변화가 반드시 엔트로피의 증가를 뜻하는 것이 아니다. 이러한 오류는 제레미 리프킨 등에 의해서 널리 확산되고 있는 소위 생태학적 자연관을 뒷받침하는 주장에서 흔히 발견된다.

역자후기

현대의 과학은 이해하기 어렵다는 것이 일반적인 견해인 듯하다. 고전역학, 양자론, 상대성 이론과 함께 현대과학의 핵심이론 중의 하나인 열역학도 예외는 아닌 것 같다. 그러나 과학이 어려운 것은 우리가 더불어 살아가고 있는 자연이 그만큼 어렵다는 사실을 말해줄 뿐이다. 현대의 문명은 자연에 대한 무조건적인 동경이나 두려움이 아니라 정확한 이해를 바탕으로 하고 있기 때문에, 과학은 아무리 어렵더라도 우리가 이해하려고 노력해야만 하는 현대인의 필수지식이다. 과학적 지식을 이해하고, 기억하는 것도 중요하지만, 논리적이고 합리적인 과학적 사고방식을 몸에 익히는 것이 더욱 중요하다.

이 책은 열역학 제2법칙에서 소개되는 엔트로피의 물리학적인 의미를 규명했던 볼츠만의 일생을 소개한 것이다. 이 책은 훌륭한 과학자의 일반적인 전기가 아니다. 오히려 볼츠만의 일생을 통해서 과학적 개념과 원리가 어떻게 정립되는가를 자세하게 보여주고 있다는 점에서 "과학 이론"의 전기라고 해야 옳을 것이다. 미지의 세계를 탐험하는 과학자들이 어떤 환경에서, 어떠한 과정을 거쳐서 과학적 개념과 원리를 찾아내게 되었는가를 더 이상 자세하게 보여줄 수는 없다. 특히, 과학적 원리가 완성되어가는 과정에서 대수롭지 않게 여겼거나, 너무 어려워서 포기해버렸던 문제들이 훗날 어떻게 발전했는가를 자세하게 설명해주고 있다는 점에서 이 책은 현대과학의 흐름을 이해하는 데 큰 도움이 된다.

17세기에 뉴턴에 의해서 정립되었던 고전 역학은 아리스토텔레스와 플라톤 이후로 수많은 과학자들이 해결하려고 노력했던 근본적인 문제를 해결해주었다. 인간이 그 실체를 직접 경험할 수 있는 인간 규모의 물체가 움직이는 원리를 밝힌 것이 바로 뉴턴의 고전 역학이었다. 당시의 일반적인 믿음과는 달리, 움직이는 물체는 힘을 가해주지 않으면 멈추지 않는다는 새로운 주장을 담고 있던 고전 역학은 당시 데카르트의 기계론적 세계관과 함께 근대 과학의 혁명을 일으키는 원동력이 되었다.

한편, 물체의 뜨거운 정도와 관련된 열과 온도에 대한 의문은 물체의 운동에 대한 의문만큼이나 오래된 것이었다. 불을 피우면 뜨거운 열이 발생하고, 그런 열이 차가운 곳으로 저절로 이동하는 현상은 누구나 관찰할 수 있었던 사실이다. 그러나 열이란 과연 무엇이고, 온도는 또 무엇인가에 대한 의문은 쉽게 해결되지 않았다. 그런 상태에서 시작된 19세기에는 증기기관으로 대표되는 열기관에 대한 기술적 지식이 축적되면서 "에너지"라는 열역학적인 개념이 자연스럽게 등장하게 되었다.

또한, 우리 주변의 물질이 무엇으로 구성되어 있는가에 대한 의문도 역시 오래된 숙제였다. 데모크리토스에 의해서 제기되었던 고대의 원자론은 18세기 말 영국의 화학자 돌턴에 의해서 근대적인 원자론으로 발전하기는 했지만, 여전히 그 정체는 분명하게 밝혀지지 못하고 있었다. 이 세상의 물질들이 고유한 성질을 가진 원자로 구성되어 있다는 돌턴의 원자론은 당시에 알려져 있었던 몇 가지 화학 반응의 특성을 설명하는 데에는 유용한 것이었지만, 원자론은 당시에 제기되었던 몇 가지 가설 중의 하나에 불과했다.

천재적인 직관을 가지고 있었던 루트비히 볼츠만은 그런 시기에 물리학 연구를 시작했다. 뛰어난 수학적 재능을 가지고 있었던 볼츠만은 맹목적으로 원자의 존재를 인정하고 확률분석 방법을 사용하면, 당시에 알려져 있었던 많은 문제들을 모두 해결할 수 있다는 사실을 직관적으로 간파했다. 기계론적인 세계관이 일반화되어 있던 시기에 확실성을 보장하지 못하는 확률의 개념을 도입한 것이 바로 볼츠만의 독창적인 창의성이었다. 물론 볼츠만이 그런 창의력을 마음껏 발휘할 수 있었던 것은 슈테판이나 로슈미트와 같은 뛰어나고 너그러운 스승과 동료가 있었기 때문에 가능했을 것이다.

엄격한 논리적 실증주의를 주장하면서 볼츠만을 끊임없이 괴롭혔던 에른스트 마흐의 역할도 부정적으로 볼 것만은 아니다. 과학적 지식이 완성되는 과정에서 실험에 의한 철저한 상호 검증과 비판적이고 엄격한 평가가 전제되는 것은 사실이다. 새로운 과학 개념의 도입에 대한 과학철학적 비판도 역시 그런 과학지식의 완성 과정 중의 하나로 이해되어야만 한다. 만약 그런 비판적인 시각이 없었더라면 볼츠만 개인에게는 다행스러운 일이었겠지만, 열역학으로부터 원자의 존재를 밝혀내는 획기적인 성과는 이룩하지 못했을 수도 있다. 이처럼 과학의 발전은 과학자 개인의 입자에서는 불행스럽고 고통스러울 수도 있는 엄격한 비판과 평가의 과정을 거치게 된다.

요즈음 우리 사회에 널리 알려지고 있는 복잡계의 과학도 사실은 볼츠만의 독창적인 확률론적인 접근에서 그 뿌리를 찾을 수 있다. 볼츠만은 수많은 분포 중에서 맥스웰-볼츠만 분포에 해당하는 열적 평형의 상태에만 관심을 가지고 있었다. 그러나 그런 평형의 상태에서 벗어난 분포에 해당하는 비평형의 상태를 대상으로 하고 있는 것이 바로 복잡계의 과학이다. 인체도 그렇지만, 우리가 살고 있는 세상도 사실은 극도의 비평형 상태에 있는 복잡계이기 때문에 평형 열역학을 근거로 하는 해석에는 많은 문제가 있다.

  이 책을 소개해준 조웅인 교수님에게 깊이 감사드리고, 이 책이 우리 사회에서 확산되고 있는 열역학에 대한 잘못된 인식을 해결해주는 기회가 되기를 간절하게 바란다.

2003년 6월
노고 언덕에서
이덕환

찾아보기

ㄱ

고틀리에브 알더 Adler, Gottlieb 165
고전 물리학 76, 220, 234
「곡면에서 전기의 움직임에 대해서 Proceedings of the Viennese Academy of Sciences」 61
『과학 자서전 Scientific Autobiography』 232
광자 25, 32, 270
구스타프 재거 Jäger, Gustav 283
구스타프 키르히호프 Kirchhoff, Gustav 68~70, 72, 136, 141, 156, 157
「기체 운동론에 대한 논문 A Treatise on the Kinetic Theory of Gases」 149, 150
『기체이론(에 대한) 강의 Lectures on Gas Theory』 161, 213, 217, 257, 270
기체의 물리적 성질 42, 127
깁스의 패러독스 210

ㄴ

《네이처 Nature》 158, 159, 162, 192, 225

뉴턴 법칙 29, 81, 185
뉴턴 역학 63, 77, 101, 169, 172, 184

ㄷ

다니엘 베르누이 Bernoulli, Daniel 15, 29, 35, 37, 39, 149
데모크리토스 Democritus 21~29, 32, 39, 224

도플러 효과 50, 183
『독일 교수의 엘도라도 여행 The journey of a German Professor to Eldorado』 264
동역학 101, 104, 127
등확률 법칙 124, 125, 129, 133
《딩글러 저널 Dingler's Journal》 258

ㄹ

램버트 A. 케틀레 Quetelet, Lambert A. 99
럼포드 백작(벤자민 톰슨) Rumford, Count.(Thompson, Benjamin) 30, 31, 33
레오 쾨니히스베르거 Koenigsberger, Leo 67~69, 72, 238
레우키포스 Leucippus 21, 22, 23
레일리 경 Rayleigh, Lord 36, 37, 207
로버트 브라운 Brown, Robert 274
로버트 A. 밀리칸 Millikan, Robert A. 262
로저 보슈코비치 Boscovich, Roger 29, 151
루돌프 클라우지우스 Clausius, Rudolf 33~35, 39, 42, 82, 102, 103, 127, 149, 155, 187, 192, 194
루크레티우스 Lucretius 16~23, 26, 29, 32, 150, 222
루트비히 비트겐슈타인 Wittgenstein, Ludwig 298, 299
루트비히 에두아르드 볼츠만 Boltzmann, Ludwig Eduard
루트비히 플람 Flamm, Ludwig 280
리제 마이트너 Meitner, Lise 254, 291
리차드 크라프트-에빙 Krafft-Ebing, Richard 141

ㅁ

마리 퀴리 Curie, Marie 220
마이클 푸핀 Pupin, Michael 75, 143, 241
막스 플랑크 Planck, Max 155~, 231~, 269~273, 276, 280, 284
「만물의 본성에 대하여 De Rerum Natura」 16, 222
맥스웰—볼츠만 분포 35, 63, 76, 81, 83, 88, 89, 122, 129, 274
무신론 16, 18, 20, 23, 27, 150
물리법칙 79, 151

《물리화학지 Zeitschrift für Physikalische Chemie》 168
밀레바 마릭 Maric, Mileva 270

ㅂ

버버리 Burbury, S. H. 150, 159
버틀란드 러셀 Russell, Bertrand 26, 297
불확정성의 원리 296
브라운 운동 273, 274, 275, 276, 277, 278
블라즈 파스칼 Pascal, Blaise 79
비둘기집의 원리 124~
《빈 과학원 회보 Proceedings of the Viennese Academy of Science》 61, 70, 134
빌헬름 뢴트겐 Röntgen, Wilhelm 219
빌헬름 오스트발트 Ostwald, Wilhelm 207, 213, 225, 249, 250, 283, 291
삐에르 시몽 드 라플라스 Laplace, Pierre Simon de 151

ㅅ

사디 카르노 Carnot, Sadi 103
상대성 이론 269, 275, 276, 284
속도분포 34, 35, 42, 62, 76, 80, 81
슈테판 마이어 Meyer, Stefan 258, 280, 283
슈테판—볼츠만의 법칙 95, 128, 272
스반트 아레니우스 Arrhenius, Svante 96, 279
《신자유신문 Neue Freie Presse》 280~282
실험 물리학 49, 65, 92, 200, 285

ㅇ

아리스토텔레스 Aristotle 24, 224
아우구스트 퇴플러 Toepler, August 71, 89, 91, 97
안드레아스 폰 에팅스하우젠 Von Ettingshausen, Andreas 131, 182
알베르트 아인슈타인 Einstein, Albert 88, 250, 269~
알베르트 폰 에팅스하우젠 Von Ettingshausen, Albert 131, 138
앙리 베크렐 Becquerel, Henri 219, 220

앙리 푸앵카레 Poincare, Henri 189~191, 286, 287

양자 가설 234, 250

양자역학 173

『에너지(의) 보존 The Conservation of Energy』 184~186, 230

에너지 보존 법칙(열역학 제1법칙) 184~186, 230

에너지론 208, 212, 216

『에너지론 The Theory of Energy』 169

에드워드 폰 타페 백작 Von Taaffe, Count Edward 175, 240

에드워드 P. 컬버웰 Culverwell, Edward P. 152

에르빈 슈뢰딩거 Schrödinger, Erwin 299

에른스트 마흐 Mach, Ernst 2장, 3장, 4장, 6장, 7장, 8장, 9장, 10장, 11장

에른스트 제르멜로 Zermelo, Ernst 276, 277, 286

엔트로피 103, 202, 203, 209, 286, 292

엔트로피 증가의 법칙(열역학 제2법칙) 123, 149, 152, 156, 160, 161, 172, 193, 211, 213

『역학의 과학 The Science of Mechanics』 184

「열이라고 부르는 운동 The Kind of Motion We Call Heat」 43

『열 이론Theory of Heat』 118

운동 에너지 14, 32, 33, 63

원자 가설 15, 16, 28

원자론 29~35, 39, 42, 48, 50, 64, 121, 275, 283, 285

윌리엄 랭킨 Rankine, William 104

윌리엄 왓슨 Watson, Henry William 149

윌리엄 해밀턴 경 Hamilton, Sir William 113

이론 물리학 25, 65, 79, 88~90, 218, 226, 253

『이론 자연철학 Theoria Philosiphiae Naturalis』 29

이삼바드 킹덤 브루넬 Brunel, Isambard Kingdom 197

『일반 수필 Populäre Schriften』 279

『일반화학 개요 Outline of General Chemistry』 283

ㅈ

장 바티스트 패랭 Perrin, Jean Baptiste 275

『전기와 자기에 대한 수학적 이론 The Mathemantical Theory of Electricity and

Magnetism」150
전자기장 32, 49, 50
제임스 클러크 맥스웰 Maxwell, James Clerk 34~36, 76, 77, 95, 108
조시아 윌라드 Gibbs, Josiah Willard 200~216, 255~257
조제프 로슈미트 Loschmidt, Josef 40~42, 47, 48, 51, 64, 65, 77, 97. 102
조지 야페 Jaffé, George 252
조지 피츠제럴드 Fitzgerald, George 225
존 헤라패스 Herapath, John 36

ㅊ

찰스 다윈 Darwin, Charles 150, 188
《철도 잡지와 과학 연보 Railway Magazine and Annals of Science》 36
《철학 잡지 Philosophical Magazine》 152, 153
《철학회보 Philosophical Transactions》 13, 37

ㅋ

카를 뤼거 Lueger, Karl 239
카를 포퍼 Popper, Karl 109
카를 훔멜 Hummel, Karl 71
칼로릭 이론 30, 33
캘빈 경(윌리엄 톰슨) Kelvin, Lord.(Thomson, William) 193, 198
《케임브리지 철학회 회보 Proceedings of the Cambridge Philosophical Society》 207
쿠르트 괴델 Gödel, Kurt 297
《코네티컷 과학원 회보 Transactions of the Connecticut Academy of Science》 202
크리스토퍼 보이스 발로트 Ballot, Christopher Buys 43
크리스티안 도플러 Doppler, Christian 50
크리스티앙 호이겐스 Huygens, Christiaan 100

ㅌ

《타임즈 The Times》 36
통계역학 257
『통계역학의 기초 원리 Elementary Principles in Statistical Mechanics』 215, 255

ㅍ

파울 에렌페스트 Ehrenfest, Paul 254
펠릭스 클라인 Klein, Felix 278
평균 자유 행로 44
폴 드루드 Drude, Paul 238
표준 정규 분포(가우스 분포) 62
프란츠 브렌타노 Brentano, Franz 260, 263
프란츠 슐제 Schulze, Fran 142, 144
프란츠 엑스너(아들과 아버지) Exner, Franz 40, 254

ㅎ

하인리히 헤르츠 Hertz, Heinrich 49
험프리 데이비 Davy, Humphrey 15, 36
헤라클레이토스 Heraclitus 26, 27
헤르만 폰 헬름홀츠 Helmholtz, Hermann von 74, 75
헨리 캐빈디쉬 Cavendish, Henry 114
헨리에테 볼츠만 Boltzmann, Henriette 3장, 5장, 6장, 8장, 9장, 10장, 11장
《회보 Proceedings》 36

H-정리 107, 123, 158, 160, 285~288
J.J. 톰슨 Thomson, J. J. 220
P.G. 테이트 Tait, P. G. 102
$S = k \log W$ 127
$E = mc^2$ 276

Boltzmann's Atom by David Lindley

Copyright ⓒ 2001 by David Lindley
All rights reserved,
Korean translation copyright ⓒ 2003 by Seung San Publishers

The Korean edition is published by arrangement with
the original publisher, The Free Press,
a Division of Simon & Schuster, Inc., New York
through Korea Copyright Center, Seoul.

이 책의 한국어판 저작권은 한국저작권센터(KCC)를 통한
저작권자와의 독점 계약으로 도서출판 승산에 있습니다.
저작권법에 의해 한국 내에서 보호를 받는 저작물이므로
무단 전재와 복제를 금합니다.

볼츠만의 원자

1판 1쇄 펴냄 | 2003년 8월 5일
1판 4쇄 펴냄 | 2017년 7월 10일
지은이 | 데이비드 린들리
옮긴이 | 이덕환
펴낸이 | 황승기
마케팅 | 송선경
편 집 | 서규범, 박지혜, 김병수
펴낸곳 | 도서출판 승산
등록날짜 | 1998년 4월 2일
주 소 | 서울특별시 강남구 역삼동 723번지 혜성빌딩 402호
대표전화 | 02-568-6111
팩시밀리 | 02-568-6118
이메일 | books@seungsan.com
트위터 | @BooksSeungsan

ISBN 89-88907-49-3 03420

● 잘못 만들어진 책은 친절히 바꿔드리겠습니다.
● 책값은 뒤표지에 있습니다.
● 도서출판 승산은 좋은 책을 만들기 위해 언제나 독자의 소리에 귀를 기울이고 있습니다.